U0936580

珍藏本
纪念版

汉译世界学术名著丛书

数学基础研究

〔奥〕维特根斯坦 著

韩林合 译

2017年·北京

Ludwig Wittgenstein

Bemerkungen üeber die Philosophie der Mathematik

汉译世界学术名著丛书
（120 年纪念版·珍藏本）
出 版 说 明

2017 年 2 月 11 日，商务印书馆迎来 120 岁的生日。120 年前，商务印书馆前贤怀揣文化救国的理想，抱持“昌明教育，开启民智”的使命，立足本土，放眼寰宇，以出版为津梁，沟通中西，为中国、为世界提供最富智慧的思想文化成果。无论世事白云苍狗，潮流左右激荡，甚至战火硝烟弥漫，始终践行学术报国之志，无改初心。

迻译世界各国学术名著，即其一端。早在 20 世纪初年便出版《原富》《天演论》等影响至今的代表性著作，1950 年代后更致力于外国哲学和社会科学经典的译介，及至 1980 年代，辑为“汉译世界学术名著丛书”，汇涓为流，蔚为大观。丛书自 1981 年开始出版，历时三十余年，迄今已推出七百种，是我国现代出版史上规模最大、最为重要的学术翻译工程。

丛书所选之书，立场观点不囿于一派，学科领域不限于一门，皆为文明开启以来，各时代、各国家、各民族的思想与文化精粹，代表着人类已经到达过的精神境界。丛书系统译介世界学术经典，引领时代思想，为本土原创学术的发展提供丰富的文化滋养，为推动中国现代学术和现代化进程做出了突出的贡献。

为纪念商务印书馆成立120周年，我们整体推出“汉译世界学术名著丛书”120年纪念版的珍藏本，寄望既利于文化积累，又便于研读查考，同时向长期支持丛书出版的译者、编者和读者致以敬意。

两甲子后的今天，商务印书馆又站在了一个新的历史时间节点上。我们不仅要铭记先辈的身影和足迹，更须让我们的步伐充满新的时代精神。这是商务人代代相传的事业，更是与国家和民族的命运始终紧密相连的事业。我们责无旁贷，必须做好我们这代人的传承与创造，让我们的努力和成果不仅凝聚成民族文化的记忆，还能成为后来人可以接续的事业。唯此，才能不负前贤，无愧来者。

商务印书馆编辑部

2017年10月

编 译 前 言

数学的本性问题(特别是数学与逻辑的关系、数学与世界的关系问题)是维特根斯坦一生所关心的核心问题之一。在维特根斯坦所留下的2万多页手稿中,有至少三分之一的内容均与此问题有关。在《战时笔记》和《逻辑哲学论》等前期著述中,他深入地反思和批评了弗雷格和罗素的相关思想,并提出了自己的理解。1929年回到哲学后,他又开始重新思考这个问题。到1932年夏天,他写出了大量相关评论。其中的一些评论收入《大打字稿》即TS 213中,形成该稿的第二部分内容。这部分内容收录在瑞斯(Rush Rhees)1969年编辑出版的《哲学语法》(*Philosophische Grammatik*)(Suhrkamp和Blackwell出版社联合出版)之中。在1937年至1938年间,维特根斯坦又集中写出了大量有关数学的本性的评论(主要是在MS 117[第一部分和第二部分]、MSS 118-119、MS 121之中),主要是以它们为基础,他打印出了TS 221。该稿构成了《哲学研究》早期稿的第二部分内容。大约在1939年,维特根斯坦将TS 221剪成字条,对其上的评论进行了系统的修改和重组,整理出了TS 222。在1939年至1944年之间,维特根斯坦更将其很大一部分精力放在了有关数学本性问题的思考上,写出了大量评论。相关笔记包括MS 117(第四部分)、MS 121(最后的部分)、MSS 122—127、MS 164 等。

1956 年编辑出版的《关于数学基础的评论》(*Bemerkungen über die Grundlagen der Mathematik*)(Oxford:Blackwell)除完整收录了 TS 222 之外,还从 MS 117(第二部分和第四部分)、MSS 121—122、124—127 等等中选录了大量段落。在祖尔卡姆普出版社 1974 年增订版中,该书内容得到了大幅扩充,从上述手稿中又**选取**了更多的段落,并进一步收录了 MS 164(写于 1941 至 1944 年之间)的绝大部分内容。正如编者自己所承认的那样,在选录相关段落时,编者并没有遵守前后一贯的原则。有时,对段落的取舍是非常随意的。

为了比较好地反映后期维特根斯坦有关数学本性问题的思考的发展历程,在本书中,我只是完整收录了 TS 213 第二部分内容、TS 222 和 MS 164(它们构成了本书第一至第三部分的内容),而没有尝试从其他手稿中选录进一步的段落。

该书所用名称源于维特根斯坦自己。请看如下段落:

> 关于数学,这样一种研究是可能的,它完全类似于我们关于心理学的研究。它不是一种**数学的**研究,正如另一种研究不是一种心理学的研究一样。在其中,人们**不**做计算,因此,它也不是比如逻辑斯谛(Logistik)。它可以恰当地获得"数学基础"研究这个名称。①

---

① Wittgenstein, *Philosophische Untersuchungen*, in *Werkausgabe*, Band 1, hrsg. von G. E. M. Anscombe and R. Rhees, Frankfurt: Suhrkamp, 1984, Teil II, S. 580。该评论手稿来源于:MS 138:12a[30.1.49]。

本书的编译工作得到了教育部人文社会科学重点研究基地（北京大学外国哲学研究所）项目“维特根斯坦文集”（项目号：11JJD720006）的支持。

本书的编辑和出版工作得到了商务印书馆陈小文和关群德两位先生的大力支持。我的博士研究生沈洁帮我仔细校阅过稿件。在此表示感谢。

韩林合

北京大学哲学系暨外国哲学研究所

二零一二年二月二十日

本书所用编辑符号意义如下：

黑体字	表示遗稿中的一重强调文字
黑体字	表示遗稿中的二重强调文字
着重点	表示遗稿中的三重强调文字
~~删除~~	遗稿中删除之字符
甲//乙//	乙为甲之异文
背影	遗稿中由斜线或交叉线所划掉的段落
[⋯]	手稿中难以识别的字符
【补加文字】	本书编译者所加文字

本书编译前言和脚注中出现的 MS 101、MS 102 等等为冯·赖特（G. H. von Wright）所制定的维特根斯坦遗著编号体系中

的手稿号，TS 201、TS 202 等等为其中的打字稿号。“MSS”和“TSS”分别代表多个手稿和打字稿。相关手稿和打字稿均载于牛津大学出版社出版的电子版《维特根斯坦遗著集》(*Wittgenstein's Nachlass*)之中。

注释中手稿号或打字稿号后由冒号所分隔开的数字指相关手稿或打字稿的页数。

目　　录

第 一 部 分

一、数学基础

（一）数学：与游戏相比

1.当人们说数学仅仅是游戏（或者：它是游戏）时，人们在否认它具有什么？

2.游戏，与什么相对？——当人们说（它绝不是游戏）它的命题具有意义时，人们将什么归属给了它？

3.那种命题之外的意义。

这样的意义与我们何干？它显示在哪里并且我们能够用它做些什么？（“什么是这个命题的意义？”这个问题是由一个命题来回答的。）

（“但是，一个数学命题可是表达了一个思想。”——哪个思想？——）

4.它可以经由另一个命题来表达吗？或者，只可经由**这个**命题来表达？——或者根本就不能加以表达？在这种情况下它与我们毫不相关。

5.人们仅仅是要将数学命题与其它的构成物，比如假设等等，区分开来吗？在这点上人们做得没错，毫无疑问，这样的区别肯定是存在的。

6. 如果人们要说，数学是像象棋或者单人纸牌那样玩的，而且在此最后都有赢或者结局这回事儿，那么这明显是错误的。

7. 如果人们说，那些伴随着数学记号的使用的心灵过程不同于那些伴随着玩象棋的心灵过程，那么我不知道就此要说些什么。

8. 在象棋中也有一些这样的配置，它们是不可能的，尽管每个棋子均处在一个所允许的位置之上。（比如在如下情形中：兵的初始位置未变，而一个象已经放在棋格上。）但是，人们能够设想这样一种游戏，在其中从棋局开始步数就被记录下来了，接着出现了如下情形：在 n 步后，这个配置不能出现了，而且人们不能立即从这个配置看出如下之点：作为第 n 个配置，它是否是可能的。

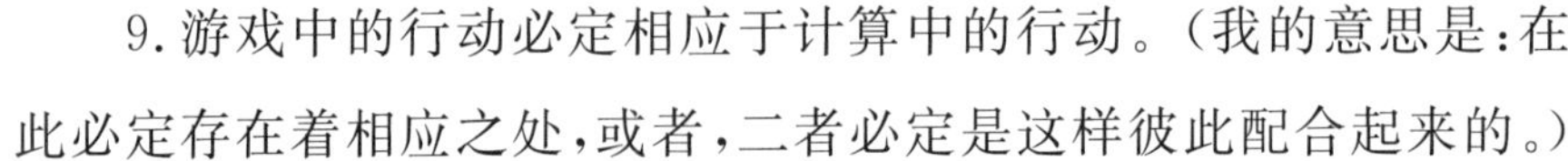

9. 游戏中的行动必定相应于计算中的行动。（我的意思是：在此必定存在着相应之处，或者，二者必定是这样彼此配合起来的。）

10. 数学处理书写符号吗？恰如象棋不处理木头棋子一样，数学也不处理书写符号。

当我们谈论数学命题的意义或者谈论它们处理的是什么东西时，我们在使用一幅错误的图像。因为在此事情好像也是这样的：非本质的、任意的符号彼此共同具有本质之处，即恰恰那个意义。

11. 因为数学是一种演算，因此本质上说来不处理任何东西，没有元数学。

12. 象棋任务（象棋问题）与一局棋的关系是什么样的？——

因为显然，象棋任务相应于计算题，是一个计算题。

13. 一个算术游戏可以是这样的：我们盲目地写下一个 4 位数，比如 7368，人们应当经由如下方式来接近这个数：将 7、3、6、8 按照任意一种顺序彼此相乘。游戏参加者用笔在纸上进行计算，那个以最小数目的运算最接近于 7368 的人为胜者。（顺便说一下，今天人们喜爱的众多数学谜题均可以改造成这样的游戏。）

14. 假定人们是为了让一个人在一个算术游戏中使用算术而教他学习算术的。他因此学习到的东西就不同于为了通常的使用而学习算术的人所学习到的东西吗？如果他在这个游戏中用 8 乘 21 并且得到 168，那么他所做的事情就不同于欲发现 21×8 是多少的人所做的事情吗？

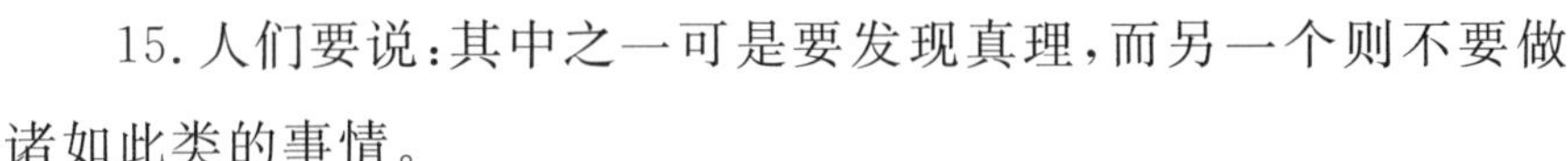

15. 人们要说：其中之一可是要发现真理，而另一个则不要做诸如此类的事情。

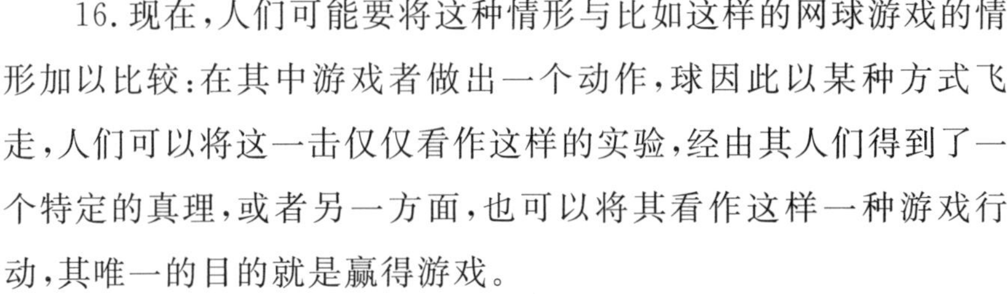

16. 现在，人们可能要将这种情形与比如这样的网球游戏的情形加以比较：在其中游戏者做出一个动作，球因此以某种方式飞走，人们可以将这一击仅仅看作这样的实验，经由其人们得到了一个特定的真理，或者另一方面，也可以将其看作这样一种游戏行动，其唯一的目的就是赢得游戏。

但是，这种比较是不对的，因为我们并不将一着棋看成任何实验（顺便说一下，我们**也是**可以这样做的），而是将其看成一个计算的一个行动。

17. 一个人或许会说：尽管在算术游戏中我们做乘法 $\frac{21\times 8}{168}$，

但是 21×8=168 这个等式并不出现于其中。但是，这难道不是一个外在的区别吗？为什么我们不可以也这样来做乘法（而且肯定地这样来做除法），即将这个等式本身写出来？

18. 因此，人们只能反对说：在这种游戏中这个等式绝不是命题。但是，这意味着什么？这时，它将经由什么而成为一个命题？为了使其成为一个命题，还必须给其附加上什么？——难道这不是关涉到这个等式（或者这个乘法）的运用吗？——如果它在从一个命题到另一个命题的过渡中被运用了，那么它肯定就成为数学了。因此，数学和游戏之间的这个区别性标志便与命题概念（非数学命题概念）联合在一起了，由此对于我们来说，它便失去了其现实意义。

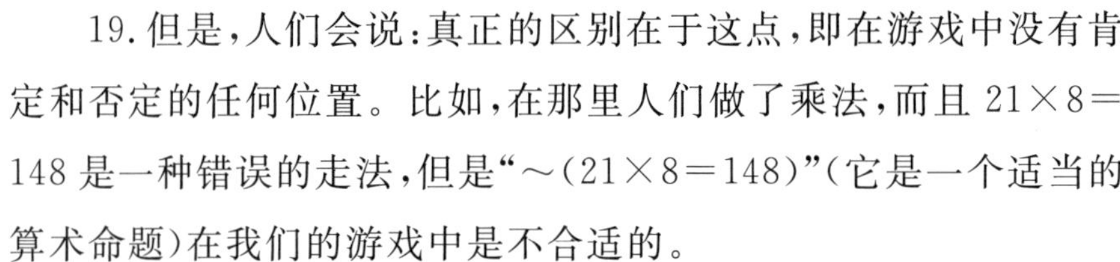

19. 但是，人们会说：真正的区别在于这点，即在游戏中没有肯定和否定的任何位置。比如，在那里人们做了乘法，而且 21×8=148 是一种错误的走法，但是“～(21×8=148)”（它是一个适当的算术命题）在我们的游戏中是不合适的。

20.（在此人们或许回想到了这样的事实：在小学中我们从来不使用不等式，人们只要求小孩正确地做乘法，从来没有或者至多在很少的时候要求他们发现一个不等式。）

21. 当我在我们的游戏中计算出 21×8 时和当我为了解一道应用题而这样做时，无论如何两种情况下的计算行动都是一样的（而且，在一个游戏中也可以为不等式找到一个位置）。与此相对，在两种情况中我对于计算的其余的态度无论如何都是不同的。

现在，问题是：人们能够针对在游戏中得到位置“21×8=168”

的那个人说，他发现了 21×8 =168？为此他还缺少什么？我相信除了对于这个计算的一种应用之外，不再缺少什么了。

22. 将算术称作游戏是错误的，正如将（按照象棋规则）对棋子的移动称作游戏是错误的一样，因为它也可能是一个计算。

23. 因此，人们必须说：不，“算术”这个词不是一个游戏的名称。（这当然又是一个琐屑的真理。）——不过，“算术”这个词的意义可以经由算术与一个算术游戏的关系而得到解释，或者也可以经由象棋任务和象棋的关系而得到解释。

但是，在此认识到如下之点是**本质性的**：这种关系不是一个网球任务和网球游戏之间的关系。

我用“网球任务”意指的是比如这样的任务：在给定的情形下将球按照一个特定的方向掷回。（或许，台球任务的情形更为清楚。）台球任务绝不是数学任务（尽管为了解决它，可以使用数学）。台球任务是一个物理任务，因此是物理学意义上的“任务”；象棋任务是一个数学任务，因此是另一种（数学）意义上的“任务”。

24. 在“形式主义”和“从内容方面看的数学”之间的战斗中，——每一方究竟都断定了什么？这种争斗多么类似于实在论和唯心论之间的争斗啊！比如，在如下之点上：它很快就将过时，与其日常的实践相反，双方都断言了不适当的事情。

25. 算术不**是**任何游戏，没有人想到将算术列于人们的游戏之中。

26. 游戏中的赢和输（或者单人纸牌游戏的结束）究竟在于什

么？自然并非在于导致比如赢的那种游戏局势。谁赢了，这点必须经由一条独特的规则来确定。（皇后跳棋和反式皇后跳棋[①]仅仅经由这样的规则得到区分。）

27. 这样一条规则断定了什么吗：它说“谁首先将他的棋子放到另一个人的棋格上，谁便赢了”？这点可以如何得到证实？我如何知道一个人是否赢了？比如是通过这点吗：他感到高兴？

这条规则的确说出了这点：你必须努力尽可能快速地将你的棋子等等。

这种形式的规则已经将游戏与生活联系在了一起。人们可以设想，在一所公立小学中象棋是一项教学内容，而教师对一个学生的糟糕的游戏的反应就像是他对于一个算错了的计算题的反应一样。

28. 我几乎想说：在游戏中（尽管）绝没有“真”和“假”，但是在算术中则因之而绝没有“赢”和“输”。

29. 我有一次曾经说过如下事情是可以设想的：战争是在一种巨大的棋盘上按照象棋规则决出胜负的。但是：如果它真的是仅仅按照象棋规则进行的，那么为了进行这样的战争，人们恰恰不需要任何战场；相反，它可以是在一块平常的棋盘上进行的。这时，它恰恰就不是通常意义上的战争了。不过，人们还是可以设想一场受象棋规则引导的战争。比如，它是这样受到引导的：只有在

① “反式皇后跳棋”德文为“Schlagdamespiel”，皇后跳棋（Dame）的一个变种，以先输掉所有棋子的人为赢家。

“象”与“后”处于这样的位置时，即在象棋中前者被允许“吃掉”后者，二者才能进行战斗。

30. 我们能够这样设想吗：人们玩了一局象棋（也即，完成了全部的游戏行动），但是**是在一种不同的环境中**，结果，我们不能将这个过程说成是一个游戏的一局？

当然可以这样设想，所涉及的可以是一项双方共同完成的**任务**。（按照上面所说，人们可以轻而易举地设计出这样一种情形，在其中这样一项任务是有用处的。）

31. 有关输赢的规则真正说来只是区分开了两极。至于赢的人（或输的人）接下来的情况是什么样的，真正说来这与它没有任何关系。比如，输的人这时是否要支付一些东西。

（我们甚至于觉得，计算中的“对”和“错”的情况也是类似的。）

32. 在逻辑中总是发生在有关定义的本质的争论中所发生的事情。如果人们说定义仅仅与符号有关，仅仅用一个符号取代了另一个符号，那么就有人反击说：定义不**仅仅**做了这样的事情，或者恰恰存在着不同类型的定义，而令人感兴趣的且重要的定义恰恰不是（纯粹的）“语词定义”。

因为他们相信，当人们将定义看成处理符号的替换规则时，人们便取走了其意义，其重要性。然而，一个定义的**意义**包含在其应用之中，可以说包含在其对于生活的重要性之中。（今天）恰恰是这样的事情在形式主义、直觉主义等等之间的争论中进行着。人们不能将一个事实的重要性，其后果，其应用，与其本身区别开来；不能将一个事项的描述与对于其重要性的描述区别开来。

33. 我们总是一再地听到如下说法：数学家是凭本能工作的（或者比如说，他们并非是像棋手那样机械地行事的），但是我们无法知道这究竟与数学的本质有什么关系。如果这样一种心理现象在数学中扮演着一种角色的话，那么我们在多远的范围内能够精确地谈论数学，并且在什么范围内我们必须以我们谈论本能等等的那种不确定性来谈论它。

34. 我想要一再地陈述如下之点：**我**在核对数学家们的**账簿**；这些商人们的心理过程、高兴、沮丧、本能[①]尽管在其它关联中很是重要，但是并不是我的关心所在。

（二）绝没有元数学

35. 没有任何演算能够决断一个哲学问题。

演算不能为我们提供有关数学的任何原则上的信息。

36. 因此，也不存在任何数理逻辑的"首要问题"，因为它们是这样的问题，其解决最终会赋予我们这样的权利：像我们所做的那样从事算术研究。[②]

37. 为此，我们不能等待对一个数学问题的解决这样的碰巧之事。

---

① 异文："店主们的心理过程"。

② "数理逻辑的'首要问题'"一语源自于兰姆西。兰姆西所讨论的问题是所谓"判定问题"：如何找到一个规则性的程序，以判定任何一个给定的公式是真的还是假的。（参见：F. P. Ramsey, *The Foundations of Mathematics and Other Logical Essays*, London: Routledge, 1931, p. 82.）

38.上面我说过“演算绝不是一个数学概念”[①];这也就是说,“演算”这个词绝不是数学的一个棋子。

它不必出现在数学之中。——而如果它真的在一个演算中被使用了,那么现在这样的演算绝不是元演算。毋宁说,这时这个词再一次地仅仅是一个像所有其它棋子一样的棋子。

39.逻辑也绝对不是元数学,也即,逻辑演算的工作也不能揭示**有关**数学的本质性的真理。为此请参见现代数理逻辑中的“判定问题”以及类似的问题。

40.(通过罗素,不过特别是通过怀特海[②],在哲学中出现了一种似是而非的精确性,它是真正的精确性的最为糟糕的敌人。如下错误构成了这点的基础:一种演算能够构成数学的元数学的基础。)

41.数绝对不是“基础性的数学概念”。有许多这样的计算[③],在其中并没有谈到数。

就算术来说,我们还要将什么称为数,这点或多或少是任意的。此外,我们要描述比如基数的演算,也即陈述其规则,由此算术的基础便得以确立。

42.请将它们教给我们,于是你便为其提供了基础。

① 在 TS 213 名为“逻辑推理”的这一章中,维特根斯坦写道:“人们可以这样说吗:‘演算’绝不是一个数学概念?”(S. 297)

② Alfred North Whitehead(1861—1947),英国数学家和哲学家,过程哲学倡导者。与罗素合著三卷本《数学原理》。

③ 异文:“演算”。

43. 希尔伯特[①]将一个特定的演算的规则确立为元数学的规则。

44. 存在着这样一种区别：一个系统是由最初的原则**支撑着的**，或者它仅仅是从它们那里发展出来的。还有这样一种区别：它是像一所房子那样由其最下面的墙支撑着的，还是像比如一个天体那样自由地飘浮在空中，我们只是开始在下面搞建筑，尽管我们本来也可以在其它什么地方开始搞建筑。

45. 逻辑和数学并非是由公理**支撑着的**，正如一个群并非是由用以定义它的元素和运算支撑着一样。出现在这里的是这样的错误：将基本规律的明显性、自明性看作逻辑中的正确性的标准。

没有立于任何东西之上的基础是糟糕的基础。

46. (p & q) ∨ (p & ～q) ∨ (～p & q) ∨ (～p & ～q)：这将是我的同语反复式，这时我仅仅会说：每条“逻辑规律”都可以根据确定的规则归约为这样的形式。但是，这就意味着：可以从它推导出来。现在，我们便来到了罗素式的证明这里，我们只需还补充说：这样的初始形式本身绝不是独立的命题，这样的以及所有其它的“逻辑规律”具有这样的性质：p & 逻辑规律＝p，p ∨ 逻辑规律＝逻辑规律。

47. “逻辑规律”的本质肯定是这样的：它与任何一个命题的积给出这个命题本身。人们也可以用这样的解释来开始罗素的演算：

① David Hilbert(1862－1943)，德国著名数学家和逻辑学家。

$p \supset p\ .\ \&.\ q = q$。

$p.\ \&.\ p \vee q = p$。等等。

（三）相关性证明

48.如果人们在证明可解性，那么“解决”这个概念必须以某种方式出现在这个证明之中。（在这个证明机制中必须有某种相应于这个概念的东西。）不过，这个概念不能经由一种外在的描述来表现，而是要真正被表现出来。

49.对一个命题的可证明性的证明就是对这个命题本身的证明。与此相反，存在着某种我们可以称为相关性证明的东西。这就是比如这样的证明，它让我深信如下之点：我**能够**核实等式 $17 \times 38 = 456$——在我实际上这样做之前。那么，我是从什么看出如下之点的：我能够检验 $17 \times 38 = 456$（而在看到一个积分表达式时我或许不知道这点）？我显然知道：它是按照一条确定的规则建立起来的，也知道：这个有关如何解决这个问题的规定是与这个命题的构造方式紧紧地关联在一起的。于是，相关性证明或许就是有关（比如一道乘法题的）解决方法的一般形式的这样一种表现，它让人们能够认出这样的命题的一般形式——它使对它们的核对成为可能。这时我便可以说：我认识到了，这个方法也核实了这个等式，尽管我还没有做这种核实。

50.在我们谈论相关性证明（以及数学中类似的事项）时，如下情况总是发生：即使在不考虑我们称为相关性证明的个别的运算

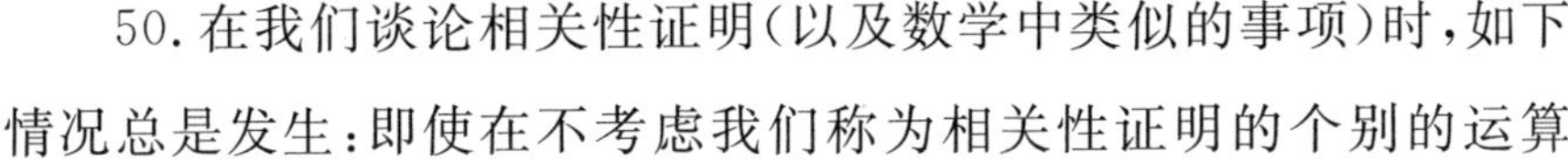

序列的情况下，我们似乎也还对一个证明或者泛而言之的数学证明拥有一个十分清晰的总括概念。然而，实际上这个词再一次地是在许多具有或大或小的亲缘关系的意义上得到应用的。（正如“民族”、“国王”、“宗教”等等语词一样。参见斯宾格勒。[①]）请想一下在对这样一个词进行解释时一个例子所扮演的角色。因为，当我要解释我将“证明”理解为什么时，我必定会指向证明的例子，正如在解释语词“苹果”时我将指向苹果一样。现在，语词“证明”的解释的情况恰如语词“数”的解释的情况：我可以通过指向基数的例子的方式来解释语词“基数”，我甚至于可以直接用符号“1，2，3，等等”来替换这个语词。另一方面，我也可以通过指向不同的数类的方式来解释语词“数”。不过，经由这样的方式我现在并没有像前面把握基数概念那样精准地把握“数”这个概念，除非我要这样说：只有我们今天称为数的构成物才构成了“数”概念。但是这时，人们不能针对任何新的构造物说它是一个数类的构造。但是，我们可是想这样来使用语词“证明”的，以至于它不是简单地经由刚好在今天常见的证明的析取来定义的；相反，我们也想在这样的场合使用它，关于它们，我们今天“还根本不能有任何想法”。在证明这个概念得到了**精准的**把握范围内，我们是通过个别的证明，或者通过证明的序列（类似于数的序列）做到这点的。如果我们想要完全精确地谈论相关性证明、无矛盾性证明等等，等等，那么我们就必须考虑到这点。

---

① 参见：O. Spengler, *Der Untergang des Ablandes*：*Umrisse einer Morphologie der Weltgeschichte*，München：Verlag C. H. Beck，1980，Band 2，Kap. IV，§2。

51. 人们可以这样说：相关性证明将**改变**它所涉及的命题的演算。它不能**为**用这个命题进行的演算**提供辩护**，——在 17×23 这个乘法的完成为 17×23＝391 这个等式的写下提供了辩护这种意义上。我们仅仅是一定要明确地为“辩护”这个词提供那种意义。这时，人们不能认为，如果没有这种辩护，那么数学便在一种更为一般的且一般地确定了的意义上是未得到允许的，或者说便带有一种恶意。（这就像是一个人要这样说一样：“在我们还没有正式地确定多少石子构成一堆之前，语词‘石堆’的使用根本说来是未得到允许的。”经由这样的规定语词“堆”的用法被加以修改了，但是并非在一种普遍认可的意义上“得到了辩护”。如果人们给出了这样一种正式的定义，那么事实并非因此就是这样的：人们以前对这个词所做的使用被标记为不正确的东西了。）

52. 17×23＝391 的可核对性的证明之为“证明”的意义不同于这个等式本身的证明之为“证明”的意义。（Der Müller mahlt［磨坊主在碾磨］，der Maler malt［画家在画画］：两者都在……）我们从一个等式的证明中获知其可核对性的方式类似于我们从如下图形中获知命题“点 A 和点 B 没有经由螺旋的一个旋转分开”的可核对性的方式：

人们也已经看到了如下之点：那个断言可核对性的命题之为“命题”的意义不同于那个其可核对性在被断言的命题之为“命题”的意义。在此人们再一次地只能说：请看一下这个证明，然后你便看到了在此**什么东西**得到了证明，**什么东西**被称为“那个被证明的命题”了。

53. 人们可以这样说吗：为了将一个证明的每一步进行下去，我们都需要一种崭新的直觉？（数的个别性。）事情可以说是这样的：如果人们给予我一条普遍的（变动的）规则，那么我总是重新认识到如下之点：这条规则**在这里**也能够得到应用（它们也适用于**这种**情形）。任何一种预见都不能为我省去这种**洞见**行为。因为，事实上这条规则应用于其上的那种形式在每一个新的步骤上都是一种新的形式。——不过，在这里所涉及的并不是一种**洞见**行为，而是一种**决断**行为。

54. 所谓相关性证明并没有沿着梯子爬到其命题之上（因为为此人们**必须**踏上每一个梯级），而仅仅是显示了如下事实：梯子通向那个命题。（在逻辑中绝没有代替物。）指示方向的箭头也绝不是如下事项的代替物：踏过所有梯级而直达确定的目标。

（四） 无矛盾性证明

55. 某种东西告诉我：真正说来，一个系统的诸公理内的一个矛盾在变得明显起来以前是造不成伤害的。人们像考虑这样一种隐藏着的疾病那样来思考一个隐藏着的矛盾，尽管它没有清楚地显现给我们，但是它却造成了伤害（而且，或许正是因为它没有清楚地显现给我们，所以它造成了伤害）。不过，这样两条游戏规则——它们在一种特定的情形中彼此矛盾——在这种情形出现之前是完全正常的，而只是当这种情形出现时如下事情才是必需的：通过进一步的规则来在它们之间做出决断。

56. 今天数学家们大肆宣扬有关公理的无矛盾性证明。我的感受是这样的：如果在一个系统的诸公理中存在着矛盾，那么这根本不是一个大不幸的事件。没有什么比清除它更为容易的事情了。

57. “在证明一个公理系统是无矛盾的以前，人们不能利用它。”

“在诸游戏规则之中不能出现任何矛盾。”

为什么不能？“因为人们这时不知道应该如何玩游戏”？

但是事情如何成为这样的：人们有所怀疑地对这个矛盾做出反应？

人们根本不对矛盾做出反应。人们可能只是说：如果这真的是这样被意指的（如果这个矛盾**应当**出现在这里），那么我不理解它。或者：我没有学习过它。我不理解这些符号。我没有学习过我应当对此做什么，它是否还是一个命令；等等。

58. 假定在算术中人们想将比如 2×2=5 附加到通行的公理之中，情况会怎么样？这自然意味着：现在同一性符号变换了其意义，也即，现在不同的规则适用于同一性符号了。

59. 如果我现在说：“因此我不能将它用作替换符号了”，那么这意味着它的语法现在不再与语词“替换”(“替换符号”等等)的语法一致了。因为语词“能”在这个命题中并非指向一种物理的(生理学的、心理学的)可能性。

60.“诸规则不能彼此矛盾,”这就像是说:“否定在双重使用时不能产生一个否定。”因为如下之点包含在“规则”这个词的语法之中:(如果“p”是一条规则的话,那么)“p & ～ p”不是任何规则。

61.这也就意味着,人们也可以这样说:如果其它的规则适用于“规则”这个词的使用——如果“规则”这个词具有一种不同的意义,那么诸规则便可以彼此矛盾。

62.在这里我们也恰恰不能为什么提供根据(除非是在[比如]生物学或者历史学意义上说);相反,我们只是在查明有关某些语词的诸规则是一致的还是相反的,进而只是在说这些词是与这些规则一起使用的。

63.如下之点是不可表明、证明的:人们**可以**将这些规则用作有关这个行动的规则。

除非通过指明如下之点的方式:有关这个行动的描述的语法与那些规则一致。

64.“在诸规则中不**能**存在任何矛盾”,这听起来像是这样一个规定:“在一个钟表内指针不能松松地放在其轴上。”这时,人们便期待着这样一种根据:因为,否则……。但是,在第一种情形中这种根据只能是这样的:因为,否则,它便不是任何规则清单了。它恰恰再一次地构成了这样一种语法结构的一种情形,从逻辑上说我们无法为其提供根据。

65. 在进行如下间接证明时：一条直线在一个点之外只有**一条**延长线，人们假定一条直线可以具有两条延长线。——如果我们这样假定，那么这个假定就必须具有一个意义——。但是，假定这点意味着什么？它并非意味着做出了一个像比如如下假定那样的错误的自然史假定：一只狮子有两条尾巴。——它并非意味着：假定了某种违背有关一个事实的断言的东西。相反，它意味着假定了一条规则。为了反对它，人们只需这样说，而不必说出更多的话：它与比如另一条规则矛盾，因此我放弃它。

如果在一个证明中人们现在画出了这样一个图形，

而且这个图形据说表现了一条分叉的直线，那么在此并没有什么荒唐的地方（矛盾之处），除非我们已经做出了一个与此矛盾的规定。

66. 如果事后人们发现了一个矛盾，那么此前这些规则还不是清楚的、单义的。因此，矛盾不要紧，因为这时它可以通过颁布一条规则的方式而被清除掉。

67. 在一个语法上得到了澄清的系统中不存在任何隐藏着的矛盾，因为在此必定有这样一条规则，按照它可以找到一个矛盾。只有在如下意义上矛盾才可能是隐藏着的：它可以说隐藏在诸规则的无序状态之中，隐藏在语法的无序的部分之中；不过，在那里它不要紧，因为它可以通过给语法以秩序的方式被清除掉。

68.为什么诸规则不能彼此矛盾？因为，否则，它们便不是规则了。

（五）算术的基础之确立：在此过程中它为它的应用做好了准备。（罗素、兰姆西。）

69.人们总是感到羞于通过如下方式为算术提供基础：就其应用说出些什么。它似乎足够牢固地在自身之中拥有了基础。这自然是因为如下原因：算术就是它自己的应用。

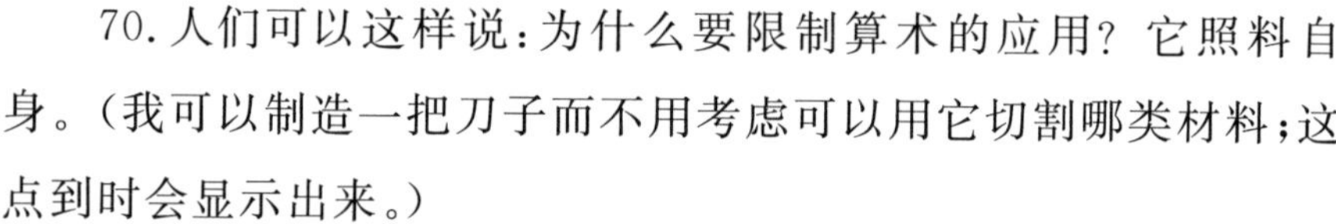

70.人们可以这样说：为什么要限制算术的应用？它照料自身。（我可以制造一把刀子而不用考虑可以用它切割哪类材料；这点到时会显示出来。）

因为，如下感受反对对应用领域进行划界：即使没有想到这样一个领域，我们也能够理解算术。或者，我们这样说：本能抗拒一切不是对已经存在着的思想的单纯的分析的东西。

71.人们可以说：算术是一种几何；也即，在几何中是纸上的构造物的东西在算术中则是（纸上的）计算。——人们可以说，它是一种更为一般的几何。

72.涉及的始终是这样的事情：表现算术的应用的最为一般的形式是否是可能的，以及这是如何可能的。在此奇特之处恰恰是：某种意义上说这似乎是不必要的。而如果它真的是不必要的，那么它也是不可能的。

73.因为其应用的一般的形式似乎经由如下事实得到表现了：

关于它人们**没有**断定**任何东西**。(如果这是一种可能的表现,那么它也是那个唯一正确的表现。)

74.算术是一种几何这个评论的意义恰恰是这样的:像几何构造物一样,算术构造物也是自律的,正因如此,可以说它自己便保证了它的可应用性。

因为针对几何,人们也必定能够说它是它自己的应用。

75.(在可以谈论可能画出的和实际画出的直线的意义上,我们也可以谈论可能得到表现的和实际得到表现的数。)

76.这【如下图形】是一个算术构造物,

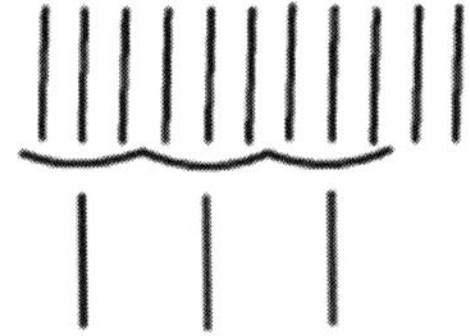

在**某种**扩展了的意义上它也是一个几何构造物。

77.假定我想通过这个计算解决如下问题:如果我有 11 个苹果,要将其分发给他人,每人 3 个,那么我可以将其分发给几个人?计算给出的答案是 3。现在,假定我完成了所有分发行动,最后有 4 个人手中都拿着 3 个苹果。现在,我会说这个计算得出了错误的结果吗?自然不会。这可是仅仅意味着:这个计算绝不是实验。

事情看起来可能是这样的:数学计算让我们有权利做出比如这样一个预言:我能够将苹果分发给 3 个人,而且还将剩下 2 个苹果。但是,事情并非如此。一个物理学的假说让我们有权利做出这样的预言,而这样的假说是处于计算之外的。计算仅仅是对逻

辑形式、对结构的考察，就其自身来说它不能提供任何新东西。

78. 如果纸上的3个线条是3的符号，那么人们可以说，这个3在我们的语言中要像3个线条那样加以应用。

79. 我曾经说过："弗雷格的理论的一个困难是概念'概念'和'对象'的一般性。因为，如果人们能够点数桌子、声音、震动和思想，那么让它们都属于一个项目便很困难了。"[①]——但是，"人们**能够**点数它们"意味着什么？它当然意味着：将基数应用到它们之上**是有意义的**。不过，如果我们知道了这点，知道了**这条**语法规则，并且如果对于我们来说所要处理的只是为基数算术的应用提供辩护，那么在此我们为什么需要为其它的语法规则而绞尽脑汁？"让它们都属于一个项目"并不困难；相反，它们已经属于一个项目——在这点对于这个情形来说是必要的范围内。

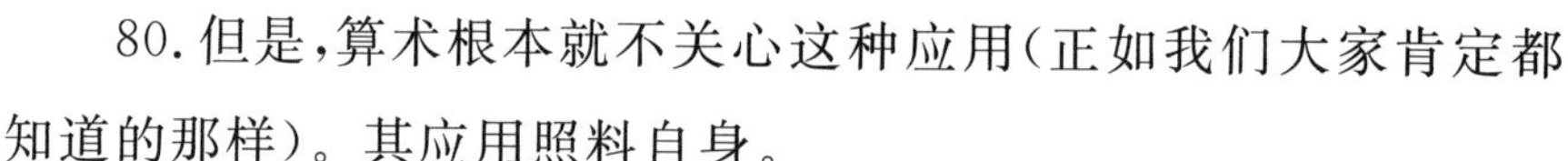

80. 但是，算术根本就不关心这种应用（正如我们大家肯定都知道的那样）。其应用照料自身。

81. 因此，为了给算术提供基础，人们对于主-谓形式之间的区别的一切不安的搜寻，还有"外延"函项的构造（兰姆西）[②]，均是浪费时间之举。

82. 等式4个苹果+4个苹果=8个苹果是我在如下情况下所

---

① 相关段落出现在：MS 106：111，进而出现在：*Philosophische Bemerkungen*, *Werkausgabe*, Band 2, hrsg. von R. Rhees, Frankfurt: Suhrkamp, 1984, S. 119。

② 参见：F. P. Ramsey, "The Foundations of Mathematics"[1925], in *The Foundations of Mathematics and Other Logical Essays*, ed. R. B. Braithwaite, London: Routledge and Kegan Paul, 1931, pp. 49—56.

运用的一条替换规则：我不是用“8”来取代符号“4＋4”，而是用“8个苹果”来取代符号“4个苹果＋4个苹果”。

但是，人们必须提防如下事情：认为“4个苹果＋4个苹果＝8个苹果”是一个具体的等式，与此相反，“4＋4＝8”则是一个抽象的命题，前者只是后者的一种特殊的应用。结果，尽管苹果的算术要比真正一般的算术拥有少得多的一般性，但是它在它的有限的（苹果）领域里还是有效的。——但是，根本不存在“苹果的算术”，因为等式4个苹果＋4个苹果＝8个苹果并不是一个处理苹果的命题。人们可以说，在这个等式中“苹果”这个词没有任何意义。（正如人们可以一般性地针对一条符号规则中帮助决定了其意义的符号这样说一样。）

83. 人们如何能够为接受某种可能存在的东西这件事做准备——在罗素和兰姆西（总是）想这样做这种意义上？比如，人们让逻辑为多元关系的存在或者为无穷数目的对象的存在做准备。——

84. 好的，人们的确能够提前操心一个东西的存在：我比如做了一个小箱子，以安放将来有一天或许会被制作出来的首饰。——不过，在此我可是能够说出什么必定是实际情况，——我所操心的情形是什么。这种情形现在就可以被像它已经出现了时那样好地描述出来；而且，即使它根本没有出现，它也可以被描述出来。（数学问题的解决。）与此相反，罗素和兰姆西则提前操心一种可能的语法。

85. 人们一方面认为，数学与函项的种类及其主目有关（它处理其数目)。但是,人们又不想让自己受到我们现在所熟悉的函项的约束,而且人们不知道是否有一天会发现一个有着100个主目位置的函项;因此,人们必须提前操心并且构造这样一个函项,它让一切都为100元的关系做出准备(如果一个这样的关系竟然可以找到的话)。——但是,如下说法究竟意味着什么:“找到了(或者:存在着)一个100元的关系”?我们对它拥有哪种概念?甚或关于一个2元关系?——作为2元关系的例子,人们或许给出父子关系。但是,这个例子对于对2元关系的进一步的逻辑处理来说具有什么样的意义?现在,我们应该不去想象任何一个“aRb”,而是要想象“a是b的父亲”吗?——如果不是这样,那么这个例子或者随便一个例子竟然是本质性的吗?这个例子所扮演的角色不是同于算术中这样一个例子所扮演的角色吗:我以3排苹果且每排6个为例向某个人解释3×6=18?

在此所处理的是我们的**应用**概念。——人们或许拥有一个有关这样的发动机的心象:它先是空转着,然后驱动着一个工作机械。

86.但是,计算从其应用那里得到了什么?这个应用将一个新演算附加给它了吗?这样,它现在就成了**另一个**演算。或者,它给予它以材料(在某种对于数学[逻辑]来说本质性的意义上)?如果这样,人们如何能够竟然不考虑——即使是有时如此——这种应用?

87.不是,用苹果进行的计算本质上与用线条或者数字进行的计算是一样的。工作机械将发动机继续下去了,但是(这种意义上的)应用则没有将计算继续下去。

88. 当我现在为了给出一个例子这样说时:"爱是一种 2 元关系",——在此我就爱断言了什么吗?自然没有。我给出了有关"爱"这个词的使用的一条规则,并且或许将说我们就是比如这样使用**这个**词的。

89. 但是,现在人们可是有这样的感受:通过指向 2 元关系"爱"的方式,意义便被放入关系演算的外壳之内。——让我们设想,一个几何证明不是在一个图样上或者在分析的记号之上进行的,而是在一个圆柱形灯罩上进行的。在什么范围内在此对几何做了应用?玻璃圆柱体之被用作玻璃灯罩这点竟然出现在几何深思之中了吗?在一个爱的宣示中使用了"爱"这个词这点出现在我的有关 2 元关系的深思之中了吗?

90. 与我们相关的是"应用"这个词的不同的运用、意义。"乘法被应用在除法之中了";"玻璃圆柱体被应用在灯上了";"计算被应用在这些苹果之上了"。

91. 在此人们现在可以这样说:算术是它自己的应用。演算是它自己的应用。

在算术中我们不能提前操心一种语法的应用。因为,如果算术仅仅是一种游戏,那么对于它来说它的应用也仅仅是一种游戏,而且或者是相同的一种游戏(于是,它并非将我们带到更远的地方)或者是不同的一种游戏——这样,我们在**纯粹**算术中就已经能够从事它了。

92. 因此，当逻辑学家说他在算术中已经为可能存在的 6 元关系提前操心了时，那么我们便可以问：当你已经准备好的东西找到了其应用时，现在究竟什么东西附加在其上了？是一种新的演算吗？——但是，你可是恰恰没有为这个做准备。或者是某种与这个演算不相关的东西？——这样，它不会令我们感兴趣，而你向我们显示的那个演算对我们来说就已经足够构成应用了。

93. 不正确的观念是这样的：一个演算在实际的语言上的应用赋予它一种它先前所不曾具有的实在性。

94. 不过，正如在我们的领域中通常所发生的事情一样，在此错误并非在于人们相信了某种错误的东西，而是在于人们观望着一种误导人的类比。

95. 当 6 元关系被发现了时，究竟发生了什么事情？可以说是这样一种金属被发现了吗：它现在具有所愿望的（先前所描述的）性质（正确的比重、强度等等）？不是；人们所发现的是这样一个**语词**，在我们的语言中我们事实上像我们运用比如字母 R 那样运用它。“是的，不过，这个词可是具有意义，而‘R’则没有意义！因此我们现在看到了如下事实：有某种东西对应于‘R’。”不过，这个词的意义肯定不在于某种东西对应于它这点。除非是在比如涉及名称及所命名的对象的情况下。但是，在那里名称的承受者仅仅是将该演算，进而该语言，继续下去。事情**并非**像当人们这样说时那样：“这个故事事实上发生了，它并非是单纯的发明。”

96. 所有这一切还与罗素、兰姆西和我所曾持有的有关逻辑分析的错误概念有关。在这样的错误概念的引导下，人们像等待对于化合物的化学分析那样等待对于事实的最终的逻辑分析。这样一种分析，经由它，人们这时真的发现了比如 7 元关系，正像发现了一种事实上具有比重 7 的元素一样。

97. 对于我们来说，语法是一种纯粹的演算。（并非是一种演算在实在上的应用。）

98. “人们如何能够为某种可能存在的东西做准备”这种说法意味着：人们如何能够将算术建立在这样一种逻辑的基础之上，在其中人们等待着对于我们的命题的一种分析的结果（就特殊的情形而言），而且与此同时又想要通过一种先天的构造来为所有可能的结果做担保？——人们想说：“我们不知道结果是否会表明根本不存在具有 4 个主目位置的函项，或者只存在 100 个可以有意义地放入含有**一个**变项的函项之中的主目。如果比如只有**一个**这样的函项 F 和 4 个主目 a，b，c，d（这个假定看起来无论如何是可能的），那么在这种情况下说‘2＋2＝4’有意义吗？——因为在此没有任何函项来完成划分成 2 和 2 这样的任务。”现在，人们说，我们将为所有可能的情况做好准备。但是，这自然没有任何意义：因为，一方面，演算并不为一种可能的存在做出准备，而是自己构造出自己无论如何都需要的存在。另一方面，表面上看像是有关世界的逻辑元素（逻辑结构）的假设性的假定的东西不过是有关一个演算的元素的陈述；而这些陈述自然也可以这样做出，即在这个演算之内没有 2＋2。

让我们通过引入 100 个名称以及包含它们的一个演算的方式为比如 100 个对象的存在做出准备。现在，我们假定人们真的发

现了 100 个对象。但是,假定现在诸对象被配合给了诸名称(以前它们并没有配合于其上),情况如何?——现在这个演算发生了改变了吗?——这种配合与它究竟具有什么关系?经由这种配合它获得了更多的实际性?或者,它以前仅仅属于数学,而现在则属于逻辑了?——这些问题是什么样的问题:"存在着 3 元关系吗?""存在着 1000 个对象吗?"如何就此做出决断?——但是,如下事项的确是事实:我们能够给出 2 元关系,比如爱,还有 3 元关系,比如嫉妒,但是或许不能给出 27 元的关系!——但是,"给出 2 元关系"这种说法意味着什么?这听起来(可是)像是这样的:我们指向一个东西并且说"你看见了吗,这就是这样一个东西"(也即,像我们以前所描述的那样)。不过,根本没有发生某种这样的事情(与指向的比较是完全错误的)。"嫉妒关系不能解析为 2 元关系":这就像是说:"酒精不能分解成水和一种固态物质"。那么,这点包含在嫉妒的本性中了吗?(我们不要忘记:命题"A 因为 B 而嫉妒 C"是不能分解的,恰如"A 并非因为 B 而嫉妒 C"一样。)人们所指向的或许是 A、B 和 C 的组合。——"但是,假定诸生物迄今只是知道平面,不过在其上却发展出了 3 维空间几何,现在突然了解了 3 维空间?!"由此,这种几何便被改变了吗?它变得内容更为丰富了吗?——"是的,但是事情难道不是这样的吗:好像我比如曾经制定了这样的任意的规则,它们禁止我在房间里走特定的路线,而就物理的障碍来说,我是可以立即走这样的路线的,——好像接着出现了这样的物理的状况,比如房间里摆上了家具,它们现在强制我按照我起初随意地给出的那些规则走动?因此,尽管 3 维演算还是一种游戏,但是在那里真正说来还没有 3 维;因为 x,y,z 之所以听从这些规则，这仅仅是因为我想要这样；现在，在我们将它们与实际的 3 维联结在一起时，它们便不能再以其它的方式移动了。”不过，这是一种单纯的虚构。因为此处所处理的并非是与这样的实际的一种结合，它现在将语法控制在自己的轨道上！“语言与实际的结合”（比如经由实指定义造成的那种结合）并没有使得语法成为不可避免的（并没有为语法提供辩护）。因为语法始终仅仅是一个在空间中自由漂浮的演算，它尽管被扩充了，但是并不能得到支撑。“与实际的结合”只是扩展了语言，但是它并没有强制它做什么。我们谈论 27 元关系的发现：但是，一方面，没有任何发现能够强制我使用 27 元关系的（符号和）演算；另一方面，我能够借助于这个记号系统来描述这个演算本身的运作。

99. 当人们在逻辑中看起来是在考察多个不同的论域时（像兰姆西所做的那样）[①]，人们实际上是在考察不同的游戏。比如在兰姆西那里，对于一个“论域”的解释直接就是这样一个定义：$(\exists x).\phi x \overset{\text{Def.}}{=\!=} \phi a \vee \phi b \vee \phi c \vee \phi d$。[②]

① 参见：F. P. Ramsey, “The Foundations of Mathematics”[1925], in *The Foundations of Mathematics and Other Logical Essays*, ed. R. B. Braithwaite, London: Routledge and Kegan Paul, 1931, pp. 60—61。

② 在 TS 213:561 中，“∃”为“E”（这显然是出于打字机无法打出前者的缘故）。下同。

（六）兰姆西的同一性理论[1]

100. 兰姆西的同一性理论犯了当人们这样说时所犯的那种错误：人们也能够将一幅画出的图像用作一面镜子，即使仅仅是对于唯一的姿势的镜子。在此人们忽略了如下事实：镜子的本质之处恰恰是这点，即人们能够从它那里推断出它前面的物体的姿势，然而在画出的图像的情形中，人们首先必须知道这些姿势是符合的，然后才能将这幅图像看作镜中像。

101. 如果狄利克雷有关函项的看法[2]具有一种严格的意义的话，那么它必定表达在这样一个**定义**之中：它宣告，函项符号与表格具有相同的意义。

102. 兰姆西拐弯抹角地将"x＝x"解释成断言"每个命题均与自身等值"，以同样的方式将"x＝y"解释成断言"每个命题均与任何一个命题等值"。

因此，他通过他的解释只是获得了下面两个定义所确定的东西：

---

① 参见：F. P. Ramsey，前引书，pp. 50－53，59－60。维特根斯坦首先是在写给兰姆西的信中提出对其同一性观点的批评的。参见两者间 1927 年的通信，载于：*Wittgenstein in Cambridge*：*Letters and Documents* 1911－1951，ed. Brian McGuinness，Oxford：Blackwell，pp. 158－161。

② 参见：Peter Gustav Dirichlet，"Über die Darstellung ganz willkürlicher Functionen durch Sinus-und Cosinusreihen"，in：*Werke* I，hrsg. L. Kronecker，Berlin，1889，S. 133－160。

$$x=x \overset{\text{Def.}}{=\!=}\text{同语反复式}$$

$$x=y \overset{\text{Def.}}{=\!=}\text{矛盾式}$$

（语词“同语反复式”在此可以由任意一个同语反复式来取代，相同的话也适用于“矛盾式”。）

到目前为止所发生的事情仅仅是给出了 x＝x 和 x＝y 这两个不同的符号形式的解释。这些解释自然可以经由两个解释的类来取代，比如这样的类①：

$$\left.\begin{array}{l}a=a\\ b=b\\ c=c\end{array}\right\}=\text{Taut.} \qquad \left.\begin{array}{l}a=b\\ b=c\\ c=a\end{array}\right\}=\text{Cont.}$$

但是，现在兰姆西却写道：

“(∃x,y)．x≠y”，也即“(∃x,y)．～(x＝y)”，——

不过，他根本没有权利这样做。因为，在这个符号中“x＝y”意谓什么？它肯定既不是符号“x＝y”（我在上面的定义中已经使用过它），自然也不是前面的定义中的“x＝x”。因此，它是一个还未得到解释的符号。此外，为了看到这些定义的无用性，请这样来读解它（像一个没有偏见的人会做的那样）：我允许人们不使用符号“Taut.”（我们知道该符号的用法），而是使用符号“a＝a”或者“b＝b”等等；不使用符号“Cont.”（“～ Taut.”），而是使用符号“a＝b”，“a＝c”，等等。顺便说一下，由此我们得到如下公式：(a＝b)＝(c＝d)＝(a≠a)＝等等！在此如下之点肯定不言自明了：如此

① 下面公式中的“Taut.”为“Tautologie”（同语反复式）的缩写，“Cont.”为“Contradiction”（矛盾式）的缩写。

定义出的同一性符号与我们用来表达一条替换规则的同一性符号没有任何关系。

现在我自然可以再一次对“(∃x,y). x≠y”做出解释;比如将其释作 a≠a.∨.a≠b.∨.b≠c.∨.a≠c;但是,真正说来这种解释是骗术,我应当直接写出:(∃x,y). x≠y $\stackrel{\text{Def.}}{=\!=}$ Taut.。(这也就是说,左侧上的符号是作为“Taut.”的一个新的——不必要的——符号而给予我的。)因为,我们不要忘记,按照这个解释,“a=a”和“a=b”等等是互相独立的符号,只是在符号“Taut.”和“Cont.”互有关联的意义上才互有关联。

此处的问题就是有关“外延的”函项的用处的问题,因为兰姆西有关同一性符号的解释的确是这样一个通过外延而给出的规定。那么,一个函项的外延的规定在于什么?它显然是一组定义,比如这组定义:

fa = p Def.

fb = q Def.

fc = r Def.

这些定义许可我们不使用我们所熟悉的命题“p”,“q”,“r”,而是使用符号“fa”,“fb”,“fc”。说经由这三个定义函项 f(x)便得到了规定,这或者根本没有说出什么东西,或者说出了这三个定义所说出的东西。

因为符号“fa”,“fb”,“fc”只有在如下范围内才是函项和主目:“Ko(rb)”、“Ko(pf)”和“Ko(hl)”诸语词[①]也是函项和主目。(在

① “Korb”、“Kopf”、“Kohl”为德语词,意义分别为:篮子、脑袋、卷心菜。

此，诸“主目”“rb”、“pf”、“hl”在其它地方是否还被用作语词了，这不会造成任何区别。）

（因此，很难看出，这些定义除了具有误导我们这样的目的之外还能够具有什么目的。）

首先，符号“(∃x).fx”根本就没有意味着任何东西；因为有关函项的规则（在“函项”这个词的旧的意义上）在这里无效了。对于这些规则来说，fa=……这样一个定义是胡话。如果不加以明确的解释，符号“(∃x).fx”只能像一个字谜画那样来理解。在后者中，符号也具有一种非真实的意义。

出现于定义(a=a)$\overset{\text{Def.}}{=\!=}$Taut.等等中的每个符号“a=a”，“a=c”等等均是一个**语词**。

顺便说一下，引入外延函项的最终的目的是给出有关无穷的外延的命题的分析，而这个目的并没有达到，因为一个外延函项是通过一个定义清单而引入的。

103. 存在着这样一种企图：将等式的形式看成同语反复式和矛盾式形式，而且这是因为人们似乎可以这样说：x=x 明显是真的，而 x=y 则明显是假的。自然，人们更可能愿意将 x=x 与一个同语反复式相比，而不是将 x=y 与一个矛盾式相比，因为所有正确的（而且“有意义的”）数学等式都具有 x=y 这样的形式。人们可以将 x=x 称为一个退化的等式（兰姆西很正确地将同语反复式和矛盾式称为退化的命题[①]），而且是一个正确的退化的等式

① 参见：F. P. Ramsey，“The Foundations of Mathematics”[1925] and “Facts and Propositions”[1927]，in *The Foundations of Mathematics and Other Logical Essays*，ed. R. B. Braithwaite，London：Routledge and Kegan Paul，1931，pp. 9—10，151。

(一个等式的极限情况)。因为我们像使用正确的等式那样使用x=x形式的表达式,与此同时我们完全意识到了如下之点:所处理的是退化的等式。几何证明中的命题处于相同的情况,比如这样的命题:“角α等于角β,角γ与自身相等……”

现在,人们可能反对说:x=y形式的正确的等式也必定是同语反复式,与之相反,这种形式的错误的等式则必定是矛盾式,因为人们肯定必须能够证明正确的等式,而且是通过这样的方式:将这个等式的两侧变形,直到出现x=x形式的同一性。不过,尽管通过这样的程序第一个等式被证明为正确的了并且在这样的范围内,x=x形式的同一性成了这种变形的最终的目标,但是它并非是在这种意义上构成了最终的目标:好像人们想要经由对这个等式的这种变形而给予其以正确的形式(正如人们将一个弯曲的对象弯曲成直的一样);好像它现在在这种同一性中(最终)达到了这种完美的形式。因此,人们不能说:正确的等式**真正说来**的确是一种同一性。它恰恰**不是任何**同一性。

(七) 算术(数学)的应用概念

104. 当人们这样说时:“对于数学来说本质性的事情是它能够被应用”,人们的意思是:这种**可**应用性不是这样一块木头的可应用性,针对它我说“我可以将这个应用到某某之上”。

105. 几何学不是这样一门科学(自然科学),它处理几何平面、几何直线和几何点,与之形成对照的或许是另一门处理粗糙的物理直线、物理线条、物理平面等等并给出**其**性质的科学。几何学与实际生活的处理线条、颜色界线、斜边、角等等的命题之间的关联并不是这样的:它谈论与这些命题谈论的事物类似的事物,尽管谈论**理想的**斜边、角等等,而是那种存在于这些命题和它们的语法之间的关联。应用几何学是关于空间对象的陈述的语法。所谓几何直线与颜色界线之间的关系并非如同精细的东西与粗糙的东西之间的关系,而是如同可能性与实际之间的关系。(想一想将可能性看作实际的影子的看法。)

106.人们可以描述这样一个圆面积,它经由直径被分成 8 个全等的部分,但是针对一个椭圆面积这样说是没有意义的。几何在这方面针对圆面积和椭圆面积所说的话就包含于此。

107.一个建立在一个错误的计算基础之上的命题(像比如“他将 3 米长的板子分成了 4 个部分,每个部分 1 米长”这样一个命题)没有意义,而这阐明了“具有意义”和“用一个命题意指什么”意味着什么。

108.命题“三角形内的诸角的总和为 180 度”的情况如何?无论如何,从这个命题人们不能看出如下之点:它是一个句法命题。

命题“对角是相等的”意味着:如果测量表明它们不是相等的,那么我会将这种测量解释为错误的。而且“三角形内的诸角的总和为 180 度”意味着:如果测量时表明它不是 180 度的,那么我将认为发生了一个测量错误。因此,这个命题是一条有关事实的描述的方式的公设。进而,它是一个句法命题。

二、论基数

（一）基数的种类

109.数是什么？——是数字的意义；而对这种意义的研究就是对数字的语法的研究。

110. 我们并非是在寻找数概念的一种定义，而是在尝试给出“数”这个词及数词的语法的阐释。

111. 之所以存在着无穷多的基数，是因为**我们**构造了这个无穷的系统并且将它称为基数的系统。也存在着这样一个数系统：“1，2，3，4，5，许多”，还有这样一个数系统：“1，2，3，4，5”。为什么我不应当将这个也称为基数系统？（进而称其为一个有穷的基数系统）。

112. 显然，无穷公理并非是罗素所认作的那种东西，它既不是一个逻辑命题，也不是——就其现状来说——一个物理学命题。至于包含着它的那个演算——当将其放在一种完全不同的环境之中时（在一种完全不同的“释义”中）——能否在什么地方找到一种实践的应用，我无从知晓。

针对逻辑概念,比如针对那个(或者某个)无穷概念,人们可以说:其本质便证明了其存在。

113.(弗雷格还会这样说:"或许存在着这样的人,他们有关基数序列的知识不超过 5[或许只是以不确定的形式看到这个序列其余的部分],但是这个序列是独立于我们而存在的。"[①]象棋是否是独立于我们而存在的?——)

114. 一种很令人感兴趣的有关数概念在逻辑中的位置的考虑是这样的:假定一个民族没有任何数词,而总是**毫无例外地**使用古代算盘,比如俄罗斯计算器,进行计数、计算等等,那么这时数概念的情况如何?

(没有什么比如下事情更令人感兴趣的了:研究这些人的算术,而且人们真的会明白这点:在此在 20 与 21 之间不存在任何区别。)

115. 人们也能够构造这样一个数类吗:与基数形成对照的是,其序列对应于没有 5 的基数的序列?噢,是的:只不过,这种数类**不能**用在任何这样的东西之上,基数应用于其上。这个 5 之不出现在这些数之中的情况并非是像这样一个苹果的情况,人们从一个装满苹果的箱子中将其取出并且能够再将其放回;相反,这个 5 不出现在这些数的本质之中,它们不**知道** 5(正如基数不知道 $\frac{1}{2}$

① 参见:G. Frege, *Die Grundlagen der Arithmetik: Eine logisch mathematische Untersuchung über den Begriff der Zahl*, Breslau: M. & H. Marcus, 2. Auflage, 1934, § 26; *Grundgesetze der Arithmetik*, Band I, Jena: H. Pohle, 1893, Vorwort, S. XVII – XIX。

一样)。因此,这些数(如果人们愿意这样称呼它们的话)被应用在了这样一种情形之中,(带有 5 的)基数不能有意义地在其中得到应用。

(有关“基本直觉”[①]的空话之无意义性在此不是显示出来了吗?)

116. 当直觉主义者谈论“基本直觉”时,——这是一种心理学过程吗?如果这样,那么它如何进入数学中来?或者,他们所意指的东西不就是一个(弗雷格意义上的)初始符号吗?一种演算的一个构成成分?[②]

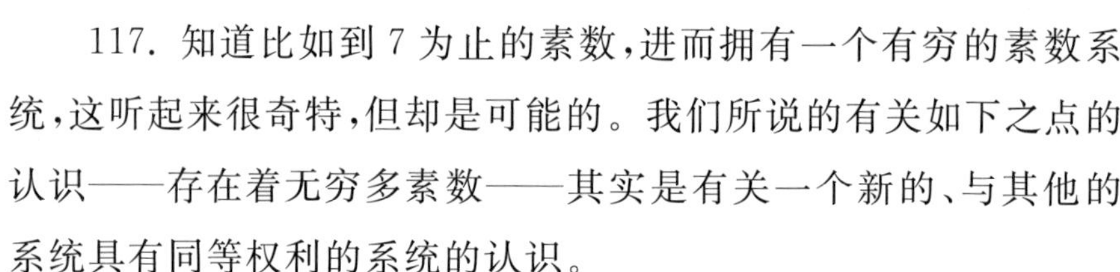

117. 知道比如到 7 为止的素数,进而拥有一个有穷的素数系统,这听起来很奇特,但却是可能的。我们所说的有关如下之点的认识——存在着无穷多素数——其实是有关一个新的、与其他的系统具有同等权利的系统的认识。

118. 如果人们在闭上眼睛时看到一道闪光,数不清的小光点,它们出现又消失——像人们或许会描述的那样——那么在此谈论同时看到的小光点的“总数”便没有任何意义了。人们不能说“在那里总是有一定数目的小光点,只是我们不知道它们而已”;这对应于应用在这样的地方的一条规则,在那里可以谈论对这个数

---

① 德文为“Grundintuition”。在此维特根斯坦想到的是数学基础研究中的直觉主义学派首领布劳维尔(L. E. J. Brouwer,1881—1966)所用的概念。(参见 L. E. J. Brouwer,*Brouwer's Cambridge lectures on intuitionism*,D. van Dalen (ed.),Cambridge:Cambridge University Press,pp. 4—5.)

② 关于弗雷格有关初始符号的理解,请参见:G. Frege,*Grundgesetze der Arithmetik*,Band I,Jena:H. Pohle,1893,§§1—25。

目的一种核对。

119. 这样说有意义:我将许多东西分配给许多人。但是,命题"我不能将如许多的坚果分配给如许多的人"不可能意味着:这在逻辑上说是不可能的。人们也不能说:"在一些情况下将许多东西分配给许多人是可能的,而在另一些情况下这是不可能的。"因为,接着,如果我提出这样的问题:在**哪些**情况下这是可能的,而且在**哪些**情况下这是不可能的?那么对此人们便不再能够在许多-系统中(im Viele-System)给出回答了。

120. 针对我的视野的一个部分说它不具有任何颜色,这是胡话;正如针对它说它具有颜色(或者具有一种颜色)也自然而然地没有意义一样。另一方面,如下说法有意义:它只具有**一种**颜色(是单色的,或者**等色的**),它至少具有两种颜色,只具有两种颜色,等等。

因此,我不能将如下命题中的"两种"替换为"一种":"我的视野中的这个四角形至少具有两种颜色。"或者也可以这样说:"这个四角形只有一种颜色"并非意味着——类似于$(\exists x).\ \phi x\ \&\ \sim(\exists x,y).\ \phi x\ \&\ \phi y$——"这个四角形具有一种颜色而非两种颜色"。

121. 在此我在谈论这样一种情形,在其中说"空间的这个部分没有任何颜色"没有意义。当我计数四角形内的等色的(单色的)斑点时,如果四角形的颜色不断地变化着,那么另外说不存在这样的斑点是有意义的。这时,如下说法也自然是有意义的:在这个四角形中有"一个或者多个等色的斑点"。还有这样的说法也是有意义的:这个四角形具有一种而非两种颜色。——但是,现在我不是在考虑命题“这个四角形没有任何颜色”的这种用法，而是在谈论这样一个系统，在其中一个图形具有一种颜色这点被称作是自明的，因此，正确地说来，在其中不存在这样一个命题。当人们说这个命题是自明的时，真正说来人们意指的是这样一条语法规则所表达的东西，它比如描述了有关视觉空间的命题的形式。现在，当人们用命题“在这个四角形中有一种颜色”来开始其有关四角形内的颜色的数目的说明时，这自然不可能是有关空间的“有色性”的语法的命题。

当人们说“这个空间是有颜色的”时，人们的意思是什么？（一个非常有意思的问题是：这个问题是什么样的问题？）好的，为了进行确证，人们或许环顾四周，看着周围的各种颜色，并且或许说：我目光所及，全是一种颜色。或者说：一切的确均是有颜色的，一切可以说均被涂上了颜色。在此人们是与这样一种无色性对照着来思考颜色的，在进一步注视之下，它又变成了颜色。顺便说一下，当人们为了进行确证而环顾四周时，人们首先注意到的是这个空间的静止的、单色的部分，而不愿注意非静止的、颜色不清的部分（流水、影子等等）。于是，人们必须承认，人们恰恰将所看到的一切均称为颜色，因此，现在人们将这点作为空间本身（而不再是这个空间部分）的一种特征而说出来：它是有颜色的。但是，这就意味着：针对象棋游戏说它是象棋游戏，而这最后只能是对于这种游戏的一种描述。现在我们获得了有关空间命题的一种描述，不过它们还没有（一个）根据，好像人们必须让其与另一种实际一致起来。

为了确证命题“视觉空间是有颜色的”，人们（比如）向四周看并且说：这里的这个是黑色的，而黑色是一种颜色；这是白色的，而白色是一种颜色;等等。但是,人们像理解"铁是一种金属"那样(或者更好的说法是:人们像理解"石膏是一种硫化物"那样)来理解"黑色是一种颜色"。

如果我使得如下说法成为没有意义的:视觉空间的一个部分没有任何颜色,那么对于有关视觉空间的一个部分中的颜色数目的陈述的分析(的追问)将完全类似于对于有关一个四角形的诸部分的数目的陈述的分析(的追问)(比如当我通过线条将这个四角形划分成有限的平面部分时)。

即使在这里我也可以将如下说法看成没有意义的:那个四角形"由0个部分构成"。因此,人们不能说它是"由一个或者多个部分构成的",或者它"至少有**一个**部分"。请思考一下这样一个四角形的特殊情形,平行的线条将它划分成诸部分。

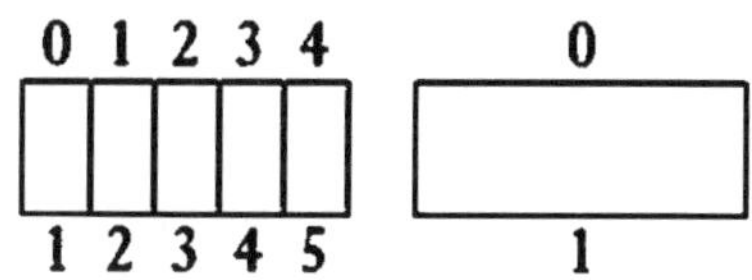

这个情形非常特殊这点(对于我们来说)不要紧,因为我们不会因为一个游戏仅仅具有一个很受限的应用就认为它应当受到更少的关注。在此我或者可以像通常那样来计数,这时说有0个部分便没有任何意义了。但是,我也能够设想这样一种计数方式,它将第一个部分可以说看成不言而喻的,不将它数上,或者将它看成0,而只是将进一步划分出的东西算进去。另一方面,人们能够设想有这样一种习俗,按照它,比如排成行列的士兵的数目总是用这样的士兵的数目来计数的,他们排列在**一个**士兵之上(或许是因为我们应当给出标兵和队列中的另一个士兵的可能的组合的数目)。不过,也可能存在着这样一种习俗,按照它,士兵的数目总是以比实际的数目大1个的方式给出。起初之所以发生这样的事情,或许只是为了在实际的数目上欺骗某个上级军官,但是接着它却被采用为计数士兵的方式。(学院一刻钟。[①])一个平面上的不同的颜色的数目也可以通过两个项的可能的组合的数目而给出。这时,对于这个数目来说只有$\frac{n\cdot(n-1)}{2}$这样的数才进入考虑范围之内,于是谈论一个平面上的2种或4种颜色将是没有意义的[②],正如现在谈论$\sqrt{2}$种或i[③]种颜色没有意义一样。我要说,并非是基数本质上说来便是原初的,而我们可以称为组合数的东西1,3,6,10,等等本质上就是派生的。人们也可以设计出一种组合数的算术,而它是自成一体的,正如基数的算术一样。不过,同样自然的是,可以有一种偶数的算术或者1,3,4,5,6,7,……这些数的算术。对于这样的数类的书写来说,十进位系统自然是不适合的。

122. 请设想这样一种计算器,它不是用珠子,而是用一条带

---

① 德文为“Akademisches Viertel”。德国和奥地利等德语国家的大学的活动一般都比规定的开始时间晚15分钟开始。如有必要,相应的时间后面会标有c. t.(cum tempore,拉丁文)。如果某学术活动将在规定时间准时开始,会在通知上专门注明s. t.(sine tempore,拉丁文)。

② 假定按照通常的计数方式,在一个平面上有n(≥2)种不同的颜色。那么,按照维特根斯坦这里所设想的新的计数方式,我们要说这个平面上有C_n^2种不同的颜色。当n=2,3,4,……时,C_n^2分别为:1,3,6,10……。后面这个数列就是公式$\frac{n\cdot(n-1)}{2}$所代表的序列。

③ 虚数单位。

子上的颜色进行计算。与现在我们在我们的算盘上用珠子或者手指来计数一条带子上的颜色不同,通过使用我们所设想的这种新的计算器,我们将用一条带子上的颜色来计数一根条棒上的珠子或者我们手上的手指。但是,这种颜色计算器必须如何建造起来,以便能够起作用?我们需要有关于如下情形的符号:没有珠子放在条棒上。我们必须将算盘设想成一个实用工具并且将其设想成语言的手段。正如人们可以通过比如五个手指来表现 5 一样(人们想到的是一种手势语言),人们也将通过上面有 5 种颜色的带子来表现它。不过,我也需要一个有关 0 的符号,否则,我便没有必要的多样性。好的,在此我可以或者这样规定:一个黑色的平面应当表示 0(这自然是任意的,单色的红色平面可以同样好地做到这点);或者这样规定:单色的平面应当表示 0,双色的平面应当表示 1,等等。我会选择哪种表示方式,这完全是无所谓的。在此人们看到了,珠子的多样性如何被投影到了一个平面上的颜色的多样性。

123. 谈论白色圆圈内的黑色两角形没有任何意义;这种情形类似于如下情形:说四角形由 0 个部分构成(不是由任何部分构成的)没有意义。

在此我们面对的是某种像计数的下限的东西(在我们还未达到一之前)。

124. 对如下示图的Ⅰ中的部分的计数与Ⅳ中的点的计数是一回事儿吗？区别何在？人们可以将Ⅰ中的部分的计数看成对于四角形的计数。但是，这时人们也能够说“在这行上**没有任何**四角形”；于是，人们并没有计数部分。点的计数和部分的计数之间的相似性以及这种相似性的失灵让我们不安。

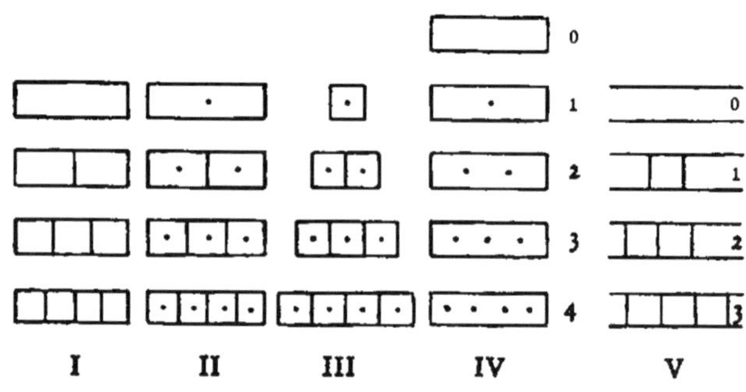

将未划分的平面计数为“1”，在这种做法中包含着某种奇特之处；与此相反，在如下做法中我们没有发现任何困难：将被划分了一次的平面看成2的图像。在此，人们更愿意这样计数：“0，2，3，等等。”这相应于这个命题序列：“这个四角形未得到划分”，“这个四角形被划分成了2个部分”，等等。

125. 最为自然的做法是将上面的图式序列Ⅴ理解成这样：

A
AB
ABC
ABCD
等等

在此，人们可以用“0”来表示第一个图式，用“1”来表示第二个图式，但是比如用“3”来表示第三个图式（如果人们想到了所有可能的区别的话)，用“6”来表示第四个图式。或者，人们将第三个图式称为“2”(如果人们仅仅关心**一种**排序的话)，而将第四个称为“3”。

126. 人们可以通过这样的说法来描述下面这个四角形的可划分性：它被分成了 5 个部分；或者：4 个部分被从它那里分离出来；或者：它的划分图式为 ABCDE；或者：人们通过穿越 4 条界线的方式经过了所有部分；或者：这个四角形被划分了(也即：被划分成 2 个部分)，其中的一个部分又得到了划分，而且**这种**划分的两个部分又被划分了，——等等。

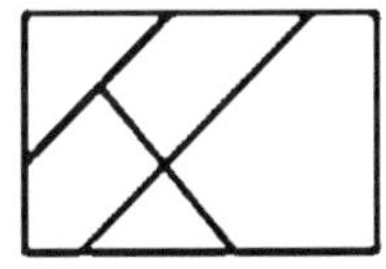

我要表明，并非仅仅存在着**一种**描述这样的可划分性的方法。

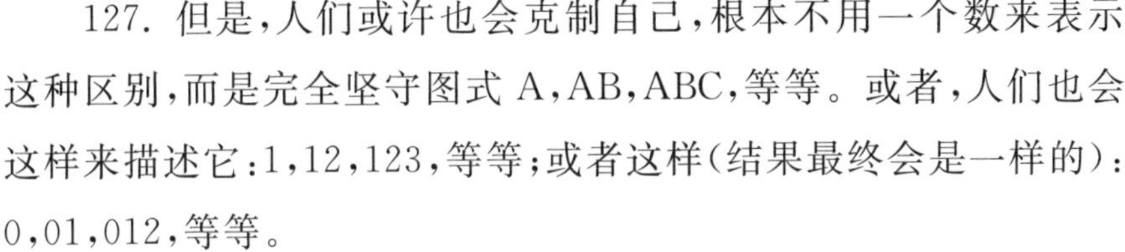

127. 但是，人们或许也会克制自己，根本不用一个数来表示这种区别，而是完全坚守图式 A，AB，ABC，等等。或者，人们也会这样来描述它：1，12，123，等等；或者这样(结果最终会是一样的)：0，01，012，等等。

人们当然也可以很好地将这些符号称为数字。

128. 如下图式都同样是根本性的：A，AB，ABC，等等；1，12，123，等等；|，||，|||，等等；□，[I]，[II]，[III]等等；0，1，2，3，等等；1，2，3，等等；1，12，121323，等等；等等。

129. 现在，人们对如下事情感到奇怪：人们用以计数一个兵营中的士兵的数图式并非也适合于一个四角形的诸部分。但是，

兵营中士兵的图式为：[ ]，[·]，[··]；四角形的诸部分的图式为：[ ]，[|]，[| |]。两者中的哪一个与另一个相比都并非是原初性的。

130. 我既可以将划分图式的序列与序列1，2，3，等等加以比较，也可以将其与序列0，1，2，3，等等加以比较。

如果我在计数部分，那么在我的数列中没有0，因为序列

A
A B
A B C
等等

是以**一个**字母开始的，而序列[ ]，[·]，[··]则并非是从**一个点**开始的。与此相反，我也可以用这个序列表现划分的所有事实，只不过，“这时我并没有计数诸部分”。

131. 在不正确的表达方式中，这个问题的形式是这样的（不过，人们首先便会采取这样的表达形式）：“为什么人们能够说‘在这个平面上有二种颜色’，而不能说‘在这个平面上有**一种**颜色’？”或者：我必须如何表达这条语法规则，以至于我不再企图说没有任何意义的话，并且它对于我来说是自明的？诱导我不正确地使用语言的那种错误的思想、错误的类比何在？我必须如何表现语法，以使这样的企图隐去？我相信，经由序列

A
A B
A B C
等等

和序列

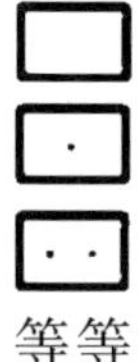

等等

所进行的表现去除了这种不清晰性。

一切均取决于如下之点：我是在用一个以 0 开始的数列进行计数，还是在用一个以 1 开始的数列进行计数。

当我计数棍子的长度或者帽子的大小时情况也是一样的。

当我用计数线条进行计数时，我可以将其写成这样：|，V，V，V，以便表明事情并不取决于方向上的**区别**，而简单的线条对应着 0（也即构成了开始部分）。

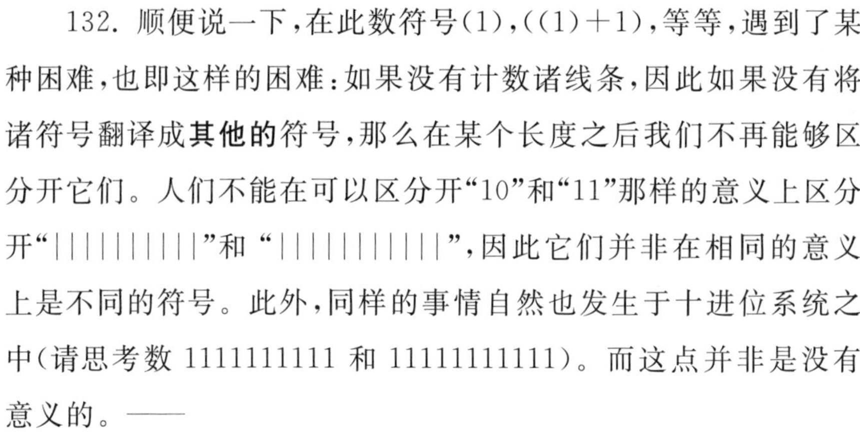

132. 顺便说一下，在此数符号(1)，((1)+1)，等等，遇到了某种困难，也即这样的困难：如果没有计数诸线条，因此如果没有将诸符号翻译成**其他的**符号，那么在某个长度之后我们不再能够区分开它们。人们不能在可以区分开“10”和“11”那样的意义上区分开“||||||||||”和“|||||||||||”，因此它们并非在相同的意义上是不同的符号。此外，同样的事情自然也发生于十进位系统之中（请思考数 1111111111 和 11111111111）。而这点并非是没有意义的。——

133. 请设想这样的情形：一个人给予我们一道线条符号系统中的计算题，比如：

||||||||||| + ||||||||||

在我们做计算时他开了这样的玩笑:在我们没有注意到时他擦掉线条并且补画上线条。于时,他总是对我们说:“算得不对”,而我们总是重新算一遍,总是被他捉弄。是的,严格说来,我们对计算的正确性的标准根本没有任何概念。——

在此人们现在可能会提出这样的问题:现在,如下结果仅仅是**很有可能的**吗:464+272=736?因此,如下结果不也是仅仅很有可能的吗:2+3=5?这样的概率所逼近的那种客观的真性究竟何在?这也就是说,我们究竟是如何得到有关如下事情的概念的:2+3实际上**是**某个数——撇开它对我们来说看起来所是的东西不说?——

134. 因为人们会问:在这种线条符号系统中,什么是我们两次所面对的是相同的数符号这点的标准?——回答可以是这样的:“如果它两次看起来是相同的”,或者“如果它两次包含着相同数目的线条。”或者回答应当是这样的吗:如果某种一一对应的配合关系等等是可能的?

135. 我如何能够知道||||||||和||||||||是**相同的**符号?为此它们看起来**相似**肯定是不够的。因为应当构成符号的同一性的东西并非是形状的大致的相同性,而是不折不扣的数目的相同性。

136. 1+1+1+1+1+1+1 和 1+1+1+1+1+1+1+1 的区别问题比初看起来更为根本。所涉及的是物理的数与视觉的数的区别。

(二) 2＋2＝4

137. 基数是一个清单的一种内在性质。

138. 数目本质上就与一个概念具有某种关系吗？我相信，这最后归结为如下问题：谈论这样的对象的数目是否有意义，它们没有被放在一个概念之下？比如，如下说法有意义吗："a，b 和 c 是三个对象"？——人们的确有这样一种感受，它向我们述说：为何谈论概念？数可是只取决于概念的**外延**，而一旦后者得到了确定，那么概念可以说就可退场了。概念仅仅是用以确定外延的辅助手段，而外延则是独立的并且就其本质来说独立于概念；因为，事情毕竟也不取决于这点：我们是通过哪个概念确定外延的。这是对外延的理解的论证。与此相反，人们可以首先这样说：如果概念真的仅仅是一种用以达到外延的辅助手段，那么概念出现在算术中是不合适的；这时，人们恰恰必须将类与偶然和它联系在一起的概念完全分离开来。但是，在相反的情形中，独立于概念的外延只不过是吐火女怪，于是，最好根本就不要谈论它，而只谈论概念。

一个概念的外延的符号是一个清单。大致说来，人们可以这样说：数目是一个概念的外在的性质且是其外延(落于它之下的对象的清单)的内在性质。数目是概念外延的图式。这也就是说：数目陈述，像弗雷格所说的那样，是有关一个概念(一个谓词)的陈述。[①]

① 参见：G. Frege，*Die Grundlagen der Arithmetik：Eine logisch mathematische Untersuchung über den Begriff der Zahl*，Breslau：M. & H. Marcus，2. Auflage，1934，§46；*Grundgesetze der Arithmetik*，Band I，Jena：H. Pohle，1893，Vorwort，S. IX。

它并非指涉一个概念外延，也即一个或许可以构成一个概念的外延的清单。不过，有关一个概念的数目陈述类似于这样一个命题，它断言一个特定的清单是这个概念的外延。当我说出下面这样的话时，我便使用了这样一个清单："a，b，c，d 落于概念 F(x)之下。""a，b，c，d"就是这样的清单。自然，这个命题只是说出了：Fa & Fb & Fc & Fd；不过，当它被借助于这个清单写下时，它表明了它与"(∃x，y，z，u)．Fx & Fy & Fz & Fu"之间的亲缘关系。后者可以简写为："(∃||||x)．Fx。"

算术与图式||||有关。——但是，算术竟然谈论我用铅笔在纸上画出的线条吗？——算术不谈论线条，它用它们**进行运算**。

139. 数目陈述并非总是包含着一般化或者不确定性："线段 AB 被分成了两个(3 个，4 个，等等)相等的部分。"

140. 如果人们要想知道"2＋2＝4"意味着什么，人们必须问我们是如何(得到)计算出它的。于是，我们将计算过程看作本质性的东西，而这种考察方式是平常生活的考察方式，至少就这样的数来说是如此，对于它们来说我们需要一种计算。我们可是不应该为我们的如下做法感到羞耻：像商人们的日常的算术看待数字和计算那样看待它们。这时，我们不是算出 2＋2＝4，也根本不算出 1 至 10 的两数乘法表的规则，而是将它们——可以说作为公理——接受下来，并且只是**借助于它们**进行计算。不过，我们自然也可以算出 2＋2＝4，而且小孩也通过数数的方式做到这点。给定了数字序列 1 2 3 4 5 6，这个算出过程将是这样的：

1 $\underline{2}$ 1 $\underline{2}$

1 2 3 $\underline{4}$[①]

141. 为了简写而采用的定义：

$$(\exists x).\ \phi x.\ \&.\ \sim(\exists x,y).\ \phi x\ \&\ \phi y \stackrel{\text{Def.}}{=} (\varepsilon x).\ \phi x$$

$$(\exists x,y).\ \phi x\ \&\ \phi y.\ \&.\ \sim(\exists x,y,z).\ \phi x\ \&\ \phi y\ \&\ \phi z \stackrel{\text{Def.}}{=} (\varepsilon x,y).\ \phi x\ \&\ \phi y$$

等等

$$(\varepsilon x).\ \phi x \stackrel{\text{Def.}}{=} (\varepsilon|x).\ \phi x$$

$$(\varepsilon x,y).\ \phi x\ \&\ \phi y.=.(\varepsilon||x).\ \phi x.=.(\varepsilon 2x).\ \phi x$$

等等。[②]

142. 人们可以表明

$$(\varepsilon||x).\ \phi x\ \&(\varepsilon|||x).\ \psi x\ \&\ \underbrace{\sim(\exists x).\ \phi x\ \&\ \psi x}_{\text{Ind.}}.\supset.(\varepsilon|||||x).\ \phi x \vee \psi x$$

是一个同语反复式。[③]

人们借此证明了算术命题 2+3=5 了吗？自然没有。人们也没有表明，$(\varepsilon||x)\phi x\ \&\ (\varepsilon|||x)\psi x\ \&\ \text{Ind.}:\supset:(\varepsilon||+|||x).\ \phi x \vee \psi x$[④] 是同语反复的，因为在我们的定义中可是根本没有谈到和

---

① 此处数字下面的下划线表示数数过程的短暂停顿或结束。因此，相应的算出过程是这样的（一个小孩指着其面前的诸对象说）：1 个、2 个，1 个、2 个；1 个、2 个、3 个、4 个。

② 在 TS 213：583 中，"ε"为"é"（显然是出于打字机无法打出前者的缘故），据 MS 113：5r 改正。下同。

③ "Ind."为"Independence"（独立性）的缩写。

④ MS 113：5v 和 TS 213：584 中均为"$(\varepsilon||+|||x).\ \phi x\ \&\ \psi x$"。在后者的页边将"&"修改为"∨"，在 MS 153b：44v 中即为"∨"。还要注意：在 MS 153b：44v 中，该公式中的"ε"为"$\exists_n$"。

"||+|||"。(我将这个同语反复式简写为:"ε||& ε|||⊃ε|||||。")如果现在问题是:在"⊃"的左侧给定了时,其右侧的哪个数目的线条使得整个公式成为一个同语反复式,那么人们能够找到这个数,人们也能够发现,在前面的情形中这个数是||+|||,但是人们也恰恰可以发现它是|+||||,或者|+|||+|,因为它是所有这些数。不过,人们也可以找到这样一种归纳,它表明,εn & εm .⊃. ε(n+m)(如果采用代数的表达方式的话)将是同语反复的。于是,我便有权利将比如ε17 & ε28 .⊃. ε(17+28)看作同语反复式。但是,现在由此等式 17+28=45 便被给定了吗? 完全没有!相反,现在我还是必须将其计算出来。现在,如下做法也还是有意义的:按照这条一般规则,将ε2 & ε3 .⊃. ε5 作为同语反复式写下来——在我(好比说)还不知道 2+3 将给出什么的时候,因为只有在 2+3 还须被计算出来的范围内,它才是有意义的。

因此,等式||+|||=|||||只有在如下情况下才是有用处的:符号"|||||"像符号"5"那样被再次认出,也即以独立于这个等式的方式。

143. 我的立场与今天讨论算术基础的作者的立场之间的区别在于如下之点:我不必轻视一种特定的演算,比如十进位系统的演算。对于我来说,一个演算与另一个演算同样地好。轻视一个独特的演算就像是人们想不用实际的棋子下象棋一样——因为这样下棋太不抽象,太特殊了。在事情不取决于棋子范围内,一种棋子与另一种棋子恰恰同样地好。在诸游戏彼此的确互有区别范围内,一个游戏恰恰与另一个游戏同样地好,也即同样有趣。但是,没有任何一个比另一个更为崇高。

144. 哪一个有关ε||& ε|||⊃ε|||||的证明是这样的证明，它是对于我们的如下认识的表达：这是一个正确的逻辑命题？

它显然利用了如下事实：人们可以将(∃x)……处理成逻辑和。我们在将比如符号系统$\boxed{*}\boxed{*}$(“如果在每个正方形中都有一个星，那么便有两个星处在整个矩形中”)译成罗素的系统。事情并非是这样的：好像通过使用以这样的方式写出的同语反复式我们便表达了这样的意见：我们觉得它有道理，并且这个证明接着确证了它；相反，我们觉得有道理的是，这个表达式是一个同语反复式(一条逻辑规律)。

145. 如下命题序列：

(∃x)：aRx & xRb，

(∃x,y)：aRx & xRy & yRb，

(∃x,y,z)：aRx & xRy & yRz & zRb，

等等。

也肯定可以这样来表达：

“在 a 与 b 之间有一个环节”，

“在 a 与 b 之间有两个环节”，

等等。

或许可以将它们写成：

(∃1x). aRxRb，

(∃2x). aRxRb，

等等。

不过，很明显，为了理解这些表达式，上面的解释之所以是必要的，

是因为，否则，人们就会根据与(∃2x). φx＝(∃x,y). φx & φy 的类比而相信，(∃2x). aRxRb 与(∃x,y). aRxRb & aRyRb 这样一个表达式是同义的。

我自然也可以不写“(∃x,y). F(x,y)”而写“(∃2x,y). F(x,y)”。但是，问题现在是：这时我要如何理解“(∃3x,y). F(x,y)”？不过，在此可以给出一条规则，而且我们需要这样一条规则，它引领我们将这个数列随意地继续下去。比如这样的规则：

(∃3x,y). F(x,y)＝(∃x,y,z)：F(x,y) & F(x,z) & F(y,z)，

(∃4x,y). F(x,y)＝(∃x,y,z,u)：F(x,y) & F(x,z) &……

跟着的是两个元素的组合。等等。不过，也可以这样定义：

(∃3x,y). F(x,y)＝(∃x,y,z)：F(x,y) & F(y,x) & F(x,z) & F(z,x) & F(y,z) & F(z,y)，等等。

“(∃3x,y). F(x,y)”相应于比如语词语言的命题：“有 3 个事物满足 F(x,y)。”为了成为单义的，即使这个命题也需要一种解释。

现在，我应该这样说吗：在这些不同的情形中符号“3”具有不同的意义？更准确地说，符号“3”不是表达了这些不同的解释的共同之处吗？否则，我为何选择它呢？而且，在这些关联中的每一个中相同的规则适合于符号“3”。它像以前一样可以由 2＋1 取代，等等。不过，按照ε|| & ε|||⊃ε|||||这样的范型构造的命题绝不是同语反复式。两个和平地生活在一起的人与三个和平地生活在一起的其他人一起并非构成了 5 个和平地生活在一起的人。但是，这并非意味着 2＋3 不是 5。更准确地说，只是加法不能这样来应用。因为，人们可以这样说：2 个……的人与 3 个……的人并

且后一组中的每个人与前一组中的每个人均和平地生活在一起=5 个……的人。

换言之，形如(∃1x,y). F(x,y),(∃2x,y). F(x,y)等等这样的符号具有基数的多样性，正如符号(∃1x). ϕx,(∃2x). ϕx 等等一样，也如符号(ε1x). ϕx,(ε2x). ϕx 等等一样。

146.“只有 4 个红色的事物，但是它们并非是由 2 和 2 构成的，因为不存在任何这样的函项，它将它们每两个一组地置于一个项目之下。”这意味着，这样来理解命题 2+2=4：如果在一个平面上可以看到 4 个圆圈，那么它们中的每两个彼此便总是共同具有一个确定的独特特征；比如是这个圆圈内的一个符号。

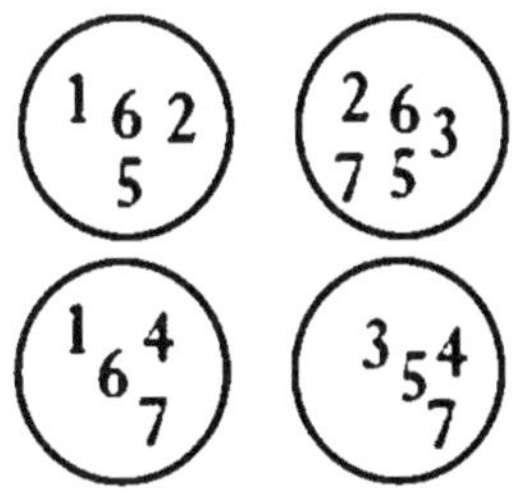

(这时，自然每 3 个圆圈也应当共同具有一个符号，等等。)因为，如果我竟然就实际做出某种假定的话，那么为什么不假定**这个**？“还原公理”本质上说来恰恰就是这样的。在这种意义上，人们可以说：尽管 2 和 2 总是产生 4，但是 4 并非总是由 2 和 2 构成的。(只是因为还原公理的全然的模糊性和一般性，我们才被诱导到这样的信念：在此所处理的东西——如果所处理的终究还是一个有意义的命题的话——要多于这样一种实际的信念，对于它，我们没有任何根据。正因如此，在这里并且在所有相似的情形中，这样做极其具有澄清作用:完全去除这种一般性——它毕竟并没有使得相关的事情更具有数学意义——并且取而代之地做出完全特殊的假设。)

147. 人们想这样说:4 不必总是由 2 和 2 构成的,不过,如果它真的是由诸组构成的,那么它可以是由 2 和 2 构成的,正如可以是由 3 和 1 等等构成的一样;但是,它不是由 2 和 1 或者 3 和 2 等等构成的。以这样的方式,我们便为如下情形准备好了一切:4 可以分解成诸组。但是,这时算术便与实际的分解没有任何关系了,而只是与那种分解的可能性有关。这个断言肯定也可以是这样的:每当我看到一张纸上有一个由 4 个点构成的组时,它们中的每两个便由一个括弧联结在一起了。

或者:在世界中围绕着每两个由 2 个点构成的这样的组总是画上了一个圆圈。

148. 此外,现在还有如下事实:比如在一个白色的四角形内可以看到 2 个黑色的圆圈这个陈述并非具有“(∃x,y). 等等”这样的形式。因为,如果我将名称给予这些圆圈,那么这些名称恰恰指涉这些圆圈的位置,而我不能针对它们说它们或者在一个四角形之内或者在另一个四角形之内。我肯定可以这样说:“在这两个四角形内总共有 4 个圆圈”,但是这并非意味着我可以针对每个个别的圆圈说,它处于一个或者另一个四角形之内。因为命题“这个圆圈处于这个四角形之内”在假定的情形中没有意义。

149. 那么,命题“在这 2 个四角形内**总共**有 4 个圆圈”意谓的是什么?我如何断定这点?通过将两者内的数加起来的方式?因此，这时这两个四角形内的圆圈数总起来说**意谓**这两个数加起来的结果。——或者，它或许是一种历经这两个四角形的特殊的点数的结果；或者，它是当我将一个线条与一个圆圈配合起来时我所得到的线条数，而不管现在这个圆圈是在一个**还是**在另一个四角形之内。

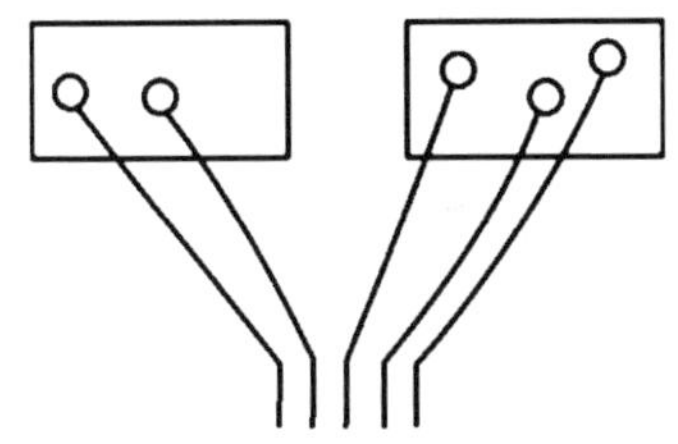

因为人们可以这样说："每个线条或者与处于一个四角形内的一个圆圈配合在一起，或者与处于另一个四角形内的一个圆圈配合在一起"；但是不能这样说："这个圆圈或者处于这个四角形内，或者处于另一个四角形内"——如果"这个圆圈"恰恰是经由其位置而得到刻画的。**这个**只有在如下情况下才可能处在**这里**："这个"和"这里"并非意谓相同的东西。与此相反，**这个**线条则可以与这个四角形内的一个圆圈配合在一起，因为即使当它被与另一个四角形内的一个圆圈配合在一起时，它仍然是这个线条。

150. 在下面这两个圆圈中总共有 9 个点还是 7 个点？

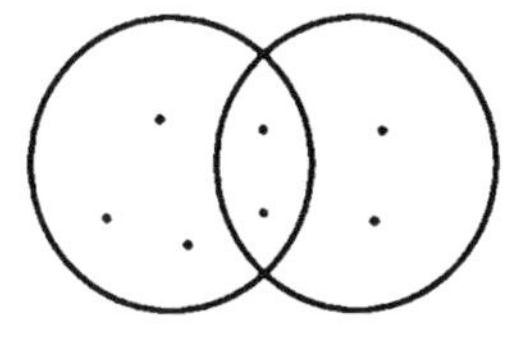

按照人们通常的理解，是 7 个点。但是，我必须这样理解吗？为什么我不能将共同属于这两个圆圈的那些点数两遍？

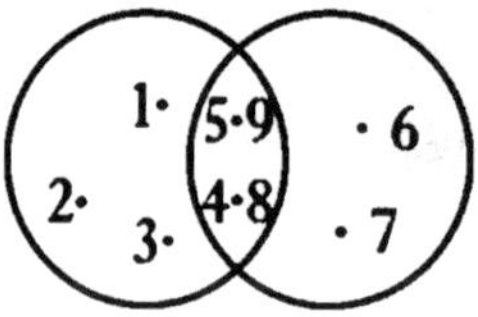

如果人们提出如下问题，那么情况便不一样了："在用墨汁描粗了的界线内有多少个点？"因为在此我可能回答说：有 7 个点——在有 5 个和 4 个点处于这些圆圈内这样的意义上。

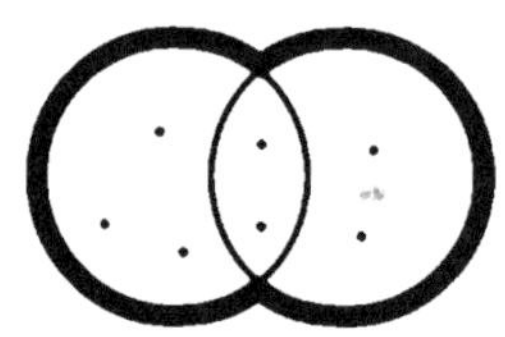

人们可以说：我将这样的对象所具有的数称为 4 和 5 的和，它们落于概念$\phi x \vee \psi x$之下——如果$(\exists 4x).\ \phi x\ \&\ (\exists 5x).\ \psi x\ \&$ Ind.[①]是实际情况的话。而且，(现在)这并非意味着，4 和 5 的和只应当联系着形如$(\exists 4x).\ \phi x$等等这样的命题来使用。相反，它意味着：如果你想构造 n 和 m 的和，那么请将"$.\supset.$"左边的数放进$(\exists nx).\ \phi x\ \&\ (\exists mx).\ \psi x$等等这样的形式，为了从整个命题制造一个同语反复式而必须出现在右边的数便是 m 和 n 的和。因此，这是一种加法方法，而且是一种极为麻烦的方法。

151. 请比较："氢和氧一起产生水"——"2 个点和 3 个点一起产生 5 个点"。

152. 比如我的视野中的 4 个点——我将其"看作 4"而非"看

---

① "Ind."代表公式：$\sim(\exists x).\ \phi x\ \&\ \psi x$。见前文§142。

作 2 和 2”——竟然是由 2 和 2 构成的吗？好的，这意味着什么？它应当意味着这点吗：它们是否在某一种意义上被分成了每两个点一组的组？肯定不是。（因为，如果这样，那么它们必定也完全可以被以所有其它可以设想的方式加以划分。）它意味着它们**可以**分成 2 的组和 2 的组吗？因此，谈论 4 中的这样的组是**有意义的**？——无论如何，如下之点对应于命题“2＋2＝4”：我不能说，我所看到的 4 个点的组是由分开来的 2 个点的组和 3 个点的组构成的。每个人都会说：这不可能，**因为** 3＋2＝5。（“不可能”在此意味着“没有意义”。）

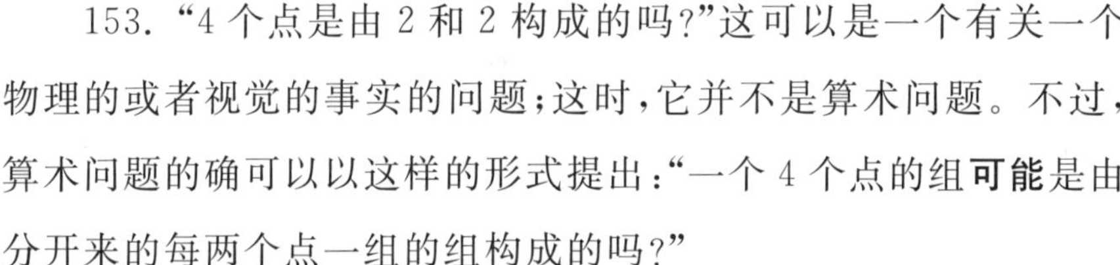

153. “4 个点是由 2 和 2 构成的吗？”这可以是一个有关一个物理的或者视觉的事实的问题；这时，它并不是算术问题。不过，算术问题的确可以以这样的形式提出：“一个 4 个点的组**可能**是由分开来的每两个点一组的组构成的吗？”

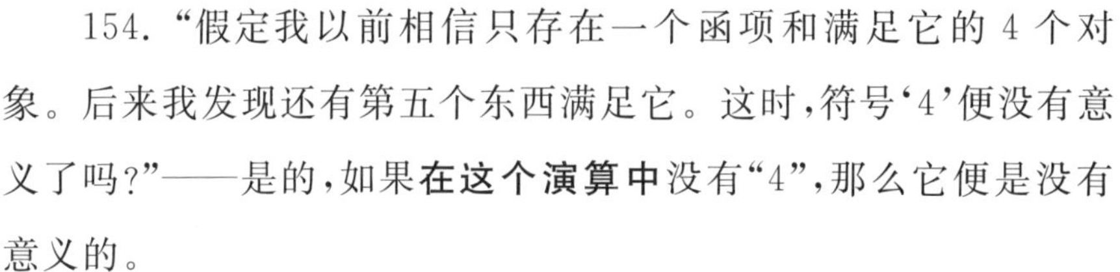

154. “假定我以前相信只存在一个函项和满足它的 4 个对象。后来我发现还有第五个东西满足它。这时，符号‘4’便没有意义了吗？”——是的，如果**在这个演算中**没有“4”，那么它便是没有意义的。

155. 如果人们说，借助于如下同语反复式来做加法是可能的：

$(\exists_n 2x).\ \phi x\ \&\ (\exists_n 3x).\ \psi x\ \&\ \text{Ind.}\,.\supset.\ (\exists_n 5x).\ \phi x \vee \psi x \cdots\cdots A$

那么这应该按照如下方式来加以理解：首先，按照某些规则发现如下命题是同语反复式是可能的：

$(\exists_n x).\phi x \ \& \ (\exists_n x).\psi x \ \& \ \text{Ind}..\supset.(\exists_n x,y):\phi x \vee \psi x.\&.\phi y \vee \psi y$

$(\exists_n x).\phi x$ 是 $(\exists x).\phi x \ \& \sim (\exists x,y).\phi x \ \& \ \phi y$ 的一种缩写。我将进一步把 A 那样的同语反复式缩写为：$(\exists') \& (\exists').\supset.(\exists')$[①]。

因此，从这些规则我们有：$(\exists' x) \ \& \ (\exists' x).\supset.(\exists' x,y)$，$(\exists' x,y) \& (\exists' x).\supset.(\exists' x,y,z)$，以及其它同语反复式。我写“以及其它同语反复式”，而不写“等等，以至无穷”，这是因为人们还不必使用这个概念。

156. 我可以按照规则算出 17+28，我不必将 17+28=45(α) 作为规则给出。因此，如果在一个证明中出现了从 f(17+28) 到 f(45) 的过渡，那么我不必说它是按照α而不是按照 1+1 的其它的规则进行的。

但是，在(((1)+1)+1)记号系统中这点的情况如何？我可以这样说吗：我可以在它中算出比如 2+3？按照哪条规则？它是这样进行的：

[(1)+1]+[((1)+1)+1]=(([(1)+1]+1)+1)+1=

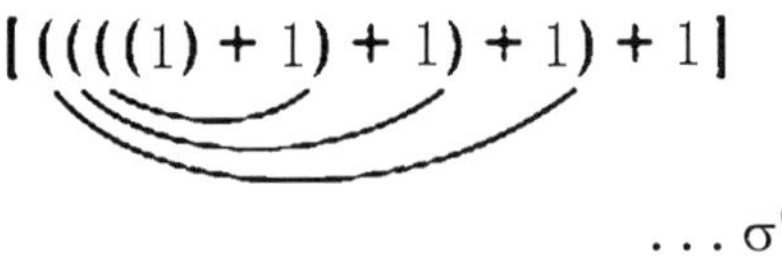

...σ[②]

① 在 TS 213:591 中，“∃′”为“E′”。在 MS 113：67r 中，“∃′”为“E”。在译文中我根据通行用法以及维特根斯坦的一贯用法做了改动。下同。

② 在 TS 213:591 中这段话没有出现。在 MS 111：156 和 TS 211：98 中，这段话出现在接下来一段话之前。后者中的“σ”当指这段话中的这个计算。

157. 当十进位系统中的数被写下时我们便有了规则，即有关从 0 到 9 之间的每两个数的加法的规则。只要适当地得到应用，对于所有数的加法来说它们便足够了。现在，哪条规则对应着这些基本的规则？显然，在一个像σ那样的计算中我们需要注意的规则的数目要少于在 17＋28 的情况中我们需要注意的规则的数目。甚至于我们只需要注意**一条**普遍的规则就行了，而根本无需注意任何像 3＋2＝5 这样的规则。相反，我们似乎现在就可以**推导出**，计算出 3＋2 是多少。

158. 任务是：2＋3＝？ 而且人们写下：

1，2，3，4，5，6，7

1，2；1，2，3

当小孩"数数"时，他们事实上也这样进行计算。（这种演算必定与另一种演算同样好。）

159. 顺便说一下：显然，等式 5＋（4＋3）＝（5＋4）＋3 是否成立这个问题可以**这样**来解决：

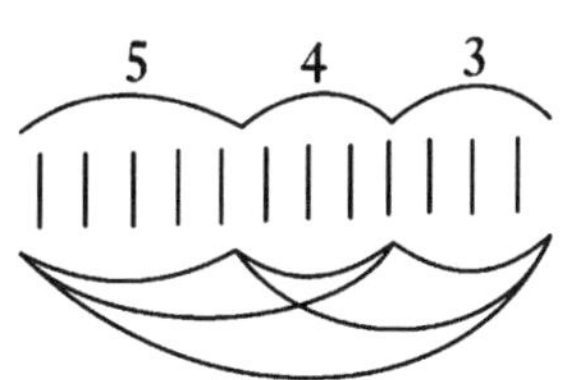

因为这个构造恰恰具有对这个命题的每一种不同的证明的多样性。

160. 如果我按照其最后一个字母来命名数的话，那么如下字母排列便证明了：（E＋D）＋C＝E＋（D＋C）＝L。

```
A B C D E F G H I J K L M N O
A B C D E,A B C D
A               I,A B C
A                     L
          A B C D,A B C
          A           G
A       E,A           G
A                     L
```

这种形式的证明是好的，因为它清楚地表明了人们真的达到了结果，而且因为人们的确也能够再次地从其中读出一般的证明。

161. 在此如下劝告是很不错的(尽管听起来很奇特)——：在此不要做哲学，而要做数学。

162. 我们的演算根本不需要知道有关这样一个序列的构造的任何事情："$(\exists' x)$"，"$(\exists' x,y)$"，"$(\exists' x,y,z)$"，等等。相反，它可以只引入这些符号中的几个——比如3个——而不需要这个"等等"。现在，我们可以通过如下方式引入一个带有有穷的符号序列的演算：确定一个某些符号的序列，比如字母表的字母的序列，并且写道：

$$(\exists' a)\ \&\ (\exists' a) \supset (\exists' a,b)$$

$$(\exists' a,b)\ \&\ (\exists' a) \supset (\exists' a,b,c)$$

$$(\exists' a,b)\ \&\ (\exists' a,b) \supset (\exists' a,b,c,d)$$

等等，一直到 z。

于是，人们可以从左侧("⊃"的左侧)的公式经由下面这样一个演算找出右侧的公式：

a b c d e f …… z
a b - - -
- - a b c
——————— B
a b c d e

这个演算作为一种简化将从同语反复式的构造规则中产生出来。——假定了这条有关如何从序列的另外两段构造出序列的某一段的规律，我现在可以为后者引入名称“另外两段的和”并且因此给出这样的定义：

$$a+a \overset{\text{Def.}}{=\!=\!=} ab$$

$$a+ab \overset{\text{Def.}}{=\!=\!=} abc$$

等等，一直到 z。

如果人们在一些例子上解释了演算 B 的这条规则，那么人们也可以将这个定义看成一条一般的规则的特殊情形，并且现在设置这样的任务：“abc＋ab＝？”现在人们容易将同语反复式

(α)(∃′a,b) & (∃′a,b) ⊃(∃′a,b,c,d)

与等式

(β)ab＋ab＝abcd

混淆起来。——但是，后者是一条替换规则，而前者则不是任何规则，而恰恰是一个同语反复式。α中的符号“⊃”绝非对应于β中的符号“＝”。

人们忘记了，α中的符号“⊃”可是并没有说出如下之点：它左右两侧的那两个符号产生了一个同语反复式。

与此相反，人们可以构造这样一个演算，在其中等式$\xi+\eta=\zeta$是作为一种变形而从如下等式得到的：

(γ)(∃′ξ) & (∃′η) ⊃(∃′ζ)＝Taut.

结果,如果我从等式γ计算出ζ,那么可以说我便得到了ζ＝ξ＋η。

163. 和的概念如何进入这种思考之中?——在原来的演算中并没有谈到相加。在这个演算中人们比如规定:在ξ＝xy,η＝x,ζ＝xyz时,如下形式将是同语反复式:

(δ)(∃′ξ) & (∃′η) ⊃(∃′ζ)

——接着,我们将一个数系统引入到这个演算中来(比如系统 a b c d……z)。最后,我们将两个数的和定义为这样的数ζ,它解开了等式γ。

164. 如果我们不写"(∃′x) & (∃′x) ⊃(∃′x,y)",而是写:"(∃′x) & (∃′x) ⊃(∃′x＋x)",那么这没有任何意义;除非这个记号系统从一开始便不是这样的:

(ι)"(∃′x)等等","(∃′x,y)等等","(∃′x,y,z)等等"

而是这样的:

(κ)"(∃′x)等等","(∃′x＋x)等等","(∃′x＋x＋x)等等"。

因为,为什么我要突然不写:

"(∃′x,y) & (∃′x) ⊃(∃′x,y,z)"

而要写:

"(∃′x,y) & (∃′x) ⊃(∃′xy＋x)"

这不过是一种记号系统的混乱。——现在人们说:如果人们可以立即将左侧的两个表达式写到右边的括号中,那么这可是大大地简化了同语反复式的书写。但是,这种写法可是还根本没有得到解释;我可是不知道,(∃′xy＋x)意味着什么,也即不知道(∃′xy＋

x)=(∃′x,y,z)。

不过,如果人们一开始便使用“(∃′x)”,“(∃′x+x)”,“(∃′x+x+x)”这样的记号系统,那么首先只有表达式“(∃′x+x+x+x)”才具有意义,而“(∃′(x+x)+(x+x))”则没有意义。

记号系统 κ 与 ι 处于相同的地位上。人们可以通过比如画出联结线的方式来快捷地计算出是否得到了δ形式的同语反复式:

(∃′x,y)&(∃′x,y)⊃(∃′x,y,z,u)

并且类似地:

(∃′x+x)&(∃′x+x)⊃(∃′x+x+x+x)。

“联结线”仅仅相应于这样一条规则,在任何情形下为了核对同语反复式我们都必须给出它。在此还没有谈到加法。只有在如下情况下加法才出现了:我决定比如不写“x,y,z,u”,而是写“xy+xy”,而且是联系着这样一种演算这样做,它允许按照规则推导出替换规则“xy+xy=xyzu”。当我在记号系统 κ 中写出“(∃′x) & (∃′x) ⊃(∃′x+x)”时,加法也没有出现;相反,它仅仅在如下情形才出现:我区分开“x+x”和“(x)+(x)”并且写道:(x)+(x)=(x+x)。

165. 我可以将“ξ与η的和”(“ξ+η”)定义为数ζ(或者不说“数”,而说“表达式”——如果我们羞于使用语词数的话)——我可以将“ξ+η”定义为那个使得表达式δ成为同语反复的数ζ;——不过,人们也可以比如通过演算 B 来定义“ξ+η”(以独立于同语反复式的演算的方式),并且现在**推导出**等式[①]:(∃′ξ) & (∃′η) ⊃(∃′ξ+η)=Taut.。

166. 一个易于产生的问题是这样的:我们必须联系着(∃x,y,……).ϕx & ϕy……这样的记号系统引入基数吗?基数的演算以某种方式与带有符号“(∃x,y,……).ϕx & ϕy……”的演算绑定在一起了吗?后者是前者的唯一的,而且或许是本质上讲唯一的应用吗?至于“基数在语法中的应用”,人们可以注意我们就演算的应用概念所说过的话。——人们现在也可以这样来提出我们的问题:在我们的语言的命题中基数总是出现在符号“∃”后面吗?——也即当我们设想这个语言已经翻译成了罗素的记号系统时?这个问题直接与如下问题联系在一起:在语言中数字总是被用来刻画一个概念——一个函项吗?对此的回答是这样的:我们的语言总是将数字用作概念词的定语[②]——不过,这些概念词属于完全不同的语法系统之下(从如下事实中人们看到了这点:其中的一个概念词在一些结合中具有意义,而另一个概念词在其中却没有意义),结果我们不会感兴趣于使得它们成为概念词的那种规范。但是,“(∃x,y,……)等等”这样的写法恰恰就是这样一种规范。它是我们的语词语言的一个规范,也即表达式“有……”的直接的翻译。这种表达式构成了一种语言[③]图式,人们将无数的语法[④]形式挤压到它之中。

---

① 异文:“证明”。

② 异文:“我们的语言总是联系着概念词使用数字”。

③ 异文:“表达式”。

④ 异文:“逻辑”。

167. 顺便说一下,数字现在在另一种意义上并非与“∃”联系在一起:也即,因为“$(\exists 3)_x$……”并没有包含在“$(\exists 2+3)_x$……”之中①。

168. 如果我们不考虑借助于“=”构造起来的函项($x=a \vee x=b$ 等等),那么按照罗素的理论,如果不存在任何这样的函项,它仅仅被一个主目或者仅仅被5个主目满足,我们将有:5=1。这个命题初看起来似乎自然而然是没有意义的,因为,这时人们如何能够有意义地说不存在任何这样的函项。罗素必须这样说:只有当在我们的符号系统中有一个五-类和一个一-类时,人们才能分别做出这样两个陈述:存在着五-函项和一-函项。他可能会说他的理解之所以是正确的,是因为如果在符号系统中没有类5的范型的话,那么我根本不能说一个函项被5个主目满足了。——这也就是说,命题“$(\exists \phi):(\exists' 1x).\phi x$”的真已经从其存在得出来了。——因此,人们似乎能够说:请看这个命题,于是你将看到,它是真的。在一种对于我们来说不相关的意义上,这也是可能的:请设想比如在屋子的一面墙上用红颜色写有如下文字:“在这间屋子里有红色的东西。”——

这个问题与如下事实联系在一起:在实指定义中我没有就范型(样品)断言任何东西;相反,我只是借助于它做出了陈述。它属于这个符号系统,而不是这样的对象之一,我将该符号系统应用于其上。

如果我将比如“1英尺”定义为我屋子里的一根特定的棍子的

① 异文:“也即,因为‘(∃3)x……’并没有包含在‘(∃2+3)x……’之中”。

长度，并且我比如不说“这扇门有 6 英尺高”，而是说：“这扇门是**这个**↑长度的六倍(与此同时我指着作为单位的棍子)”，——那么人们可能不会这样说(比如)：“命题‘有一个 1 英尺长的对象’是证明自身的，因为我如果根本没有这个长度的对象，那么我根本不能说出这个命题。”因为针对作为单位的棍子，我不能断言它是 1 英尺长的。(因为如果我不是引入“1 英尺”，而是引入符号“**这个**↑长度”，那么作为单位的这根棍子有 1 英尺长这个陈述将意味着：“这根棍子具有这个长度”[与此同时我两次指向相同的棍子]。)因此，针对这样一个线条组，它是作为比如 3 的范型而出现的，人们不能说它是由 3 个线条构成的。

“如果那个命题不是真的，那么根本就没有这个命题”——这意味着：“如果没有这个命题，那么就没有它。”一个命题绝不能描述另一个命题中的范型，否则，它恰恰就不是范型了。如果这根作为单位的棍子的长度能够经由长度陈述“1 英尺”加以描述，那么它便不是长度单位的范型了；因为，否则，每个长度陈述都必定要借助于它做出。

169. 一个命题，“$(\sim \exists\phi):(\exists' x).\phi x$”，如果我们无论如何要给它一个意义的话，必须是属于这种类型的命题：“在这个平面上不存在任何这样的圆圈，它仅仅包含**一个**黑点。”(我的意思是：它必定具有一个类似地**确定的**意义，而非仍然处于模糊状态中——像它在罗素的逻辑和我的《逻辑哲学论》中所处的情况那样。)

如果现在从命题

“$(\sim \exists\phi):(\exists' x).\phi x$”... ρ

和

“(∼ ∃φ):(∃′x,y).φx & φy”...σ

我们得到 1=2,那么在此我们用“1”和“2”所意指的东西不同于我们通常用其所意指的东西,因为命题ρ和σ在语词语言中的形式将是:“不存在任何这样的函项,它仅仅被 1 个东西满足”和“不存在任何这样的函项,它仅仅被 2 个东西满足”。按照我们的语言的规则,它们是具有不同的意义的命题。

170. 人们很想说:“为了表达出‘(∃x,y).φx & φy’,我们需要 2 个符号‘x’和‘y’。”但是,这没有任何意义。为了做到这点我们**所需要的**东西并不是命题的构成成分,而是比如文具。如下说法同样没有意义:“为了表达出‘(∃x,y).φx & φy’,我们需要符号‘(∃x,y).φx & φy’。”[①]

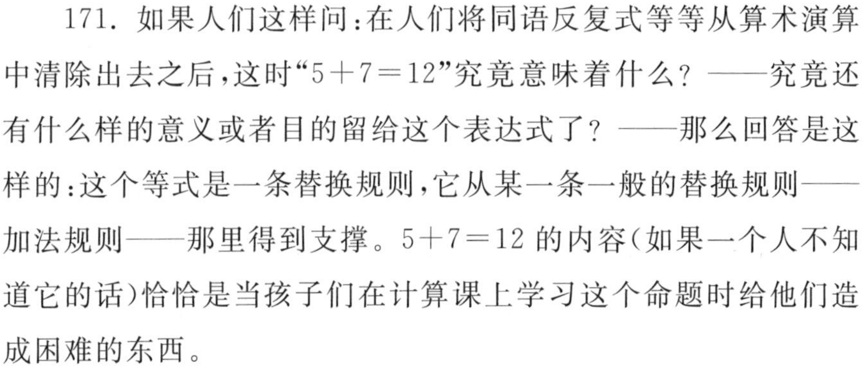

171. 如果人们这样问:在人们将同语反复式等等从算术演算中清除出去之后,这时“5+7=12”究竟意味着什么?——究竟还有什么样的意义或者目的留给这个表达式了?——那么回答是这样的:这个等式是一条替换规则,它从某一条一般的替换规则——加法规则——那里得到支撑。5+7=12 的内容(如果一个人不知道它的话)恰恰是当孩子们在计算课上学习这个命题时给他们造成困难的东西。

172. 并非是任何对于概念的研究,而仅仅是对于数演算的洞见,能够让人理解 3+2=5。这就是让我们从内心里抗拒如下想法

① 异文:“为了做到这点我们**所需要的**东西或许是纸和笔;这个命题没有意义,正如如下命题没有意义一样:‘为了表达出“p”,我们需要符号“p”’。”

的东西："$(\exists' 3x).\phi x \ \& \ (\exists' 2x).\psi x \ \& \ \text{Ind.} \ .\supset. \ (\exists' 5x).\phi x \vee \psi x$"[①]可以是命题 3+2=5。因为，那个帮助我们将那个表达式认作同语反复式的东西本身不能从对概念的考察中得出。相反，它必须要从演算中看出来。因为语法就是一种演算。这也就是说，同语反复式演算中还没有包含在数演算中的东西并没有为后者提供辩护，而仅仅是附属物（如果我们对它感兴趣的话）。

173. 孩子们在学校里当然学习 2×2=4，但是并不学习2=2。

（三）数学内部的数陈述

174. 指涉一个概念的数陈述和指涉一个变项的数陈述之间的区别何在？前者是一个处理这个概念的命题，后者是一条关于这个变项的语法规则。

但是，难道我不能通过如下方式确定一个变项吗：我说，其值应当是满足一个特定的函项的所有对象？——经由这样的方式我可是没有**确定**这个变项，除非在我**知道了**哪些对象满足这个函项的情况下，也即在这些对象已经以其它的方式（比如经由一个清单）给予了我的情况下；而在这种情况下有关这个函项的说明将是多余的。如果我们不知道一个对象是否满足这个函项，那么我们便不知道它是否应当是这个变项的值，这个变项的语法于是在这

① 在 MS 113：128r 中该公式形式为："$(\exists 3x).\phi x \ \& \ (\exists 2x).\psi x \ \& \ \text{Ind.} \ .\supset. \ (\exists 5x).\phi x \vee \psi x$"。

个方面干脆就没有表达出来[①]。

175. 因此,数学**中**的数陈述(比如“方程 $x^2=1$ 有 2 个根”)与数学外的数陈述(“在桌子上放着 2 个苹果”)完全不一样。

176. 当人们说 A B 允许 2 种排列时,这听起来像是这样的:人们做出了一个**一般的**陈述,类似于“在屋子里有 2 个人”这样的陈述,在此人们还没有说出有关这些人的任何进一步的事情,也不必知道这样的事情。在 A B 情形中情况并非如此。我不能以更为一般的方式描述 A B,B A,因此两种排列是可能的这个命题所说出的东西不可能少于如下命题所说出的东西:排列 A B,B A 是可能的。3 个元素的 6 种排列是可能的这种说法所说出的东西不可能少于如下图式所显示出的东西(也即不可能比后者更为一般):

A B C

A C B

B A C

B C A

C A B

C B A

因为如下事情是**不可能的**:知道可能的排列的数目,却不知道这些排列本身。如果情况不是这样的,那么组合论就不可能达到它的一般的公式。我们在排列的构造中所认识到的那条规律是通过等

① 异文:“确定下来”。

式 p=n! 来表现的。我相信，它是在圆形通过圆形方程得到表现这种意义上这样地得到表现的。——我自然可以将数 2 与排列 A B，B A 配合起来，正如我可以将 6 与已经完成了的 A，B，C 的排列配合起来一样。但是，这并没有将组合论的定理提供给我。——我在 A B，B A 中看到的东西是一种内在的关系，后者因此是不可描述的。这也就是说，使得这个排列的类变得完全的**东西**不可描述。——我只能点数事实上存在的东西，而非可能情况。不过，如果一个人在每一行都放上一种 3 个元素的排列并且将这种求排列程序一直进行下去，直到不能没有重复地进行下去为止，那么我能够比如计算出一个人必须写出多少行。这意味着，他需要写下 6 行，以便以这样的方式写出排列 A B C，A C B 等等，因为它们恰恰就是“A，B，C 的**那些**排列”。但是，说这些就是 A B C 的全部的排列，这没有任何意义。

177. 一种完全类似于俄罗斯计算器的组合计算器是可以设想的。

178. 显然，有这样的数学问题：“存在多少种比如 4 个元素的排列？”这个问题与“25×8 是多少”这个问题恰恰同属一类。因为对于二者来说，均存在着一种一般的解决方法。

但是，也仅仅是联系着这种办法才有这个问题。

179. 存在着 3 个元素的 6 种排列这个命题同于这个排列图式，正因如此，在此不存在任何这样的命题：“存在着 3 个元素的 7 种排列”，因为没有任何这样的图式对应于它。

180. 人们也可以将这种情形中的数 6 看成另一类的数目，A，

B,C 的排列数。将求排列程序看成另一类点数。

181. 如果人们想要知道一个命题意谓什么,那么人们可以总是这样问:“我如何知道这点?”我知道存在着 3 个元素的 6 种排列的方式同于我知道屋子里有 6 个人的方式吗? 不是。因此,前一个命题**从类别上说**不同于后一个命题。

182. 人们也可以这样说:命题“存在着 3 个元素的 6 种排列”与命题“屋子里有 6 个人”之间的关系恰恰同于 3+3=6(人们也可以以“在 3+3 中有 6 个单位”这样的方式说出这个命题)与后一个命题的关系。正如在其中一种情形中我点数排列图式中的行数一样,在另一种情形中我点数下图中的线条数:

正如我可以经由如下图式来证明 4×3=12 一样:

我也可以通过排列图式来证明 3! =6。

183. 如果命题“关系 R 将两个对象彼此结合在一起”应当与“R 是一种二元关系”意味着相同的东西,那么它便是一个语法命题。

（四）数相同
长度相同

184. 那么，人们应当如何理解命题“这些帽子具有相同的大小”，或者“这些棍子具有相同的长度”，或者“这些斑点具有相同的颜色”？人们应当将它们写成这样的形式吗：“(∃L). La & Lb”？但是，如果这是以通常的方式被意指的，因此按照通常的规则被使用的，那么这时这样写肯定是有意义的：“(∃L). La”，进而“斑点 a 具有一种颜色”，“这根棍子具有一个长度”也是有意义的。只要我知道并且考虑到了如下事实：“(∃L). La”是空洞的，那么我自然可以将“a 和 b 是等长的”写作“(∃L). La & Lb”；但是，这时这种记号系统是误导人的并且是令人困惑的。（“具有一个长度”、“具有一个父亲”。）——在此我们面对着这样一种情形，在通常的语言中我们常常这样来表达它：“如果 a 具有长度 L，那么 b 也有 L。”但是，在这里命题“a 具有长度 L”根本就没有任何意义，或者至少作为有关 a 的陈述没有任何意义。而且，这个命题的更为正确的形式当为：“如果我们将 a 的长度称为‘L’，那么 b 的长度也是 L。”“L”在这里本质上说恰恰是一个变项。此外，这个命题具有一个例子的形式，一个这样的命题的形式，它可以充当一般命题的例子，人们也可以继续写下去：“如果比如 a 具有 5 米长，那么 b 也具有 5 米长，等等。”——因为，“棍子 a 和 b 具有相同的长度”这种说法根本没有就每根棍子的长度说出什么；因为它也没有说出这点：“这两根棍子中的每一根都有一个长度。”因此，这种情形与如下情

形根本没有任何相似之处："A 和 B 具有同一个父亲"和"A 和 B 的父亲的名称是'N'"，在此我只是将一般的称呼替换成了专名。但是，"5 米"并不是这样的相关的长度的名称，针对它，人们首先只是说：a 和 b 都拥有它。当所处理的是视野中的长度时，我们尽管可以说两个长度是相等的，但是一般说来我们不能用一个数来"命名"它们。——命题"如果 L 是 a 的长度，那么 b 也具有长度 L"将其形式仅仅写作从一个例子的形式得到的形式。人们真的可以通过列举出诸例子并且随后说"等等"的方式而将这个一般命题表达出来。当我说出下面这样的话时，我便在重复同一个命题："a 和 b 具有相同的长度；如果 a 的长度是 L，那么 b 的长度也是 L；如果 a 是 5 米长的，那么 b 也是 5 米长的，如果 a 是 7 米长的，那么 b 也是 7 米长的，等等。"第三个表述已经表明，在这个命题中"和"并非像在"(∃x). φx & ψx"之中那样处于两种形式之间，以至人们也可以写下"(∃x). φx"和"(∃x). ψx"。

让我们再以命题"在这两个箱子内有同样多的苹果"为例。如果人们将这个命题写成这样的形式："有这样一个数，它是这两个箱子内的苹果的数"，那么人们在此也不能构造出这样的形式："有这样一个数，它是这个箱子内的苹果的数"，或者"这只箱子内的苹果具有一个数"。如果我写下："(∃x). φx . &. ～(∃x, y). φx & ψx". =. $(\exists_n 1x)$. φx . =. φ1 等等，那么人们便可以将命题"这两个箱子内的苹果的数目是相同的"写成这样："(∃n). φn & ψn"。但是，"(∃n). φn"并不是任何命题。

185. 如果人们要在可以综览的记号系统中写出命题"同样多的对象落于φ和ψ之下"，那么人们首先企图将它写成这样的形式

“$\phi n \ \& \ \psi n$”。人们进一步感觉到，这并不是ϕn和ψn的逻辑积，以至于因此写出$\phi n \ \& \ \psi 5$也是有意义的——相反，如下之点具有本质的意义：跟在“ϕ”和“ψ”之后的是相同的字母，并且$\phi n \ \& \ \psi n$是$\phi 4 \ \& \ \psi 4$，$\phi 5 \ \& \ \psi 5$等等逻辑积的一种抽象，而并非本身就是一个逻辑积。

（因此，ϕn也不会得自于$\phi n \ \& \ \psi n$。更为准确地说，“$\phi n \ \& \ \psi n$”与一个逻辑积的关系类似于微商与商的关系。）它不是一个逻辑积，正如一张家庭组合的照片并不是照片的组合一样。因此，“$\phi n \ \& \ \psi n$”这样的形式是误导人的，或许“$\overline{\phi n \ \& \ \psi} n$”这样的写法更可取；甚或“$(\exists n). \ \phi n \ \& \ \psi n$”也不错——如果这个符号的语法确立好了的话。这时，人们便可以规定：

$(\exists n). \ \phi n = \text{Taut.}$，这与$(\exists n). \ \phi n \ \& \ p = p$意味着相同的东西。

因此，$(\exists n). \ \phi n \vee \psi n = \text{Taut.}$，$(\exists n) \phi n \supset \psi n = \text{Taut.}$，$(\exists n) \phi n \mid \psi n = \text{Cont.}$，等等。

$\phi 1 \ \& \ \psi 1 \ \& \ (\exists n). \ \phi n \ \& \ \psi n = \phi 1 \ \& \ (\exists n). \ \phi n \ \& \ \psi n$，

$\phi 2 \ \& \ \psi 2 \ \& \ (\exists n). \ \phi n \ \& \ \psi n = \phi 2 \ \& \ (\exists n). \ \phi n \ \& \ \psi n$，

等等，以至无穷。

一般说来，关于$(\exists n). \ \phi n \ \& \ \psi n$的计算规则可以从如下事实中得到：人们可以写出如下公式：

$(\exists n). \ \phi n \ \& \ \psi n = \phi 0 \ \& \ \psi 0 \ . \vee . \ \phi 1 \ \& \ \psi 1 \ . \vee . \ \phi 2 \ \& \ \psi 2$等等，以至无穷。

显然，这绝不是逻辑和，因为“等等，以至无穷”不是任何命题。不过，$(\exists n). \ \phi n \ \& \ \psi n$这样的记号系统也并非是不可被误解的；

因为人们可能会感到奇怪，为什么在此不应当可以用Φn取代ϕn & ψn，“$(\exists n).\ \Phi n$”这时将肯定什么也没有说出。如果人们返回到如下记号系统，那么这点自然而然便得到了澄清：用$\sim(\exists x).\ \phi x$表示$\phi 0$，用$(\exists x).\ \phi x\ \&\ \sim(\exists x,y).\ \phi x\ \&\ \phi y$表示$\phi 1$等等；或者，用$(\exists_n 0x).\ \phi x$表示$\phi 0$，用$(\exists_n 1x).\ \phi x$表示$\phi 1$，等等。因为，这时我们必须区别开如下公式：

$(\exists_n 1x).\ \phi x\ \&\ (\exists_n 1x).\ \psi x$

和

$(\exists_n 1x).\ \phi x\ \&\ \psi x$。

如果人们过渡到$(\exists n).\ \phi n\ \&\ \psi n$，那么这就意味着$(\exists n):(\exists_n nx).\ \phi x\ \&\ (\exists_n nx).\ \psi x$（这并非什么也没有说出），而并非意味着：$(\exists n):(\exists_n nx).\ \phi x\ \&\ \psi x$（这什么也没有说出）。

186. 语词“具有相同的数目”、“具有相同的长度”、“具有相同的颜色”等等具有相似但是不相同的语法。——在所有这些情形中人们都易于想到这样的看法：相关的命题就是一个无穷的逻辑和，其诸成员具有ϕn & ψn的形式。此外，这些词中的每一个均具有许多不同的意义，也即它们本身又可以经由许多具有不同的语法的语词来代替。因为“具有相同的数目”被应用于同时处于视觉空间中的线条之上时它所具有的意义不同于当其被应用于两个箱子中的苹果之上时它所具有的意义；被应用于视觉空间之中的“具有相同的长度”不同于被应用于欧几里得空间之中的“具有相同的长度”；而“具有相同的颜色”的意义则取决于我们所采用的颜色相同性的标准。

187. 当所处理的是我们同时看到的视觉空间中的斑点时，“相同的长度”这个词按照诸线段是直接邻近的还是彼此分开的而具有不同的意义。在语词语言中，人们在此常常求助于“看起来”这个词。

188. 当所处理的是“人们可以综览的”线条的数目时人们所谈论的数的相同性不同于可以经由线条的点数确定的数的相同性。

189. 数的相同性的不同的标准：在下面的示图的情形Ⅰ和Ⅱ中，这个标准是人们直接认出的数；在情形Ⅲ中，是配合的标准；在情形Ⅳ中，人们必须点数这两个类；在情形Ⅴ中，人们认出相同的图案。（这些情形自然并不是仅有的情形。）

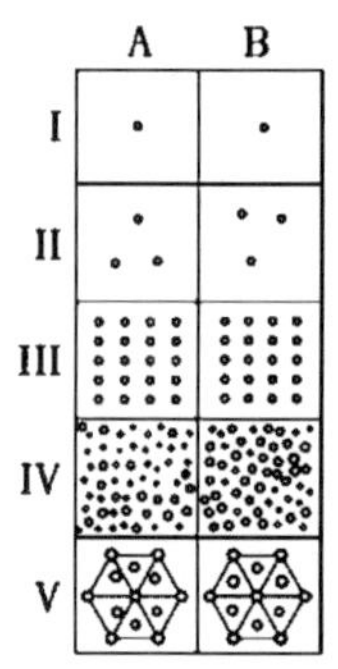

190. 就欧几里得空间中的长度相同性的情形而言，人们可以说，它在于如下事实：经测量，两条线段长均为相同的厘米数，两者均有 5 厘米，10 厘米，等等。但是，如果所处理的是视觉空间中两条线段的长度相同性，那么在此并不存在这样一个长度 L，它为两者所共同具有。

191. 人们想要说：两根棍子必定总是或者具有相同的长度，或者具有不同的长度。但是，这意味着什么？它自然是一条有关表达方式的规则。“在这两个箱子内必定或者有同样多的苹果，或者有不同数目的苹果。”将两把尺子分别放在每条线段上应当是我查明如下之点的方法：这两条线段是否具有相同的长度。但是，当这两把尺子恰好没有放在它们上面时，它们具有相同的长度吗？在这种情形中我们会说，我们不知道这两者在这段时间内是否具有相同的长度。不过，人们也可以说，它们在这段时间内根本没有长度，或者比如没有任何数量上的长度。

192. 类似的话，即使不是相同的话，适用于数相同性。

193. 在此存在着这样的经验：我们看到这样一些点，我们不能立即看到其数目，但是在点数时我们却可以综览它们，结果，说在我们点数时它们没有发生变化是有意义的。但是，另一方面，也存在着这样一组对象或者斑点的情形，在我们点数它们时我们不能综览它们，结果，在这里不存在有关如下之点的前面那样的标准：这组对象或斑点在点数时没有发生变化。

194. 罗素有关数相同性的解释[①]因为各种原因是不能令人满意的。不过，真相是这样的：在数学中人们根本不需要任何这样的有关数相同性的解释。在此一切均被完全安错了位置。

① 参见：North Whitehead and Bertrand Russell, *Principia Mathematica*, vol. I, 2nd edn, Cambridge: Cambridge University Press, 1927, p. 455.

诱导我们接受罗素或者弗雷格的解释[①]的东西是这样的思想：如果人们**能够**将由诸对象（两个箱子中的苹果）组成的两个集合彼此一一对应地配合起来，那么它们就具有相同的数目。人们将这种配合看成是对数的相同性的一种核对。在此人们或许还在思想中在配合和经由一种关系而造成的结合之间作出区别；而且，这种配合之于这种结合就像是“几何直线”之于一条实际的直线一样。这种配合是一种理想的结合，是这样一种结合，它的轮廓可以说已经由逻辑勾勒出来了，现在它可以经由实际来描粗。它是被理解成了一种影子式的实际的可能性。[②] 这点于是又与如下看法联系在一起：“(∃x). φx”是φx 的可能性的表达。[③]

“φ和ψ具有相同的数”（我将这写作“S(φ，ψ)”，或者也简单地写作“S”）的确应当得自于“φ5 & ψ5”；但是，如下之点并非得自于φ5 & ψ5：φ和ψ经由一种一一对应关系 R 而结合在一起（我将这写作“π(φ，ψ)”或者“π”）。在此人们是通过如下说法来摆脱困境的：这时存在着这样一种关系：

---

① 参见：G. Frege，*Die Grundlagen der Arithmetik：Eine logisch mathematische Untersuchung über den Begriff der Zahl*，Breslau：M. & H. Marcus，2. Auflage，1934，§73。

② 参见：G. Frege，*Grundgesetze der Arithmetik*，Band I，Jena：H. Pohle，1893，S. 88。

③ 这是在批评罗素的相关观点。请参见：B. Russell，“The Philosophy of Logical Atomism”[1918]，in *The Collected Papers of Betrand Russell*，vol. 8，The Philosophy of Logical Atomism and Other Essays[1914—19]，ed. John G. Slater，London：Allen and Unwin，1986，pp. 202—204；*Introduction to Mathematical Philosophy*，London：Allen and Unwin，1919，pp. 165—166。在《逻辑哲学论》中（5.525），维特根斯坦就已经对罗素的这种观点提出了批评。

“x=a & y=b . ∨. x=c & y=d . ∨. 等等”

但是，首先，这样的话，为什么人们不立即将 S 定义为**这样一种**关系的存在。如果人们对此回答说：这种解释将不会囊括涉及无穷数目的数的相同性，那么我们应当说，这最后仅仅归结为“优美”的问题，因为最后就有穷数来说，我必须求助于“外延的”关系。但是，这也没有让我们有所进展：因为说在ϕ和ψ之间存在着一种形如 x=a & y=b . ∨. x=c & y=d 的关系，这只是断言了：

(∃x,y). ϕx & ϕy . &. ~(∃x,y,z). ϕx & ϕy & ϕz :&:(∃x,y). ψx & ψy . &. ~(∃x,y,z). ψx & ψy & ψz。(我将这个公式写成如下形式：$(\exists_n 2x)$. ϕx & $(\exists_n 2x)$. ψx。)

而且，说在ϕ和ψ之间存在着如下关系中的**一种**：x=a & y=b；x=a & y=b . ∨. x=c & y=d；等等，等等，这只是断言了：存在着如下事实中的一种：ϕ1& ψ1；ϕ2 & ψ2；等等，等等。现在，人们通过求助于更大的一般性来摆脱困境，说在ϕ和ψ之间存在着某一种一一对应的关系。在此人们忘记了如下之点：这时人们肯定必须为这种一般性的表示制定这样一条规则，按照它，“某一种关系”也包括形如 x=a & y=b 等等的关系。通过说出更多的东西，人们无法回避说出应当出现在更多的东西之中的更狭窄的东西。(逻辑不可欺骗。)

因此，在 S 得自于ϕ5 & ψ5 这样的意义上，S 没有经由罗素的解释得到解释。毋宁说，在此人们需要一系列这样的解释：

$$\left.\begin{array}{l}\phi 0 \ \& \ S=\phi 0 \ \& \ \psi 0=\psi 0 \ \& \ S \\ \phi 1 \ \& \ S=\phi 1 \ \& \ \psi 1=\psi 1 \ \& \ S\end{array}\right\} \ldots \alpha$$

等等,以至无穷。

与此相反,π被用作了数的相同性的标准,它自然也可以**在S的另一种意义上**与S等同起来。(这时,人们只能说:如果在一个记号系统中S=π,那么S与π便意谓着相同的东西。)

尽管π并非得自于ϕ5 & ψ5,但是ϕ5 & ψ5可是得自于π & ϕ5。

$$\pi \ \& \ \phi 5=\pi \ \& \ \phi 5 \ \& \ \psi 5=\pi \ \& \ \psi 5$$

等等。

因此,人们可以写下:

$$\left.\begin{array}{l}\pi \ \& \ \phi 0=\pi \ \& \ \phi 0 \ \& \ \psi 0=\pi \ \& \ \phi 0 \ \& \ S \\ \pi \ \& \ \phi 1=\pi \ \& \ \phi 1 \ \& \ \psi 1=\pi \ \& \ \phi 1 \ \& \ S \\ \pi \ \& \ \phi 2=\pi \ \& \ \phi 2 \ \& \ \psi 2=\pi \ \& \ \phi 2 \ \& \ S\end{array}\right\} \ldots \beta$$

等等,以至无穷。

人们可以通过如下方式来表达这点:人们说,数的相同性得自于π。而且,人们也可以给出规则:π & S=π。后者与这些规则或者**这条**规则β和规则α是一致的。

195. 人们也可以完好地去掉规则"S得自于π",进而π & S=π。规则β起到了相同的作用。

如果人们将S写成如下形式:

ϕ0 & ψ0 . V. ϕ1 & ψ1 . V. ϕ2 & ψ2 . V. ……以至无穷,

那么人们就能借助于相应于惯常的语言的语法规则轻而易举地推导出π& S=π。因为：

(ϕ0 & ψ0 . ∨. ϕ1 & ψ1 等等，以至无穷) & π=ϕ0 & ψ0 & π. ∨. ϕ1 & ψ1 & π. ∨. 等等，以至无穷=ϕ0 & π. ∨. ϕ1 & π. ∨. ϕ2 & π. ∨. 等等，以至无穷=π& (ϕ0 ∨ ϕ1 ∨ ϕ2 ∨ 等等，以至无穷)=π。

命题“ϕ0 ∨ ϕ1 ∨ ϕ2 ∨ 等等，以至无穷”必须处理成同语反复式。

196. 人们可以这样来理解数的相同性概念：如果所涉及的不是这样的两个序列，其中的一个至少是与另一个的一个部分一一对应地配合起来的，那么针对两组点断言它们具有相同的数或者不具有相同的数没有任何意义。

⋮

在这样的情况下，我们只能谈论这样的两个序列之间的单边的或者双边的包含关系。而这种包含关系与特殊的数毫无关系，正如视觉空间中的长度相同性或者不相同性与计量数没有任何关系一样。虽然与数的关系**可以**建立起来，但是它不必建立起来。如果与数列的结合建立起来了，那么这种双边的包含关系或者序列的长度相同性便成为数的相同性关系了。但是，现在不仅ψ5 得自于π& ϕ5，而且π也得自于ϕ5 & ψ5。这也就是说，在这里 S=π。

三、数学证明

（一）当我在其他情形中寻找某种东西时，我能够描述找到时的情况——即使在它还没有出现时；当我寻找一个数学问题的解决办法时，情况就不一样了。数学探险和极地探险

197. 在数学中如何能够有猜想？或者更准确地说：数学中看起来像是一种猜想的东西（比如当我就素数的分布做出猜想时）具有什么样的本性？

我可以设想比如：某个人在我在场时依次写下素数，我不知道它们是素数——我或许会认为它们不过是他刚好想到的数而已——而且现在我试图在它们中找到某种规律。现在，我可能径直提出一个有关这个数列的假说，正如我就一个物理学实验所产生的每个不同的数列会做的那样。

在哪种意义上，现在我通过这样的方式提出了一个有关素数的分布的假说？

198. 人们可以这样说：数学中的一个假说的价值在于它将思

想钉在了一个特定的对象(我意指的是一个特定的领域)之上,人们可以说"我们肯定会找到一些有关这些事物的有趣的事情"。

199. 不幸的是,在我们的语言中"疑问"、"问题"、"研究"、"发现"这些词中的每一个均表示了如此多根本不同的事物。"推论"、"命题"、"证明"的情况刚好是一样的。

200. 问题再一次地是这样的:相对于我的假说,我承认什么样的证实?或者这样:只要我还未拥有任何"严格的证明",那么我可以暂时地——在没有更好的选择的情况下——承认经验的证实?不是。只要还不存在这样一种证明,那么在我的假说和素数"概念"之间便根本不存在任何联系。

201. 只有所谓的证明才最终将这个假说与素数本身联系起来。这点表现在如下事实之中:正如已经说过的,直到那时为止,人们可以将这个假说理解成一个纯粹物理学的假说。另一方面,如果有人提供了证明,那么这个证明也根本没有证明人们所猜想的东西,因为我的猜想不能深入到无穷中去。我只能猜想能够得到确证的东西,但是只有有穷数目的猜想能够通过经验来确证。只要人们还未拥有证明,人们便不能就其提出猜想,而且即使在人们拥有了证明时,人们也不能就其提出猜想。

202. 假定一个人尽管没有证明毕达哥拉斯定理,但是通过对直角边和斜边的测量他被引导着"猜想"到这个定理。现在,他发现了这个证明并且说他现在证明了他以前已经猜想到的东西。无论如何这至少是一个令人值得注意的问题:现在,究竟在这个证明的哪一点上他以前通过诸个别的试验发现确证了的东西出现了?

因为这个证明可是根本不同于以前的方法。——这些方法在哪里发生接触？因为它们据称在某种意义上产生了相同的东西。这也就是说：如果这个证明和这些试验仅仅是同一个东西（同一种一般性）的不同的外观的话，那么它们在哪里发生接触？

（我曾经说过：“从同一个源泉只有一种东西流淌出来，”而且人们可以说：如果从**如此**不同的源泉流淌出来的竟然是相同的东西，那么这肯定是令人奇怪的。在物理学中，也即在假说中，我们很熟悉这个思想：从不同的源泉会有相同的东西流淌出来。在那里，我们总是从症状推断疾病，而且我们知道极为不同的症状可以是同一个东西的症状。）

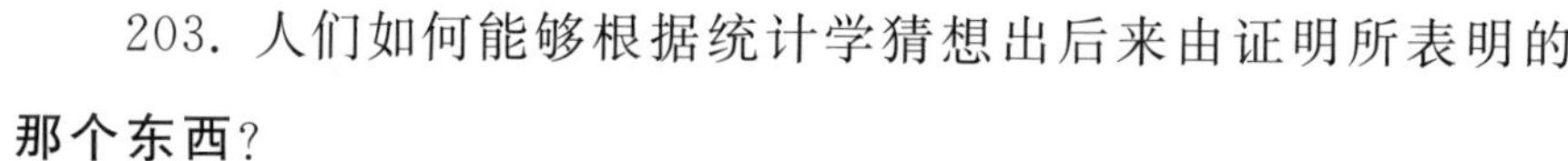

203. 人们如何能够根据统计学猜想出后来由证明所表明的**那个东西**？

204. 这样的一般性——以前的试验使其成为很有可能的——会从证明的什么地方跳出来？

205. 我已经猜想到了这个一般性，与此同时我并没有猜想到这个证明（我这样假定），现在这个证明恰好证明了我所猜想到的那个一般性了吗！？

206. 假定某个人研究偶数以确定哥德巴赫命题[①]是否是正确的。他现在会说出这样的猜想（而且这个猜想是可以说出来的）：

① 哥德巴赫（Christian Goldbach，1690—1764），德国数学家。哥德巴赫猜想（或命题）的最初的表述形式之一为：任一大于 5 的整数都可写成三个素数之和。现在常见的表述形式为欧拉的版本：任一大于 2 的偶数都可写成两个素数之和。

如果他将这种研究继续下去，那么只要他活着，他便不会遇到任何矛盾的情形。假定现在人们发现了对这个命题的一个证明，——这个证明这时也证明了这个人的这个猜想吗？这如何是可能的？

207. 对于哲学理解来说，没有什么比如下看法更加具有灾难性的了：将证明和经验看成两种不同的，进而无论如何是可以加以比较的证实方法。

208. 沙弗的如下发现是什么样的发现：$p \lor q$ 和 $\sim p$ 可以通过 $p|q$ 来表达？[①] ——人们没有任何搜寻 $p|q$ 的方法，而且，如果今天人们找到了这样一种方法，这也不会造成任何区别。

在这种发现之前我们所不知道的东西是什么？（它不是任何我们所不知道的东西，而是某种我们所不熟悉的东西。）

如果人们想到了有人会提出的如下抗议，那么人们便会非常清楚地看到这点：$p|p$ 根本不是 $\sim p$ 所说出的东西。回答自然是这样的：所涉及的仅仅是如下事实，即 $p|q$ 系统等等具有必要的多样性。因此，沙弗发现了一个具有必要的多样性的系统。

如果我不熟悉沙弗系统，而且说我想构造一个只有**一个**逻辑常项的系统，那么这是一种寻找吗？不是！

诸系统可是并非处于**一个**空间之中，以至于我能够说：存在着具有 3 个和 2 个逻辑常项的系统，现在我试图**以同一种方式**减少常项的数目。在此根本就没有**同一种方式**。

① 参见：H. M. Sheffer, "A Set of Five Independent Postulates for Boolean Algebras, with Application to Logical Constants", *Transactions of the American Mathematical Society* 14, 1913, pp. 481—488。

209. 如果有人为比如费马问题的解决进行悬赏，那么人们可能责难我说：你如何能够说不存在这个问题；如果人们为这个解决进行悬赏，那么就必定有这个问题。我必须这样说：没错，只不过，谈论这点的人误解了“数学问题”这个词和“解决”这个词的语法。真正说来，这种悬赏是为一个自然科学问题的解决而设立的；（可以说）是为这种解决的**外表**而设立的（正因如此，人们也谈论比如某种黎曼假说[①]）。这个问题的条件是外表的条件，而当这个问题得到解决时，所发生的事情对应于这个问题的设置的方式类似于一个物理学问题的解决对应于这个问题的设置的方式。

210. 如果我们的任务是找到正五角形的一种构造，那么这种构造在这种任务设置中是通过如下物理特征得到刻画的：它事实上应当提供**一个通过测量而规定出来的**正五角形。因为的确仅仅是通过这种构造我们才得到这种**构造性的五分**（或者**构造性的五角形**）概念的[②]。

211. 同样，在费马定理[③]中我们拥有的是这样一个经验的构成物，我们将其解释成**假说**，因此——自然而然地——不是将其解

---

① 由德国数学家 Bernhard Riemann（1826－1866）于 1859 年提出，是数学中一个重要而又著名的未解决问题。具体内容为：黎曼 zeta 函数的所有非无聊零点均位于直线 Res$=\frac{1}{2}$上。

② 异文：“因为我们根本就没有这种**构造性的五分**（**构造性的五角形**）概念”。

③ 在数论中，费马定理的内容是：对于 n 的任何大于 2 的整数值来说，不存在 3 个正整数 a，b 和 c 满足不定方程 $a^n+b^n=c^n$。该定理（或称猜想）于 1637 年由法国数学家费马（Pierre De Ferma，1601－1665）提出，此后一直无人予以完全证明，直到 1994 年才由英国数学家怀尔斯（Andrew Wiles）最终证明。事实上，德国曾经有人为此定理的证明拿出 10 万马克进行悬赏。

释成一种构造的终点。因此，某种意义上说，这个问题所追问的东西不同于这个解决所提供的东西。

212. 自然，费马定理的反面的证明与比如这个问题之间的关系也恰如这个定理的证明与它的关系。（一种构造的不可能性的证明。）

213. 只要人们将【角的】3分的不可能性表现为一种物理的不可能性（通过比如说出这样的话的方式："不要尝试将这个角划分成3个相等的部分，这是没有希望的！"），在这样的范围内"对于这种不可能性的证明"就**没有**证明这种不可能性。做出这种划分的尝试是**没有希望的**，这点与物理事实联系在一起。

214. 请设想，有人向他自己提出了这个问题：要发明一个游戏。这个游戏应当是在一个棋盘上玩的。每个游戏者应当有8个棋子，白子中应当有2个这样的棋子（"执政官"），它们放在初始位置的末尾，通过一些规则以某种方式获得了特殊的地位：与其它棋子相比，它们应当具有更大的活动自由。黑子之一应当被给予特殊的地位（"统帅"）。一个白子（黑子）通过放在一个黑子（白子）的位置上的方式将其吃掉。整个游戏应当与布匿战争[①]有某种相似性。——这些是这种游戏必须满足的条件。——这肯定是一个问题，而且是一个与如下问题完全不同的问题：查明在游戏中在某些条件下白子如何能够获胜。——但是现在，让我们思考这个问题：

① 德文为"Punische Kriegen"，指公元前264—前146年古代罗马与迦太基之间的三次战争。

“在这个战争游戏中(我们还没有准确地知道其规则)白子如何能够在20步之内获胜?”——这个问题完全类似于数学问题(并非类似于其计算题)。

215. 被隐藏起来的东西必定能够被发现。(隐藏起来的矛盾。)

216. 被隐藏起来的东西即使在其被发现之前也必定能够完全地描述出来,好像它(已经)被发现了一样。

217. 如果人们说一个对象被如此隐藏起来了,以至于发现它是不可能的,那么这是有着很好的意义的。此处的不可能性自然绝不是逻辑的不可能性。这也就是说,谈论这个对象的发现是有**意义**的,而且描述它也是有**意义**的。我们所拒绝的仅仅是如下之点:它发生了。

218. 人们可以这样说:如果我在寻找某种东西——我指的是北极或者伦敦城中的一座房子——那么在我找到它之前(或者在我发现它并不在那里之前),我能够**完全地**描述出我所寻找的东西。而且,这种描述无论如何从逻辑上讲将是无可指摘的。然而,在数学中的“寻找”情形之中,当其并非发生**在**一个系统**之内**时,我则不能描述我所寻找的东西,或者仅仅表面上看我可以给出这样的描述。因为,如果我能够详细地描述出它,那么我便恰恰已经**拥**有了它,而在它得到**完全的**描述之前,我不能确定我所寻找的那个东西从逻辑上讲是否是无可指摘的,因此它到底是否是可以描述的。这也就是说,这种不完全的描述恰恰漏掉了为如下事情所必需的东西:某种东西能够被寻找。因此,它仅仅是一种对于“所寻找的东西”的似是而非的描述。

在此人们容易受到寻找一个实际的对象的情形中的一个不完全的描述的合法性的误导,而且在此人们对“描述”和“对象”概念的不清楚又一次地起作用了。如果一个人说:我在向北极走并且期待在那里发现一面旗子,那么按照罗素的理解,这意味着:我期待发现某种这样的东西(一个 X),它是一面旗子,比如具有某某颜色和尺寸的旗子。于是,事情看起来好像是这样的:这个期待(这种寻找)即使在这里也仅仅涉及一种间接的知识,而非这个对象本身;只有当我面对着它时(而以前我只是间接地熟悉它),我才真正地知道它(经由亲知而来的知识)。但是,这是胡话。无论我在那里能够知觉到什么,只要它是我的期待的一种确证,那么我就也已经能够事先便将其描述出来。在此“描述”并非意味着就此断言些什么,而是说出它,也即:我一定**能够完全地**描述出我所寻找的东西。

219. 疑问是:人们可以这样说吗:今天的数学好像是成锯齿形的——或者破败成一缕缕的了,因此人们将能够对其进行修饰?我相信,人们不能说出前者,正如人们不能这样说一样:实在是散乱不堪的,因为有 4 种原色,在一个八度音程中有七种音调,在视觉空间中有三个维度等等。

220. 人们不能“修饰”数学,正如人们不能这样说一样:“让我们将那四原色修饰成五种或者十种”,或者“让我们将一个八音程中的八种音调修饰成十种”。

221. 请比较一次数学探险和一次极地探险。做这样的比较是有意义的并且很有用处。

222. 如果一次地理探险并非确实地知道它是否有一个目的地，进而也并非确实地知道它到底有没有一条道路，那么这将是奇特的事情。我们不能设想这点，它产生的是胡话。但是，在数学探险中事情恰恰是这样的。因此，完全放弃这种比较或许最好不过了。

这就像是这样一次探险，它对**空间**没有把握！

223. 人们可以这样说吗：算术或几何问题看起来总是这样的，或者可能被错误地理解成这样，好像它们涉及的是空间中的对象，然而它们涉及的是空间本身？

224. 我将这样的东西称为空间：在寻找什么时人们能够**确信**它。

（二）一个数学命题的证明及其真和假

225. 得到了证明的数学命题在其语法中倾向于真。为了理解命题 25×25＝625 的意义，我可以这样问：这个命题如何得到证明？不过，我不能问：其反面（将会）如何得到证明？因为谈论 25×25＝625 的反面的证明没有任何意义。因此，如果我提出一个独立于这个命题的真的问题，那么我必须谈论它的真的**核对**，而不是谈论它的证明或者反证。核对的方法对应于人们可以称为这个命题的意义的东西。对这种方法的描述是一般性的，而且涉及一个由诸命题（比如形如 a×b＝c 的命题）构成的系统。

226. 人们不能说："我将算出**这点**：它是这样的"，而能够说："我将算出它**是否**是这样的"——因此，能够说：它是否是**这样的**还是那样的。

227. 真的核对方法对应于数学命题的意义。如果人们不能谈论这样一种核对，那么"数学命题"与我们通常称为命题的东西之间的相似性便瓦解了。因此，存在着一种对于如下形式的命题的核对（它们涉及区间）："$(\exists k)_m^n$……"和"$\sim(\exists k)_m^n$……"。

228. 现在，让我们思考如下问题："方程 $x^2+ax+b=0$ 有一个实数解吗？"在此又一次地存在着核对，而核对区分开了情形（∃……）等等和～（∃……）等等。但是，我也能够以相同的意义来询问和核对这点吗："这个方程是否具有一个解"？除非我再一次地将这种情形与其它情形放在一个系统之中。

229.（实际上，"代数基本定理[①]的证明"构造了一个新类别的数。）

230. 方程是一类数。（也即，它可以像数那样被处理。）

231. 一个通过归纳得到证明的"数学命题"（不过，它是以这样的方式被证明的：人们不能在一个核对系统中追问这种归纳）并非在如下意义上是"命题"：它构成了一个数学问题的答案。

"每个方程 G 都有一个根。"假定它没有任何根，情况如何？我们能够像描述这样的情形那样来描述这种情形吗：它没有任何

① 代数基本定理的内容为：一个次数不小于 1 的复系数多项式 f(x) 在复数域内有一个根。

有理数的解？什么是如下事情的标准：一个方程没有任何解？因为这个标准必须被提供出来——如果这个数学**问题**应当具有意义并且这个存在命题应当是对一个问题的回答的话[①]。

（反面的描述在于什么？它从什么得到支撑？在哪些例子上得到支撑？这些例子如何与被证明了的反面的一种特殊的情形关联起来？这些问题并不是比如次要的问题，而是绝对本质性的问题。）

（数学哲学在于对数学证明进行仔细的研究——而不是在于：人们用一团雾气将数学环绕起来。）

232. 如果在讨论有关数学命题的可证明性的过程中，有人说，本质上存在着这样的数学命题，其真或假不得不处于未得到判定的状态之中，那么这样说的人不了解如下事实：这样的命题——**如果**我们能够使用它们并且愿意将它们称为“命题”的话——是这样一种构成物，它们完全不同于通常被称作“命题”的东西：因为证明改变了命题的语法。人们完全可以将同一块板子一会儿用作风向标，一会儿用作路标；但是，固定不动的东西不能用作风向标，而移动的东西不能用作路标。如果有人想要说“也有移动的路标”，那么我会回答他说：“你或许愿意说‘也有移动的**板子**’；而我并非是在说，移动的板子不可能以某种方式加以运用，——我只是说它不能用作路标。”

“命题”这个词如果在此究竟还有什么意义的话，那么它等价

① 异文：“如果具有一个存在命题的形式的东西应当是对于一个问题的回答意义上的‘命题’的话。”

于一个演算，而且无论如何等价于这样的演算，在其中p．∨．～p＝Taut.成立（“排中律”有效）。如果它不成立，那么我们便改变了命题概念。不过，我们借此并没有做出任何发现（发现了这样某种东西，它是一个命题，但却不服从某某规律）；相反，我们做出了一个新的规定，给出了一种新的游戏。

（三）如果你想要知道什么得到了证明，那么请查看证明

233．只有在这样的时候数学家们才误入歧途了：他们想要一般性地谈论演算；而且，他们之所以这样做，是因为这时他们忘记了作为每种特殊的演算的基础的那些特殊的规定。

234．全部数学哲学家之所以都走错路了，是因为在逻辑中人们不能像在自然史中那样通过例子来给一般性的宣言提供根据。相反，每一种特殊的情形均具有完全的意义，但是，一切在它那里都被穷尽了。人们不能从它那里抽引出任何一般性的结论（进而**任何**结论）。

235．不存在逻辑的虚构，因此人们不能使用逻辑的虚构；人们必须完全地解释每个例子。

236．在数学中只可能存在数学的困难（麻烦），而不可能存在哲学的困难（麻烦）。

237．哲学家真正说来只是记录下数学家就其活动偶尔随口说出的话。

238. 哲学家易于陷入这样一个笨拙的经理的境地，他不去做**他的**工作，而只是专注于如下事情：他的职员要正确地做他们的工作，他将他们的工作拿来，因此，总有一天他会看到他过多地负担了他人的工作，而那些职员则在旁边看着并且批评他。

他尤其倾向于让自己承担起数学家的工作。

239. 如果你想要知道表达式"一个函项的连续性"意谓什么，那么请查看连续性的证明。这个证明肯定会表明它所证明的东西。不过，请不要查看以散文的形式表达出的结果，也不要查看用罗素的记号系统写出的结果，这种记号系统的确仅仅是散文表达式的一种翻译；而是要将你的目光引向证明中的这样的地方，在那里人们还在计算着什么。因为所谓被证明的命题的语词表达很大程度上是误导人的，原因是它掩盖了这个证明的真正的目标，而这个目标在该证明中是可以十分清晰地看到的。

240. "这个方程被随便哪个数满足了吗？"；"它被一些数满足了"；"它被所有数满足了(没有被任何数满足)"。你的演算拥有证明吗？哪些证明？由此人们才能获知这些命题和问题的意义。

241. 请向我说一下你是**如何**寻找的，我将告诉你你在寻找**什么**。

242. 我们必须首先问自己：这个数学命题得到证明了吗？它是如何得到证明的？因为这个证明属于这个命题的语法！——我们之所以常常没有看到这点，是因为我们在此再一次地是在一个误导人的类比的轨道上进行思维。正如在这些情形中通常所发生的事情那样，它是一种来自于我们的自然科学思维的类比。我们比如说:“这个人是 2 个钟头前死亡的。”如果有人问我们:“如何确定这点?”那么我们可能给出它的一系列迹象(征候)。不过,我们也为这样的可能性留下余地:比如医学发现了迄今为止不为人知道的确定死亡时间的方法,而这就意味着即使在现在我们就已经能够描述这些可能的方法,因为人们所发现的并非是它们的描述,相反,人们只是从实验上确定了如下之点:这个描述对应于事实。因此,我可以比如说:一种方法在于找出血液中血红蛋白的数量,因为这个数量在死后随着时间的推移按照某某规律减少。这自然是不正确的,但是,如果它是正确的,那么我所虚构的描述中的任何东西都不会因之而改变。如果人们现在将这个医学发现称为“对于如下之点的一种证明的发现:这个人是 2 个钟头前死亡的”,那么人们必须说:这种发现改变不了命题“这个人是 2 个钟头前死亡的”的语法中的任何东西。这种发现是这样的发现:一个特定的假说是真的(或者:与事实一致)。现在,我们非常习惯于这种思维方式,以至于我们未加考虑地将数学中一个证明的发现的情形当作相同的或者类似的情形。这是不对的,因为,简单说来,就这个数学证明来说,在我们发现它之前,我们无法将它描述出来。

这种“医学证明”并没有将它所证明的假说纳入到一个新的演算之中,因此并没有给予它以任何新的意义;而一个数学证明则将一个数学命题纳入到了一个新的演算之中,它改变了它在数学中的位置。那个带有其证明的命题所属的范畴不同于那个不带证明的命题所属的范畴。(那个未得到证明的数学命题——数学研究的路标,对人们做出数学构造的激励。)

243. 如下方程中的变项是属于同一种类的吗?

$$x^2+y^2+2xy=(x+y)^2$$

$$x^2+3x+2=0$$

$$x^2+ax+b=0$$

$$x^2+xy+z=0$$

这取决于这些方程的运用。——不过，第一个和第二个方程之间的区别(像它们通常被使用的那样)并非是满足它们的诸值的范围上的区别。你如何证明命题“第一个方程对于 x 和 y 的所有值均有效”？而且你如何证明命题“存在着 x 的这样的值，它们满足第二个方程”？这些命题的意义之间存在的相似性的程度同于这些证明之间存在的相似性的程度。

244. 但是，难道我不是能够针对一个方程这样说吗：“我知道相对于一些替换来说它不成立——我记不起来是**哪些**替换了——；但是，至于它一般说来是否是正确的，我不知道这点”？——但是，当你说你知道这点时，你借此在意指什么？你是如何知道它的？肯定并非有这样一种特定的精神状态躲在“我知道……”这样的话语后面，正是它构成了其意义。你能够用这样的知道做什么？因为这点将表明这种知道在于什么。你知道一种确定如下之点的方法吗：这个方程一般说来是无效的？你记得如下之点吗：这个方程对于 0 和 1000 之间的一些值来说不成立？事实是这样的吗：有人只是将这个方程指给你看并且说他发现了 x 的这样的值，它们不满足这个方程，而你自己或许不知道人们是如何针对一个给定的值确定这点的？等等，等等。

245. “我已经算出不存在任何这样的数，它们……”——这个计算出现在哪个计算系统中？——这点将向我们表明，这个计算出来的命题是属于哪个命题系统的。（人们也这样问："人们是如何计算出**这样的某种东西**的？"）

246. "我已经发现存在着这样一个数。"[①]

"我已经算出并非存在着这样一个数。"[②]

我不能将第一个命题中的"一个"（eine）替换为"并非……一个"（keine）。——假定我将第二个命题中的"并非……一个"替换为"一个"，如何？假定一个计算给出的不是命题"～（∃n）等等"，而是"（∃n）等等"。这时比如如下说法有意义吗："振作起来！现在只要你尝试足够长时间，那么**有朝一日**你会遇到这样一个数的"？只有在如下情况下**这种说法**才是有意义的：这个证明并非得出了"（∃n）等等"，而是给这种尝试确立了界线，因此完成了某种完全不同的事情。这也就是说，我们称为存在命题（它告诉我们去寻找一个数）的东西的反面并不是命题"（n）等等"，而是这样一个命题，它说在某某区间没有任何这样的数，它……。这个被证明的东西的反面是什么？——为此人们必须查看这个证明。人们可以说：被证明的命题的反面是经由证明中出现的一种特定的计算错误所证明出来的东西（因此，所证明出来的东西不是这个要被证明的命题）。现在，如果对于比如～（∃n）等等是实际情况这点的证明是这样一种归纳，它表明，无论我走多远，这样一个数都不可能出现，那么这个证明的反面（我将来要再一次地使用这个表达式）

① 德文为："Ich habe gefunde，daß es eine solche Zahl gibt"。

② 德文为："Ich habe ausgerechnet，daß es keine solche Zahl gibt"。

并不是我们意义上的存在证明。——在此事情并非像在如下证明的情形中那样：a，b，c，d 诸数中没有一个或者其中的一个具有性质ε；而人们心中总是想着作为范例的这种情形。在此一种错误可能在于这点：我相信 c 具有这个性质，在我认识到了这种错误后，我知道了这些数中**没有一个数**具有这种性质。类比恰恰在这里瓦解了。

（这点与如下事实联系在一起：并非在我使用了等式的每个演算中我都自然而然地也可以使用等式的否定。因为 2×3≠7 并非意味着：等式“2×3＝7”不应当出现，像比如等式 2×3＝正弦不能出现一样，而是意味着：这种否定是一个一开始便确定好了的系统内部的一种排除。我不能像否定一个按照规则而推导出的等式那样来否定一个定义。）

如果人们说这个存在证明中的这个区间并不是本质性的，在那里另一个区间本来也可以做到这点，那么这自然并非意味着：一个区间的说明的缺失本来也可以做到这点。——不存在的证明与存在的证明之间的关系不同于 p 的证明与其反面的证明之间的关系。

人们应当这样认为：在对“(∃n)等等”的反面的证明中，一个否定必定可能溜进来[①]，经由它“～(∃n)等等”错误地得到了证明。

假定这次我们反其道而行之，从证明出发，假定人们起初将它们指给我们看了，接着人们问：这些计算证明了什么？请查看这些

① 异文：“误闯进来”。

证明，**然后**决定它们证明了什么。

247. 我不需要**断言**人们必定能够构造出 n 次方程的 n 个根；相反，我只是在说，就命题“这个方程有 n 个根”而言，如果我是通过数出所构造出的诸根的方式证明它的，那么它的意义将**不同于**当我以其它的方式证明它时它所具有的意义。不过，如果我找到了一个有关一个方程的诸根的公式，那么我便构造了一个新的演算，而并非是填补上了一个旧的演算的任何漏洞。

248. 因此，如下说法是胡话：只有当人们指明了这样一个构造时，这个命题才得到了证明。因为这时我们恰恰构造了某种新东西，而我们现在在代数基本定理名下所理解的东西恰恰是目前的“证明”向我们显示的东西。

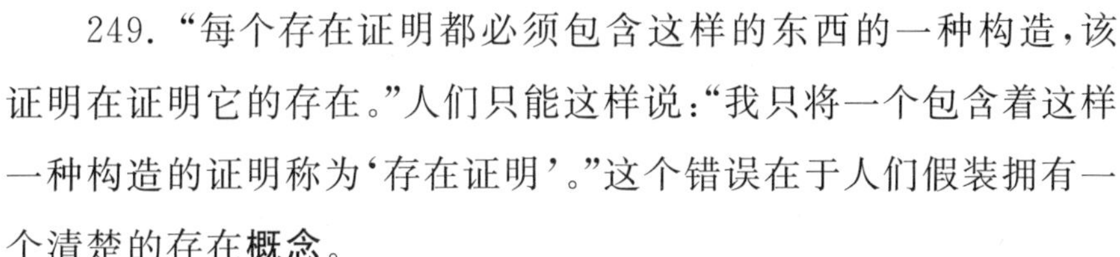

249. “每个存在证明都必须包含这样的东西的一种构造，该证明在证明它的存在。”人们只能这样说：“我只将一个包含着这样一种构造的证明称为‘存在证明’。”这个错误在于人们假装拥有一个清楚的存在**概念**。

人们相信能够证明某个东西，即这种存在，以至于现在**独立于该证明**，人们现在就深信这种存在。（有关彼此独立的——进而肯定也独立于所证明的东西的——证明的观念！）实际上，存在就是人们借助于人们称为“存在证明”的**那种东西**所证明的东西。当直觉主义者以及其他人讨论这点时，他们这样说：“人们只能这样而非那样证明这个事情，这种存在。”他们没有看到，借此他们只不过是定义了**他们**称为存在的东西。因为事情恰恰并非像是当人们这样说时那样：“人们只能通过如下方式来证明一个人待在这间屋子里:向屋子里看,而不能通过这样的方式证明这点:倚门偷听。”

250. 独立于我们的存在证明的概念,我们没有任何存在的概念。

251. 我为什么说:我们并非发现一个像代数基本定理那样的命题,而是构造出它?——因为在证明时我们给予它一个新的意义,一个它以前根本不曾具有的意义。在做出这个所谓的证明之前,在语词语言中仅仅存在着这种意义的一种大致的模型。

252. 请设想,一个人要这样说:象棋只是必须**被发现**,它始终在那里!或者**纯粹的**象棋总是在那里,我们只是制作了物质化的、被物质污染了的象棋。

253. 如果数学的一个演算被发现改变了,——那么我们就不能保留(保持)旧的演算吗?(也即,我们必须放弃它吗?)这是一个饶有兴味的角度。在发现北极后我们并非拥有两个地球:一个带有北极,一个不带北极。不过,在发现素数的分布规律以后,我们却拥有两类素数。

254. 数学问题必须像数学命题那样精确。如果人们了解了一个数学证明的多样性并且考虑到了这点:这样的证明属于被证明的命题的**意义**,也即决定了这个意义,那么人们就会看到,语词语言的表达方式是如何以误导人的方式表现数学命题的意义的。因此,数学证明并不是这样的某种东西,它导致我们相信一个特定的命题;相反,它是这样的某种东西,它向我们显示了我们所相信的**东西**,——如果在此可以谈论相信的话。数学中的概念词:素数，基数，等等。似乎正因如此如下问题便直接是有意义的："存在着多少个素数？"（"世人只要听到语词，便相信……"①）实际上，这个语词组合暂时还是胡话；直到人们为它提供了一个独特句法为止。请瞧一下有关命题"存在着无穷多的素数"的证明以及它似乎要回答的那个问题。一个复杂的证明的结果只是在如下范围内才有一个简单的语词表达式，即这个表达式所属的那个表达式的系统就其多样性来说对应于这些证明的系统。——在这些事情上的混乱完全归因于如下事实：人们把数学当作一种自然科学看待。而这又与如下事实联系在一起：数学脱离了自然科学。因为，只要人们是直接联系着物理学从事它的，那么如下之点就是清楚的：它绝不是自然科学。（正如只要人们用扫帚来清洁家具，那么人们就不会将其当作房间陈设的一个部分一样。）

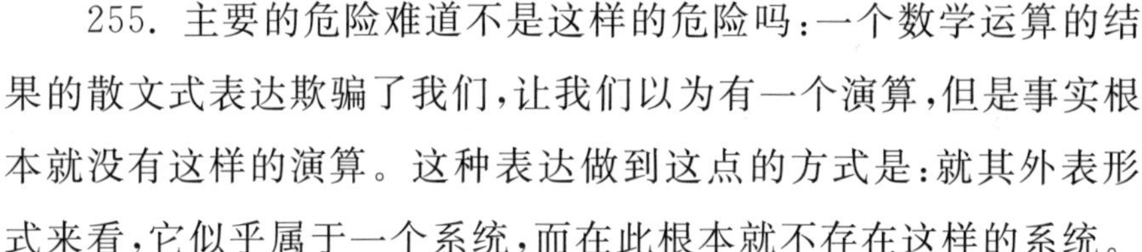

255. 主要的危险难道不是这样的危险吗：一个数学运算的结果的散文式表达欺骗了我们，让我们以为有一个演算，但是事实根本就没有这样的演算。这种表达做到这点的方式是：就其外表形式来看，它似乎属于一个系统，而在此根本就不存在这样的系统。

256. 一个证明是一个（特定的）命题的证明——如果它是根据这样一条规则而完成其证明的，这个命题根据它而被配合给这个证明。这也就是说，这个命题必须属于一个诸命题的系统，而且这个证明必须属于一个诸证明的系统。而且，每个数学命题都必须属于一个数学演算。（它不能独自端坐在那里，可以说没有混入

① 请比较 J. W. von Goethe, *Faust* I, München: Wilhelm Goldmann Verlag, 2565—2566。参见下文§567。

其它命题中间。)

因此,“每个 n 次方程都有 n 个解”这个命题也仅仅是在它对应于一个诸命题的系统并且其证明对应于一个相应的证明的系统的范围内才是一个数学命题。因为我有哪种好的根据将这个方程等等的链条(这个所谓的证明)配合给**这个**散文命题?如下之点肯定必须从这个证明本身——按照一条规则——得知:它是哪个命题的证明。

257. 但是,现在如下之点包含在**我们称为命题的东西**的本质之中:它必定可以被否定。这个被证明的命题的否定也必定与这个证明联系在一起;也即以这样的方式,以至我们可以说明,在哪些不同的、相反的条件下它会作为结果而出现。

(四) 数学问题

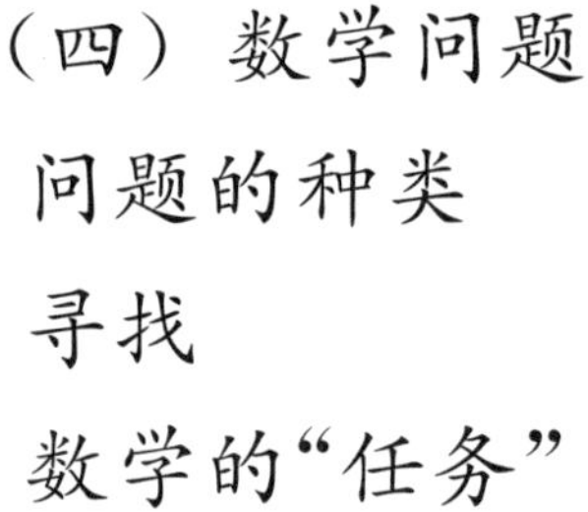

258. 在人们能够提问的地方,人们也能够寻找,而且在人们不能寻找的地方,人们也不能提问。进而也不能做出回答。

259. 在不存在任何寻找的方法的地方,在那里这个问题也不可能具有任何意义。——只有在存在着解决方法的地方才有一个问题(这自然并非意味着:“只有在发现了解答的地方才有一个问题”)。——这也就是说:在这样的地方——在那里问题的解决只能期待着某种启示——也根本没有问题。没有任何问题对应着一种启示。——

260. 有关不可判定性的假设预设了如下之点:在一个方程的两侧可以说存在着一种地下的结合;桥梁不能用记号架设起来。但是,尽管如此,它是存在的。因为,否则,这个方程将是无意义的。——但是,只有在**我们**通过一个演算①建立起了这种结合的时候,它才是存在的。这个过道并非是经由昏暗的思辨建立起来的,它从类别上说并非不同于它所结合在一起的东西。(像两个明亮的地方之间的一条黑暗的过道一样。)

261. 只要我还没有任何一种解决的方法,那么我便不能单义地应用表达式"方程 G 产生解 L"。因为,"产生"意谓一种结构,而对于后者,在我不了解它的情况下,我无法将其表示出来。因为在不了解这种结构的情况下便将其表示出来,这就意味着在不了解语词"产生"的语法的情况下便使用它。不过,我也可以这样说:就"产生"这个词来说,当我用它来指涉一种解决的方法时和当事情并非如此时,它的意义是不一样的。"产生"在这里的情况类似于语词"赢"(或者"输")的情况——当"赢"的标准有一次是棋局中的一个特定的进程时(在此我必须熟悉诸游戏规则,以便能够说一个人是否赢了),或者我是否用"赢"意指这样的某种东西,它大致可以通过"必须支付"来加以表达。

如果我们在第一种意义上应用"产生",那么"这个方程产生

① 异文:"通过记号"。

L”便意味着：如果我按照某些规则对这个方程进行变形，那么我便得到L。正如25×25＝620说的是：当我将乘法规则应用到25×25之上时，我便得到620。不过，在此在语词“产生”具有意义之前，在这个方程是否产生L这个问题具有意义之前，这些规则必须已经给予了我。

262. 因此，说“p是可以证明的”是不够的；相反，我们必须这样说：根据一个特定的系统是可以证明的。

而且，这个命题断言的并不是，根据系统S，p是可以证明的；而是根据**它的**系统，p的系统，p是可以证明的。p属于系统S这点不可断言（它必须显示出来）。——人们不能说，p属于系统S；人们不能问，p属于哪个系统；人们不能寻找p的系统。“理解p”意味着知道它的系统。如果p看起来从一个系统转入另一个系统，那么p实际上便变换了其意义。

263. 如下事情是不可能的：发现适用于一个我们所熟悉的形式（比如一个角的正弦）的新奇的规则。如果它们是新的规则，那么它便不是那种旧的形式。

264. 如果我知道初等三角学的规则，那么我便能够核对命题$\sin 2x=2\sin x\cos x$，但是不能核对命题$\sin x=x-\frac{x^3}{3!}+\frac{x^5}{5!}-\cdots\cdots$。不过，这意味着初等三角学的正弦和高等三角学的正弦是不同的概念。

这两个命题可以说处于两个不同的平面之上。在第一个平面上我想走到哪里就可以走到哪里，但是我永远走不到更高的平面上的命题。

假定一个学生可以自由地使用初等三角学的工具。但是，如果你要求他复核方程 $\sin x = x - \frac{x^3}{3!} \cdots\cdots$，那么他恰恰找不到为了胜任这个任务所需要的东西。他不仅不能回答这个问题，而且他不能理解它。（这个任务就像是一则童话中国王给铁匠所指派的那项任务：给他拿一个“Klamank”。布施，《民间童话》。①）

265. 如果有人问“25×16 是多少?”那么人们将这称作一项任务。但是，如下问题也是一项任务：$\int \sin^2 x\ dx$ 是什么？尽管人们认识到第一项任务要比第二项任务简单得多，但是他们没有看到，它们是不同的意义上的“任务”。这种区别**自然**不是任何心理学上的区别；因为，所涉及的并非是这个学生能不能解决这个任务，而是这个演算能否解决它，或者哪个演算能够解决它。

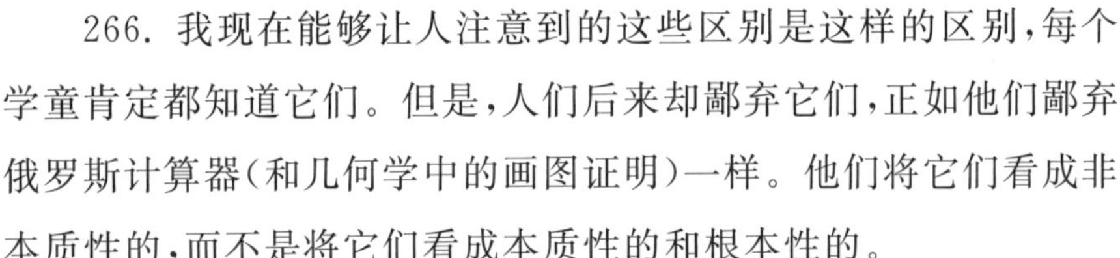

266. 我现在能够让人注意到的这些区别是这样的区别，每个学童肯定都知道它们。但是，人们后来却鄙弃它们，正如他们鄙弃俄罗斯计算器（和几何学中的画图证明）一样。他们将它们看成非本质性的，而不是将它们看成本质性的和根本性的。

267. 一个学生是否**知道这样一条规则**，根据它，人们肯定能够解决 $\int \sin^2 x\ dx$，这点并不令人感兴趣；但是，我们所面对的这个演算（而且他碰巧在使用的这个演算）是否包含着这样一条规则，

① 参见：Wilhelm Busch (hrsg.)，*Ut ôler welt*：*Volksmärchen*，*Sagen*，*Volkslieder und Reime*，“Himphamp”，1910。在这段话的手稿来源 MS 113：113v 中，“Klamank”为“Klamauk”，指嘈杂的声音。

这点并非不令人感兴趣。

令我们感兴趣的并非是这个学生能否做到这点，而是这个演算能否做到这点以及**它如何**做到这点。

268. 现在，就 25×16=370 这个情形来说，我们所使用的演算规定好了为了检验这个等式所需要进行的每个步骤。

269. 一个值得注意的说法："我**成功地**证明了这个。"

（在 25×16=400 这个情形中没有人会这样说。）

270. 我们可以这样规定："人们能够把握的东西是一个问题。——只有在能够存在着一个问题的地方，才有某种东西能够被断言。"

271. 从所有这一切难道不是得到了这样的悖论吗：在数学中不存在困难的问题；因为，困难的东西根本就不是问题？我们得到的结论是这样的："困难的数学问题"（也即数学研究的问题）与问题"25×25=?"之间的关系并非同于比如一个杂技特技与一个简单的跟头之间的关系（因此，前一种关系并非简单地等同于这样的关系：很容易与很难的关系）；相反，它们均是"问题"——在这个词的不同的意义上。

272. "你说'在存在着问题的地方也存在着一条通向其回答的道路'，但是，在数学中可是存在着这样的问题，我们根本不知道通向其回答的任何道路。"——完全正确，由此只是得到这样的结论：在这种情形中我们是在与上面的情形中不同的意义上使用"问题"这个语词的。我或许本来应当这样说："在此存在着两种不同的形式，而只是针对第一种形式我才想使用'问题'这个词。"不过，后面这点是次要的。重要的是，我们在此所处理的是两种不同的形式。(如下之点也是重要的：如果你现在要说它们恰恰只是两个不同**种类**的问题，那么你根本不熟悉"种类"这个词的语法。)

273. "我知道这个任务有一种解答，尽管我还未拥有这种解答。"——在哪个符号系统中你知道这点？

274.【请看下图：】

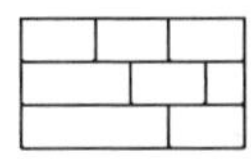

"我知道在那里必定存在着一条规律。"①这种知道是一种不定形的、伴随着这个命题的说出的感受吗？这时它引不起我们的兴趣。而如果它是一个符号过程——那么，现在任务是在一个清楚的符号系统中将其表现出来。

275. **相信**哥德巴赫命题意味着什么？这种信念在于什么？在于我们说出或者听到这个命题时所具有的确信感受吗？这引不起我们的兴趣。我甚至于不知道，这种感受在多大范围内可能是经由这个命题本身所引起的。这种信念是如何嵌入这个命题之中的？让我们来查看一下它具有哪些后果，它让我们做什么？"它让我们去寻找这个命题的证明。"——好的，现在让我们再看一下你的寻找真正说来在于什么？然后，我们就会知道相信这个命题究

① 可能是指有关如下任务的规律：在上面的示图中找到这样的路线的数目，沿着它们，我们可以不重复地走过所有"墙缝"。(参见 MS 163：16r－v；MS 124：84)

竟是什么意思。

276. 人们不应该忽略形式上的区别——像人们大概会忽略服装之间的区别一样(如果这种区别比如很是微小的话)。

对于我们来说,某种意义上说——也即在语法中——不存在“微小的区别”。无论如何,在这里区别这个词所意谓的东西肯定完全不同于它在这样的地方所意谓的东西,在那里所涉及的是两个物件之间的区别。

277. 哲学家感觉到了数学家推导的风格上的变换,而今天的数学家却平静地、神情麻木地忽略了它。——真正说来,一种更高的敏感性就是将未来的数学家与当今的数学家区别开来的东西,它可以说修剪了数学。因为那时人们将更加关心绝对的清晰性,而不是新游戏的发明。

278. 哲学的清晰对数学成长的影响与阳光对土豆嫩枝生长的影响是同样的。(在阴暗的地窖中它们会长数米长。)

279. 看到我有关数学的阐释的数学家们必定会感到害怕,因为他们的训练总是将他们的注意力从如下事情上引向它处:关注于我所展开讨论的那些思想和怀疑。他们学着将它们看成可以轻视的东西,而且对于这些事情——借助于来自于心理分析的类比来说——正如对于某种婴儿期的东西一样,他们已经获得了一种厌恶感(这段话让人想起了弗洛伊德)。这也就是说,我展开讨论所有这样的问题,小孩们在学习算术等等时或许会感到它们构成了困难,但是课堂教学却将其压制下去,没有解决它们。因此,我在向这些被压制下去的怀疑说:你们是完全对的,尽管问下去吧,而且要求澄清！

（五）欧拉证明

280. 人们能够从如下不等式构造出[1]这样一个数 $\underline{\nu}$ 吗，它无论如何还未出现于右侧的组合中？

$$1+\frac{1}{2}+\frac{1}{3}+\frac{1}{4}+\cdots\cdots\neq\left(1+\frac{1}{2}+\frac{1}{2^2}+\frac{1}{2^3}+\cdots\cdots\right)\cdot\left(1+\frac{1}{3}+\frac{1}{3^2}+\cdots\cdots\right)$$

欧拉对于“存在着无穷多素数”的证明[2]肯定应当是一个存在证明，而这样一个证明在没有构造的情况下如何是可能的？

281. $\sim 1+\frac{1}{2}+\frac{1}{3}+\cdots\cdots=\left(1+\frac{1}{2}+\frac{1}{2^2}+\cdots\cdots\right)\cdot\left(1+\frac{1}{3}+\frac{1}{3^2}+\cdots\cdots\right)$

这个论证是这样进行的：右侧的积是一列分数 $\frac{1}{n}$，所有 $2^{\nu}3^{\mu}$ 形式的组合均出现在其分母中；如果这就是所有的数，那么这个序列必

---

① 异文：“推导出”。

② 欧拉（Leonhard Euler，1707—1783），瑞士数学家和物理学家。欧拉关于有无穷多素数的证明简单说来是这样的。首先，按照算术基本定理，我们有如下等式：

$$\sum_{k\geqslant 0}\frac{1}{2^k}\times\sum_{k\geqslant 0}\frac{1}{3^k}\times\sum_{k\geqslant 0}\frac{1}{5^k}\times\sum_{k\geqslant 0}\frac{1}{7^k}\times\cdots\cdots=\sum_{n}\frac{1}{n}$$

等式右侧的序列是发散的，和为无穷大；如果素数的数量有穷，那么左边的积必定是有穷的（因为每项均是有穷的），因此，素数的数量当是无穷的。

定同于序列 $1+\frac{1}{2}+\frac{1}{3}+\cdots\cdots$ 这时，和也必定是相等的。但是，左侧的和是∞，而右侧的和只是一个有穷数 $\frac{2}{1}\times\frac{3}{2}=3$ 。因此，右侧缺失了无穷多分数。也即，在左侧[①]的序列中**有**许多这样的分数，它们不出现于右侧[②]的序列中。现在，所涉及的是如下之点：这个论证是正确的吗？如果此处涉及的是有穷的序列，那么一切均是透明的。因为这时人们能够根据求和法查明右侧序列中缺少了左侧序列中的哪些项。现在，人们可能问：怎么会有这样的结果，即左侧[③]序列给出∞？除了右侧[④]序列中的诸项以外，它还必须包含什么，以便给出∞？问题的确是：一个像上面的等式 $1+\frac{1}{2}+\frac{1}{3}+\cdots\cdots=3$ 那样的等式竟然具有意义吗？我毕竟不能从它那里确定左侧的**哪些**项是多出来的。我们如何知道这点：右侧上的所有项也出现在左侧上？在有穷序列的情形中，只有在我一项一项地对此有了确信以后我才能这样说；——接着，我便立即看到了哪些项剩下来了。——在这里，我们缺少和的结果与诸项之间的这样的结合，这样的唯一的结合，它能够提供这个证明。——如果我们设想，这个事情是通过一个有穷的等式完成的，那么一切均将变得清楚不过了：

① 原稿为“右侧”(在手稿来源中也如此，下同)，当为笔误。

② 原稿为“左侧”，当为笔误。

③ 原稿为“右侧”，当为笔误。

④ 原稿为“左侧”，当为笔误。

$$1+\frac{1}{2}+\frac{1}{3}+\frac{1}{4}+\frac{1}{5}+\frac{1}{6}\neq(1+\frac{1}{2})\cdot(1+\frac{1}{3})=1+\frac{1}{2}+\frac{1}{3}+\frac{1}{6}$$

在此我们又有了这种令人惊奇的东西，即在数学中人们或许能够称为根据间接证据而进行的证明的东西——它是永远不能允许的东西。或者，人们也可以将其称为通过**征候**而进行的证明。求和的结果是如下之点的一个征候（或者被看作这样的征候）：左侧中有右侧所缺失的项[①]。这种征候与人们想要证明的东西之间的关系是**松散的**。这也就是说，一座桥梁并没有架设起来，不过，人们满足于这点：**看到了**彼岸。

右侧的所有项均出现在了左侧，但是左侧的和给出∞，而右侧的和仅仅给出了一个有穷的值——**因此，必然**……不过，在数学中除了**现有的**事项而外，没有什么**是必然的**。

桥梁必须架设起来。

在数学中不存在任何征候，只有在心理学意义上对于数学家来说才有这样的征候。

人们也可以这样说：在数学中我们不能推导出这样的某种东西，我们不能**看到**它。

282. 那种推论的全部松散性肯定是以和与和的极限值之间的混淆为基础的。

这点我们看得很清楚：**无论**人们将右侧的序列继续延伸**到多**

① 原稿中“左侧”和“右侧”分别误作“右侧”和“左侧”。

远，人们总是能够将左侧的序列也延伸到这么远，以至它包含了右侧序列的所有的项。(在此如下事情还是**有待决定的**：它这时是否还包含着其它的项。)

283. 我们也可以这样说：如果人们只有这个证明，那么现在在这点上人们会冒什么样的风险？如果我们比如已经发现了直到N为止的素数，那么我们现在能够接着无穷无尽地去寻找接下来的一个素数吗——既然这个证明向我们保证：我们将找到一个素数？这肯定是胡话。——因为“只要我们寻找了足够长的时间”根本没有任何意义。(涉及泛而言之的存在证明。)

284. 我可以根据这个证明在左侧添加上进一步的素数吗？肯定不能，因为我根本就不知道我以什么方式发现哪些素数，而这就意味着：我根本就没有素数的概念，这个证明并没有为我提供任何素数概念。我只能添加上任意的数(或者序列)。

285. (人们给数学穿上了错误的释义的衣服。)

286. (在数学中，“**必然**还会出现这样一个数”这样的说法没有任何意义。这与如下之点直接地联系在一起：“在逻辑中没有任何较为一般的东西和较为特殊的东西。”)

287. 如果数都是2和3的组合，那么

$$\left(\lim_{n\to\infty}\sum_{v=0}^{v=n}\frac{1}{2^v}\right)\cdot\left(\lim_{n\to\infty}\sum_{v=0}^{v=n}\frac{1}{3^v}\right)$$

必然将产生

$$\lim_{m\to\infty}\sum_{n=1}^{n=m}\frac{1}{n}$$

——但是，它并没有产生它……由此我们得到什么结论？（排中律。）由此我们只能得到这样的结论：诸和的极限值是不同的；因此，我们得不到任何（新）东西。不过，现在我们可以研究一下之所以如此的原因。在此期间人们或许会碰到这样的数，它们不能经由 $2^{\nu}\times 3^{\mu}$ 来表现，因此会碰到更大的素数。但是，人们永远不会看到这点：**任何**数目的这样的原初的数对于所有数的表现来说都是**不**够的。

288. $1+\frac{1}{2}+\frac{1}{3}+\cdots\cdots \neq 1+\frac{1}{2}+\frac{1}{2^2}+\frac{1}{2^3}+\cdots\cdots$

无论我可能将多少 $\frac{1}{2^{\nu}}$ 形式的项放在一起，它永远不会产生大于 2 的数，然而左侧序列的前四项就已经产生了大于 2 的数。（因此，这个证明必定已经包含**于此**了。）它事实也包含于此了，并且同时这样一个数的构造也已经包含于此了，它不是 2 的幂。因为这条规则现在意味着：去找出这个序列的这样的一段，它无论如何超出了 2，而且必定包含着这样一个数，它不是 2 的幂。

289. $(1+\frac{1}{2}+\frac{1}{2^2}+\cdots\cdots)\cdot(1+\frac{1}{3}+\frac{1}{3^2}+\cdots\cdots)\cdot\cdots\cdots(1+\frac{1}{n}+\frac{1}{n^2}+\cdots\cdots)=n$

如果我现在将和 $1+\frac{1}{2}+\frac{1}{3}+\cdots\cdots$ 加以扩展，直到它超过 n 为止，那么这个部分必定包含着这样一个项，它不能在右侧的序列中找到。因为如果右侧的序列包含着所有这些项，那么它必定产生一个更大的和，而非更小的和。

290. 使得序列 $1+\frac{1}{2}+\frac{1}{3}+\cdots\cdots$ 的一个部分，比如

$$\frac{1}{n}+\frac{1}{n+1}+\frac{1}{n+2}+\cdots\cdots+\frac{1}{n+v},$$

等于或大于 1 的条件是这样的。为了使得：

$$\frac{1}{n}+\frac{1}{n+1}+\frac{1}{n+2}+\cdots\cdots+\frac{1}{n+v}\geqq 1$$

我们将其左侧变形为如下形式：

$$\frac{1+\frac{n}{n+1}+\frac{n}{n+2}+\cdots\cdots+\frac{n}{n+v}}{n}$$

$$=\frac{1+(1-\frac{1}{n+1})+(1-\frac{2}{n+2})+\cdots\cdots+(1-\frac{n-1}{n+(n-1)})+\frac{n}{2n}+\frac{n}{2n+1}+\frac{n}{2n+2}+\cdots\cdots+\frac{n}{n+v}}{n}$$

$$=\frac{n-\frac{1}{2}n\cdot(n-1)\cdot\frac{1}{n+1}+(v-n+1)\frac{n}{n+v}}{n}$$

$$=1-\frac{n-1}{2n+2}+\frac{v-n+1}{n+v}\geqq 1$$

$$\therefore 2nv+2v-2n^2-2n+2n+2-n^2-nv+n+v\geqq 0$$

$$nv+3v-3n^2+2+n\geqq 0$$

$$v\geqq\frac{3n^2-(n+2)}{n+3}<3n-1.$$

（六）角的三等分等等

291. 人们可以这样说：在欧几里得平面几何学中人们不能寻

找角的3等分，因为不存在这样的3等分——不能寻找2等分，因为存在着这样的等分。

292. 在欧几里得的《几何原本》的世界中我不能追问角的3等分，正如我不能寻找它一样。在那里根本就没有谈到它。

293.（我可以在一个更大的系统中给角的3等分这个任务指派一个位置，但是在欧几里得几何学系统中我不能追问它是否是可以解决的。我究竟应当用哪一种**语言**作出这种追问？用欧几里得的语言吗？——我同样不能在欧几里得系统中用欧几里得的语言追问角的2等分的可能性。因为在这个语言中这样的追问的结果就是对于绝对的可能性的追问，而后者始终是胡话。）

294. 顺便说一下，在此我们必须在某些种类的问题之间做出一种区分，做出这样一种区分，它再一次地表明，在数学中我们称为"问题"的东西不同于日常生活中我们如此称谓的东西。我们必须区分开这样两个问题：其一为"如何将这个角划分成2个相等的部分？"；其二为"**这个**构造是这个角的2等分吗？"一个问题只有在这样一个演算中才有意义，它向我们提供了一种导向其解决的方法。现在，一个演算很可能提供了导向对于其中的一个问题的回答的方法，但是却未提供导向对于其中的另一个问题的回答的方法。比如，欧几里得并没有教我们如何寻找他的问题的解决办法；相反，他将它给予了我们，而且证明了它们是解决办法。但是，这绝对不是一个心理学的或者教育学的事件，而是一个数学事件。这也就是说，（他向我们提供的）那个**演算**并没有使得我们能够去寻找这个构造。那个使得这点成为可能的演算恰恰是**另一个**演算。(还请比较积分的方法与微分的方法;等等。)

295. 在数学中恰恰存在着这样的很不相同的东西,它们都被称为证明,而且这种不同性是**逻辑上的**不同性。因此,被称作“证明”的东西彼此之间的相关性并不多于被称作“**数**”的东西彼此之间的相关性。

296. 如下**命题**是属于什么种类的命题:“用圆规和直尺 3 等分一个角是不可能的”? 毫无疑问,它与如下命题同属一类:“F(3)绝不出现在角的等分的序列 F(n)之中,正如 4 绝不出现在组合数的序列$\frac{n\cdot(n-1)}{2}$之中一样。”但是,**这个**命题属于什么种类?它与如下命题同属一类:“$\frac{1}{2}$不出现在基数序列之中。”这显然是一条(多余的)游戏规则,比如像这样一条规则一样:在皇后跳棋中不出现被称作“王”的棋子。于是,3 等分是否可能的这个问题就是这样的问题:在这个游戏中是否存在着一种 3 等分,在皇后跳棋中是否存在着这样一个棋子,它被称作“王”,而且其所扮演的角色或许类似于象棋的王所扮演的角色。这个问题自然可以简单地通过一种决定来加以回答,但是它并没有提出任何难题,设置任何计算任务。因此,它与这样的问题具有不同的意义,其回答是这样的:我将算一下是否存在着这样的某种东西。(比如:“我将算一下在 5,7,18,25 这些数中是否有一个可以被 3 划分的数。”)那么,对于角的 3 等分的可能性的追问是属于这样的种类的吗? 是的,——如果在这个演算中存在着这样一个一般的系统,利用它我们可以计算出比如 n 等分的可能性。

为什么人们将**这个**证明称作**这个**命题的证明？一个命题可不是任何名称，而是（作为命题）属于一个语言系统：如果我可以说“根本不存在 3 等分”，那么说“根本不存在 4 等分”等等便是有意义的。如果**这**是第一个命题的一种证明（其句法的一个部分），那么也必然存在着对于该命题系统的其它命题的相应的证明（或者反证明），因为，否则，它们便不属于同一个系统。

297. 我不能问 4 是否出现在这些组合数之中，如果这个就是我的数系统。我不能问 $\frac{1}{2}$ 是否出现在基数之中，或者表明它不是它们之中的一个，除非在这样的情形中：我将“基数”称作这样一个系统的一个部分，它也包括了 $\frac{1}{2}$ 。（但是，我也同样不能说出或者证明 3 是基数之一。）更准确地说，这个问题比如意味着如下之点：“除法 1÷2 的计算结果为整数吗？”我们只能在这样一个系统中才能如此提问，在其中人们知道何谓计算有结果和计算无结果。（在其中**算出**必定具有意义。）

如果我们并非用“基数”来表示有理数的一个部分，那么我们便不能算出 $\frac{81}{3}$ 是否是一个基数，但是我们能够算出除法 81÷3 是否有结果。

298. 现在，我们可以不研究用直尺和圆规 3 等分角的问题，而是研究一个与其完全对应的、但是更加可以综览的问题。我们的确可以自由地进一步限制使用直尺和圆规的构造的可能性。因此，我们比如可以制定这样的条件：圆规的张开幅度是不可改变的。而且，我们可以规定，我们所知道的唯一的构造——或者这样说更好：我们的演算所知道的唯一的构造——是那种人们用来对一条线段AB进行2分的构造，也即：

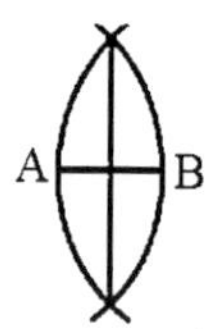

（这事实上可以是比如一个民族的原始的几何。对于它来说，我曾经就如下之点所说过的话是适用的：数列“1，2，3，4，5，许多”与自然数序列具有相同的权利。[①] 一般说来，对于我们的研究来说，想象一个原始民族的算术或几何学是一个不错的窍门。）

我把这样的几何称为系统α并且问：“在系统α中，一条线段的3等分是可能的吗？”

在这个问题中人们所意指的是哪种3等分？——因为显然这个问题的意义取决于这点。所意指的是比如物理学上的3等分吗？也即，通过尝试和复测而进行的3等分吗？在这种情况下这个问题或许要给以肯定的回答。或者，所意指的是光学的3等分吗？也即，这样的划分，其结果是3个看起来等长的部分？如果我们比如通过一种具有扭曲作用的介质来看东西，那么想象如下之点是十分容易的：a，b，c这些部分对我们来说显得是等长的。

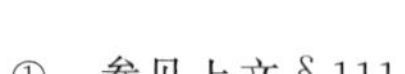

① 参见上文§111。

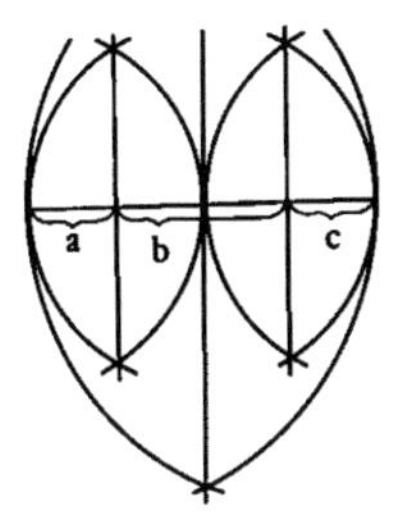

现在,人们可以根据所生产出的诸部分的数目通过 2, 2^2 , 2^3 等等数来表现系统α中诸划分的结果。这时,3 等分是否可能这个问题可以意味着:这个数列中的诸数中的一个 = 3 吗? 这个问题自然只有在 2, 2^2 , 2^3 等等被嵌入另一个系统(比如诸基数)之中的情况下才能够提出来;而在它们本身就是我们的数系统的情况下这个问题无法提出,因为这时我们——或者我们的系统——根本就不知道数 3。——不过,如果我们的问题具有这样的形式:2, 2^2 等等数中的一个等于 3 吗? 那么在此真正说来根本没有谈到线段的 3 **等分**。无论如何,这个有关 3 等分的可能性的问题是可以这样来理解的。——如果我们给系统α附加上这样一个系统β,在其中存在着下图所示的那种线段划分方式,那么我们便得到了另一种理解。

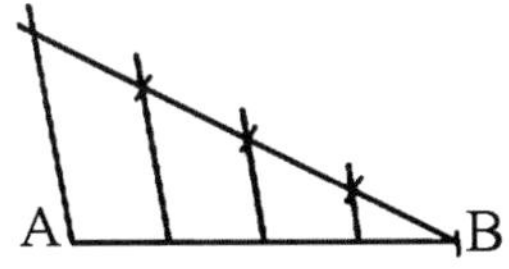

现在人们可以提出这样的问题:在β中分成 108 个部分的划分是一种属于类型α的划分吗? 这个问题又可以归结为这样的问题:108 是 2 的幂吗? 不过,如果我们做了如下事情,那么这个问题也

可以指向另一种判定方式(具有另一种意义):将系统α和β以这样的方式结合成一个几何学构造系统,以至于现在在这个系统中可以证明,这两个构造"必定提供"相同的划分点 B,C,D。

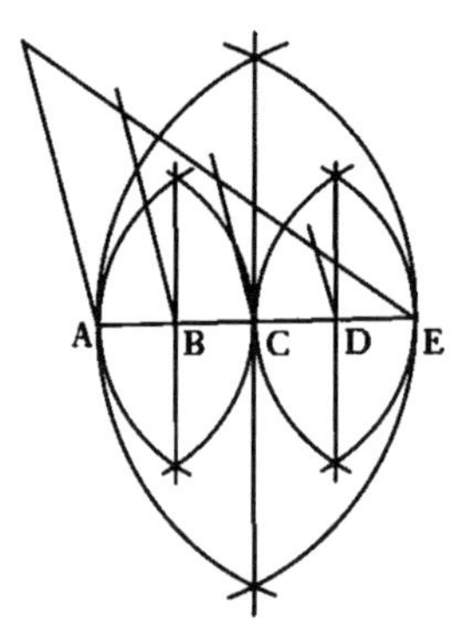

现在,请设想一个人在系统α中将一条线段 AB 划分成了 8 个部分,并且将这些部分合并成线段 a,b,c,

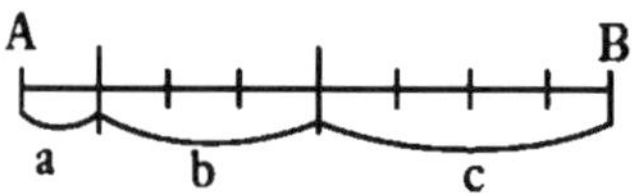

接着问:这是一种分成 3 个相等部分的划分吗?

(顺便说一下,借助于这样的更大数目的初始部分,我们会更加容易地想象这种情形:它使得这样的事情成为可能,即构造 3 个看起来等长的部分组。)对于这个问题的回答将是这样的证明:2^3 不能被 3 除尽;或者将是对于如下之点的指示:a,b,c 诸部分之间的关系有如 1∶3∶4。现在人们会问:因此,在系统α中,难道我不是拥有一个 3 等分的概念吗,也即我不是拥有这样的划分的概念吗——它产生了处于 1∶1∶1 关系中的 a,b,c 诸部分?毫无疑问,现在我引入了一个新的概念"一条线段的 3 等分"。我们肯定可以这样说：我们通过对线段 AB 进行 8 等分操作而将线段 CB 分成了 3 个相等的部分——如果这应当恰好**意味着**我们生产出了这样一条线段，它是由 3 个相等的部分构成的。

A　C　B

在 3 等分问题上我们所遇到的困惑或许是这样的困惑：如果角的 3 等分是不可能的——是逻辑上不可能的——那么人们究竟如何能够追问它？人们如何描述这种逻辑上不可能的东西并且有意义地追问其可能性？这也就是说，人们如何能够将**逻辑上说**彼此不相配的概念（违反语法地，因此没有意义地）组合在一起并且有意义地追问这种组合的可能性？——但是，这样的悖论的确也再一次地出现在这样的情形中，在其中人们问：“25×25＝620 成立吗？”——在此，如下之点肯定是**逻辑上**不可能的：这个等式成立；我肯定不能描述当……时，情况如何。是的，25×25＝620 是否成立这个怀疑（或者 25×25＝625 是否成立这个怀疑）恰恰具有检验方法所给予它的那种意义。有关 3 等分的可能性的问题具有检验方法所给予它的那种意义。如下说法是完全正确的：在此我们并不是在想象或者描述当 25×25＝620 时情况是什么样的，而这也就恰恰意味着，在此与我们相关的问题（从逻辑上说）不同于如下种类的问题：这条路是 620 米长的还是 625 米长的？

299.（我们谈论“**将一个圆分成** 7 个部分”并且谈论将一块蛋糕分成 7 个部分。）

（七）寻找和试图

300. 如果你向某个人说“请试图活动一下耳朵”，假定他现在还没有试图这样做过，那么他首先会活动一下耳朵附近的某种这样的东西，他以前已经活动过它，接着他或者将让他的耳朵一下子活动起来，或者没有这样做。针对这样的过程人们可以说：他试图活动他的耳朵。不过，如果这被称作一种试图的话，那么它之为一种试图的意义将完全不同于如下试图之为试图的意义：在我们虽然“肯定地知道要如何活动耳朵（或者手部）”，但是某个人抓着它们，以致我们很难或者根本不能活动它们时，试图活动它们。第一种意义上的试图相应于这样一种“解决一个数学问题”的试图，不存在任何一种[①]导向其解决的方法。人们总是能够努力解决一个似是而非的问题。如果人们向我说“请试图仅仅通过意志就让放在房间另一边的罐子移动起来”，那么我将看着它并且或许用我的面部肌肉做出一些奇特的动作。因此，甚至于在这种情形中似乎也存在着一种试图。

301. 请想一下，试图在记忆中**寻找**某种东西意味着什么。

在此肯定存在着**某种类似于**真正意义上的寻找的**东西**。

302. 但是，试图引起一个现象，这并非意味着**寻找**它。

假定我在摸着找我手上的疼的位置。这时我肯定是在触觉空

---

① 在 TS 213：657 中，“不存在任何一种”（es keine... gibt）为“存在一种”（es eine... gibt）。这显然为打字错误。依手稿来源 MS 108：140 予以改正。

间中寻找，而不是在疼痛空间中寻找。这也就是说，我可能发现的东西真正说来是一个位置而不是那个疼。也即，即使这种经验表明按压引起了一种疼，这种按压也绝不是对于一种疼的寻找。正如转动一部起电机并不是对于一个火花的寻找一样。

303. 人们能够试图打错一首曲子的节拍吗？或者：这种试图与如下试图处于什么样的关系之中：试图举起一个对于我们来说太重的重物？

304. 并非仅仅如下之点是极其有意义的：人们能够以多种方式看|||||这组线条(将其看成属于不同类别的组)，而且如下之点更加值得注意：人们能够随意地这样做。也即如下之点：存在着这样一种十分确定的过程，即根据命令获得一种特定的“看法”；相应地，也存在着一种十分确定的徒劳的试图过程。因此，人们能够按照命令这样地来看如下图形，以至于这个或者那个垂直线条构成了鼻子，这条或者那条线构成了嘴巴，而且在某些情况下能够徒劳地试图做其中的一件事情或另一件事情。

305. 在此本质之点是这样的：这种试图具有试图用手举起一个重物这样的试图的特征；而并非具有如下试图的特征：在其中人们做了不同的事情，试用了不同的方法，以便举起(比如)一个重物。在第二种情形中语词“试图”具有完全不同的意义。(这是一个后果异常丰富的语法事实。)

四、归纳证明
循环性

（一）在什么范围内一个归纳证明证明了一个命题？

306. 如果一个归纳证明是对于 a+(b+c)=(a+b)+c 的证明，那么人们必定可以这样说：这个**计算提供了** a+(b+c)=(a+b)+c 这个结果(而非其它的结果)。

因为在那种情况下(一般说来)人们必须首先已经知道了计算方法，而且正如我们接着能够算出 25×16 一样，我们也能够算出 a+(b+c)。因此，人们首先教给了我们一条借以算出所有这样的问题的一般的规则，接着特殊的问题便被计算出来了。——但是，在此什么是那种一般的算出方法？它必须建立在一般的符号规则基础之上(——比如像结合律那样的规则)。

307. 如果我否定 a+(b+c)=(a+b)+c，那么只有在我想说比如下面的话时，这才是有意义的：a+(b+c)不等于(a+b)+c，而是等于(a+2b)+c。因为问题是：什么是我在其中否定这个命题的那个空间？当我为它划界时，排除了它时，——我将其与什么分开了？

对 25×25=625 的核对是算出 25×25，即右侧的算出；——现在我能够算出 $a+(b+c)=(a+b)+c$ 吗？能够算出结果 $(a+b)+c$ 吗？它是可以证明的，还是不可以证明的，这要视人们将其看做可以算出的还是不可以算出的而定。因为如果这个命题是一条每个算出均须遵守的规则，是一个范型，那么谈论这个等式的算出便没有任何意义了；正如谈论一个定义的算出没有意义一样。

308. 使得这种算出成为可能的东西是这个命题所属的那个系统，而这个系统也决定了（算出时可以出现的）计算错误。比如，$(a+b)^2=a^2+2ab+b^2$，而 $\neq a^2+ab+b^2$；但是，$(a+b)^2=-4$ 绝不是这个系统中的任何可能的计算错误。

309. 我的确也可以非常随便地说（请参见其它评论）："25×64=160，64×25=160；这证明 $a\times b=b\times a$"（而且这种说话方式或许并非是可笑的、错误的；相反，人们只是必须要正确地释义它）。人们可以正确地由此推导出结论；因此，$a\cdot b=b\cdot a$ **某种**意义上是可以证明的。

我要说：**只有**在这样一个例子的算出可以被称作这个代数命题的证明这种意义上，这个归纳证明才是这个命题的一个证明。只有在这样的范围内它才核对了这个代数命题。（它核对了它的构造，而非其一般性。）

310. （哲学不审查数学的演算，而只是审查数学家们就这些演算所说的话。）

(二) 递归证明和命题的概念。这种证明将一个命题证明为真的并且将其反面证明为假的了吗?

311. 如下等式的递归证明回答了一个问题吗?

a+(b+c)=(a+b)+c . . . A

哪个问题?它将一个断言证明为真的,进而将其反面证明为假的了吗?

312. 司寇伦称为 A 的递归证明的东西[①]可以写成这样的

① 司寇伦(Th. A. Skolem,1887—1963)为挪威数理逻辑学家。他对 A 所做的递归证明(即根据数学归纳法所做的证明)的原有形式是这样的。首先给出如下定义

D:a+(b+1)=(a+b)+1。

按照这个定义,在 c=1 的情况下,A 成立。进而,我们假定对于 a 和 b 的任意的值来说,对于某个 c 来说,它是成立的。按照定义 D,我们有:b+(c+1)=(b+c)+1。因此,我们有:

(α)a+(b+(c+1))=a+((b+c)+1)

按照定义 D,我们还有:

(β)a+((b+c)+1)=(a+(b+c))+1

现在,按照假定,a+(b+c)=(a+b)+c,由此我们有:

(γ)(a+(b+c))+1=((a+b)+c)+1

此外,按照定义 D,我们还有:

(δ)((a+b)+c)+1=(a+b)+(c+1)

从(α)、(β)、(γ)和(δ),我们最后有:

a+(b+(c+1))=(a+b)+(c+1)

这证明了,公式 A 对于任意的 a 和 b 来说,对于 c+1 来说是成立的。因此,它总是成立的。(参见:Th. A. Skolem,"Begründung der elementaren Arithmetik durch die rekurrierende Denkweise ohne Anwendung scheinbarer Veränderlichen mit unendlichem Ausdehnungsbereich",in:Skrifter utgit av Videnskapselskapet i Kristiana 1923,I. Math.-naturw. Kl. Nr. 6,§1。英译文载于:J. van Heijenoort,*From Frege to Gödel:A Source Book in Mathematical Logic,1879—1931*,Cambridge,Mass.:Harvard University Press,1967。)

形式：

$$\left.\begin{array}{l} a+(b+1)=(a+b)+1 \\ a+(b+(c+1))=a+((b+c)+1)=(a+(b+c)+1) \\ (a+b)+(c+1)=((a+b)+c)+1 \end{array}\right\} \ldots B$$

显然，这个被证明的命题没有出现在这个证明中。——人们只是必须做出这样一个一般的规定，它允许做出那个通向该被证明的命题的过渡。人们可以将这个规定表达成这样：

$$\left.\begin{array}{ll} \alpha & \phi(1)=\psi(1) \\ \beta & \phi(c+1)=F(\phi(c)) \\ \gamma & \psi(c+1)=F(\psi(c)) \end{array}\right\} \phi(c)=\psi(c) \qquad \ldots \Delta$$

如果三个形如α，β，γ的等式被证明了，那么我们便说“等式Δ对于所有基数均得到了证明”。这是一种经由前面的表达形式而对后面的表达形式所做的解释。它表明了，在第二种情形中我们是以不同于第一种情形中的方式来使用“证明”这个语词的。无论如何，说我们证明了等式Δ或 A 是误导人的。或许，说我们证明了其普遍有效性更好一些，尽管这在另一方面看又是误导人的。

现在，证明 B 回答了一个问题吗，将一个断言证明为真的了吗？是的，究竟什么是证明 B：它是 3 个形如α，β，γ的等式的组吗？抑或是这些等式的证明的集合？这些等式的确**断定了**某种东西（并且没有证明任何东西——在**它们**得到了证明那种意义上）。但是，α，β，γ的证明回答了如下问题：这 3 个等式是否是正确的，而且证明了它们是正确的这个断言是真的。现在我可以解释说：A 是否对于所有基数来说都是有效的这个问题应当意味着：“等式

α,β,γ对于如下函项来说有效吗:$\phi(\xi)=a+(b+\xi)$,$\psi(\xi)=(a+b)+\xi$”? 接着,这个问题是经由 A 的递归证明来得到回答的——如果人们将这种证明理解为α,β,γ的证明(或者α的规定以及借助于α而对β,γ的证明)。

因此,我可以说,这个递归证明算出了,等式 A 满足了某个条件;但是,它不是这样一种条件,比如等式 $(a+b)^2=a^2+2ab+b^2$ 为了被称作“正确的”而必须满足的那种条件。如果我将 A 称作“正确的”——根据是:形如α,β,γ的等式是可以为此而得到证明的,那么现在我运用“正确的”这个语词的方式不同于我在等式α,β,γ的情形中或者在 $(a+b)^2=a^2+2ab+b^2$ 的情形中运用它的方式。

“$1\div 3=0.\dot{3}$”意味着什么? 它与“$\underset{\underline{1}}{\underline{1}}\div 3=0.3$”①意味着相同的东西吗? ——抑或这个除法构成了第一个命题的证明? 也即:它与该命题所处的关系同于算出与被证明的东西所处的关系?

“$1\div 3=0.\dot{3}$”的确不属于“$1\div 2=0.5$”的类别;不如说,“$\underset{0}{1}\div 2=0.5$”相应于“$\underset{1}{1}\div 3=0.3$”(但是不相应于“$\underset{\underline{1}}{\underline{1}}\div 3=0.3$”)。在此我不使用“$1\div 4=0.25$”这样的写法,而是采用如下写法:“$\underset{0}{\underline{1}}\div 4=0.25$”。因此,例如我们有:“$\underset{0}{\underline{\underline{3}}}\div 8=0.375$”。于是,我可

① 此处“1”下面的短线意在强调如下事实:这个余数同于那个被除数。因此,这个符号可以被看作循环除法的特别记号。

以说，与这个命题相应的不是命题：$1\div3=0.\dot{3}$，而是比如命题：“$1\underset{\overline{1}}{\div}3=0.333$”。$0.\dot{3}$ 之为除法的结果（商）的意义不同于 0.375 之为除法的结果（商）的意义。因为在做除法 3÷8 之前我们就熟悉“0.375”这个数字；但是，撇开循环除法，“$0.\dot{3}$”意味着什么？——除法 a÷b 给出商 $0.\dot{c}$，这个断言同于如下断言：这个商的首位数为 c，而首位余数则同于被除数。

现在，B 与“A 对于所有基数均有效”这个断言所处的关系同于$\underset{\underline{1}}{1}\div3=0.3$与 $1\div3=0.\dot{3}$ 的关系。

313. 断言“A 对于所有基数均有效”的反命题现在是：等式α，β，γ中的一个是假的。相应的问题并不要求在一个(x). fx 和一个(∃x). ～fx 之间做出决断。

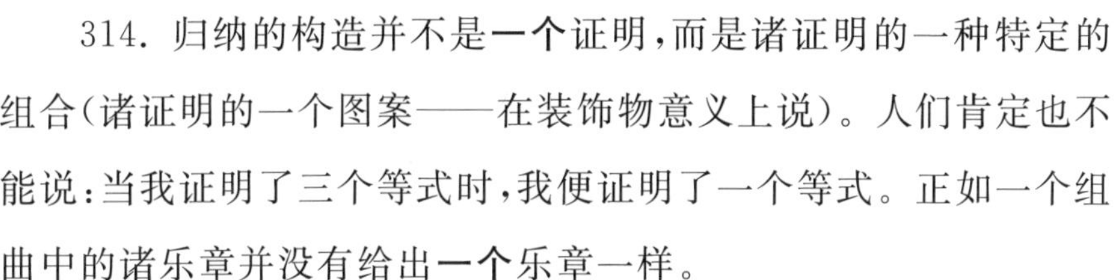

314. 归纳的构造并不是**一个**证明，而是诸证明的一种特定的组合（诸证明的一个图案——在装饰物意义上说）。人们肯定也不能说：当我证明了三个等式时，我便证明了一个等式。正如一个组曲中的诸乐章并没有给出**一个**乐章一样。

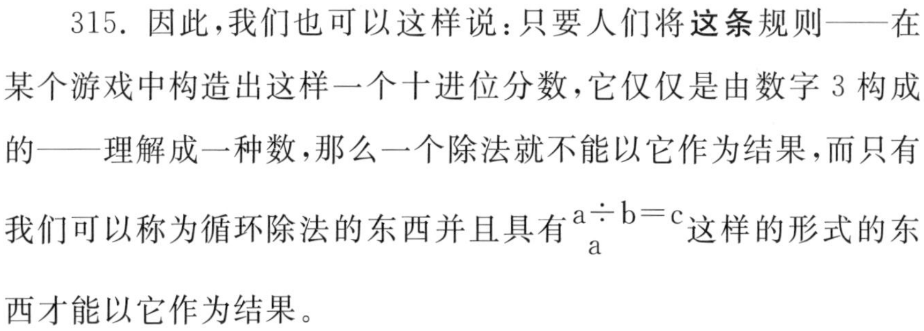

315. 因此，我们也可以这样说：只要人们将**这条**规则——在某个游戏中构造出这样一个十进位分数，它仅仅是由数字 3 构成的——理解成一种数，那么一个除法就不能以它作为结果，而只有我们可以称为循环除法的东西并且具有$\underset{a}{a}\div b=c$这样的形式的东西才能以它作为结果。

（三）归纳，(x). φx 和(∃x). φx。在什么范围内归纳将一个一般命题证明为真的，将一个存在命题证明为假的？

316. 3×2＝5＋1

3×(a＋1)＝3＋(3×a)＝(5＋b)＋3＝5＋(b＋3)

你究竟为什么将这个归纳称为对如下命题的证明：(n)：n＞2．⊃．3×n≠5?!——好的，难道你没有看到如下事实吗：如果这个命题对于 n＝2 有效，那么对于 n＝3 它也有效，于是对于 n＝4 也有效，而且事情将总是这样继续下去？(当我解释归纳证明的运作方式时，我究竟是在解释什么？)因此，你将它称为对于"f(2) & f(3) & f(4) & 等等"的证明。但是，更准确地说，它难道不是对于"f(2)"和"f(3)"和"f(4)"等等的证明的形式吗？抑或两者结果是**一样的**？现在，如果我将这种归纳称为对于**一个**命题的证明，那么只有在如下情况下我才能这样做：这只不过是应当意味着这种归纳证明了具有某一种形式的所有命题。(我的说法利用了与存在于如下命题之间的关系所做的类比："所有酸都使得石蕊试纸变成红色"和"硫酸使得石蕊试纸变成红色"。)

现在，请设想某个人说"让我们复核一下是否 f(n)对于所有 n 都有效"，并且他开始写出如下序列：

3×2＝5＋1

3×(2＋1)＝(3×2)＋3＝(5＋1)＋3＝5＋(1＋3)

3×(2＋2)＝(3×(2＋1))＋3＝((5＋1)＋3)＋3＝5＋(1＋3＋3)

现在他停下来并且说:“我已经看到,它对于所有 n 都是有效的。”——因此,他看到了一个**归纳**! 但是,他竟然**寻找过**归纳吗?他可是根本就没有任何用以寻找一个归纳的方法。如果现在他没有发现任何归纳,那么他因此就发现了一个不符合于这个条件的数了吗?——核对的规则肯定不能是这样的:让我们看一下是否出现了一种归纳,或者是否出现了这样一种情形,这条规律不适用于它。——如果排中律不适用,那么这只是意味着:我们的表达式不能与一个命题加以比较。

如果我们说这种归纳证明了这个一般命题,那么我们自然想要转向这样的表达形式:它证明了**这个**而非其反面是实际情况[①]。但是,什么是这个被证明的东西的反面?好的,是这点:(∃n). ~fn 是实际情况。借此我们将两个概念结合在一起了:其一是我从我现在有关(n). Fn 的证明的概念推导出来的概念,其二是从与(∃x). ϕx 的相似性得来的概念。(我们一定要考虑到如下之点:“(n). Fn”根本不是任何命题——只要我还未曾拥有有关其真性的标准;而如果我拥有了这样的标准,那么它仅仅具有这个标准所给予它的那种意义。自然,即使在我拥有这个标准之前,我也可以守望着比如与(x). fx 的相似性。)现在,什么是这个归纳所证明的东西的反面? $(a+b)^2=a^2+2ab+b^2$ 的证明算出了这个等式——这与比如 $(a+b)^2=a^2+3ab+b^2$ 形成了对照。这个归纳证明算出了什么?

317. 等式:3×2=5+1,3×(a+1)=(3×a)+3,(5+b)+3

① 异文:“那么我们便认为:它证明了这个命题而非其反面是真的。”

=5+(b+3)，因此与比如如下等式形成对照：3×2=5+6，3×(a+1)=(4×a)+2，等等。[①] 但是，这个反面可是并不对应于命题(∃x)．ϕx。——进而，现在每个具有～ f(n)这样的形式的命题，也即"～ f(2)"、"～ f(3)"等等，均与这个归纳形成对立。也即，这个归纳构成了"f(2)"、"f(3)"等等的算出中的**共同之处**；但是，它并不是"所有具有 f(n)这样的形式的命题"的算出，因为肯定并非有一个由我称为"所有具有 f(n)这样的形式的命题"构成的类出现在这个证明之中。现在，这些算出中的每一个个别的算出都构成了对于一个具有 f(n)这样的形式的命题的核对。我可以追问这个命题的正确性，并且应用这样一个方法来核对它，经由这种归纳它只是被给予了一种简单的形式。但是，如果我将这种归纳称作"对于一个一般命题的证明"，那么我不能追问这个命题的正确性(正如我不能追问基数形式的正确性一样)。因为，我称为归纳证明的东西并没有为我提供任何**检验**如下之点的方法：这个一般命题是正确的还是错误的。相反，这个方法必须教我算出(检验)如下之点：针对一个命题系统的一个特定的情形，一个归纳是否是可以构造出来的。(如此得到检验的东西是如下之点：是否所有 n 均具有这个或那个性质——如果我可以这样说的话；而不是这点：是否它们都具有它，或者是否它们中的一些不具有它。我们算出：比如等式 $x^2+3x+1=0$ 没有任何有理数解[不存在任何这样的有理数，它们……]，而且等式 $x^2+2x+\frac{1}{2}=0$ 也没有这样的解，与

① 在 MS 113：111r 和 TS 213：668 中，上这公式中的"3×2"作"3+2"。据上下文改正。

之相反，等式 $x^2+2x+1=0$ 则有有理数解，等等。）

318. 因此，当人们向我们这样说时，我们感觉到事情是奇怪的：这个归纳证明了这个一般命题；因为我们具有这样的正当的感受：在这个归纳的语言中我们本来根本就不能提出这个一般的问题。因为首先人们根本就没有为我们提供一种候选情形（而仅仅是表面上为我们提供了这样一种情形——只要我们心中想到一个带有有穷的集合的演算）。

有关这种一般性的问题在这个证明之前还根本就没有任何意义，因此它也绝对不是问题，因为只有在如下情况下这个问题才是有意义的，即人们**在**知道那种特殊的证明**之前**就已经知道了一种一般性的决断方法。

因为这个归纳证明在一个有争议的问题中起不到决断的作用。

319. 如果有人说："命题'(n). Fn'得自于这个归纳"仅仅是意味着每个具有 F(n)这样的形式的命题均得自于这个归纳；而且"命题'(∃n). ～ f(n)'与这个归纳矛盾"仅仅是意味着每个具有～ f(n)这样的形式的命题均被这个归纳否认了，——那么人们可以同意这点[①]。不过，现在问题是：我们如何正确地使用表达式"命题(n). Fn"？什么是它的语法？（因为从我在某些结合中使用它这个事实并非就有如下之点：我处处都按照与表达式"命题(x). ϕx"类似的方式使用它。）

① 异文："那么人们可以满足于这点"。

320. 请设想，人们在这样的事情上发生了争执：在除法 1÷3 的商中最后是否必定仅仅出现 3；但是，他们没有任何借以就此做出决断的方法。现在，他们中的一个人注意到了$\underset{1}{1.}0\div 3=0.3$的归纳性质，并且说：现在我知道了，在商中必定只有 3 出现。其他人没有想到过**这**种决断。我假定，通过逐步的核对，他们心中模模糊糊地想到过一种决断中的某种东西，而且他们自然不能做出这种决断。如果他们现在坚守着他们的外延的理解，那么通过这种归纳他们确实做出了一种决断，因为相对于这个商的每一次延展，这种归纳都表明了它纯粹是由 3 构成的。但是，如果他们放弃这种外延的理解，那么这种归纳就什么也没有决断。或者，它仅仅决断了$\underset{1}{1.}0\div 3=0.3$的算出所决断的东西，也即这点：还留有一个余数，它同于被除数。但是，仅此而已。现在，的确可能存在着一个适当的问题，即这个问题：这个除法所留下的这个余数同于那个被除数吗？这个问题现在取代了那个旧的外延的问题，我自然可以保留原来的语词形式，但是它现在是极其误导人的，因为它总是让事情显得是这样的：好像这种归纳的知识仅仅是这样一种车辆，它能够将我们拉进无穷之中。（这也与如下之点联系在一起：放在一段序列后面的符号“等等”指涉这段序列的一种内在的性质，而非指涉其延展。）

“存在着这样一个有理数吗，它是 $x^2+3x+1=0$ 的根？”这个问题自然是通过一种归纳得到决断的：——不过，在此我恰恰构造了一种借以构建归纳的方法；这个问题之所以具有这样的表述形式，这仅仅是因为所涉及的是一种归纳的构造。这也就是说，如果我可以追问一种归纳，那么这个问题就将通过这种归纳而得到决断。进而，如果这种归纳的符号从一开始便以是和否的方式被确定下来了，以至于我能够通过计算在它们之间做出决断，正如我能够这样来决断比如 5÷7 的余数是否同于这个被除数一样，那么这个问题就将通过这种归纳而得到决断。（“所有……”和“存在着……”这些表达式在这些情形中的运用与“无穷的”这个词在如下命题中的运用具有某种相似之处：“今天我买了一把带有无穷的曲率半径的直尺。”）

321. 经由其循环性，$\begin{array}{l}\underline{1} \div 3 = 0.3 \\ \ \ \underline{1}\end{array}$ 并没有决断以前悬而未决的任何东西。即使一个人在发现这种循环性以前已经徒劳地寻找过 1∶3 的展开式中的一个 4，那么他还是不能有意义地提出这样的问题：“在 1∶3 的展开式中有一个 4 吗？”也即，**在不考虑**他事实上没有达到任何一个 4 这样的情形**的情况下**，我们就可以让他深信如下之点：他没有任何决断他的问题的方法。或者，我们也可以说：在不考虑他的活动的结果的情况下，我们便能够向他澄清他的问题的语法以及他的寻找的本性（正如我们可以向今天的数学家澄清类似的问题一样）。“但是，作为这种循环性的发现的结果，他现在可是确实不再寻找一个 4 了！因此，它让他深信，他永远找不到一个 4。”——不是。**如果**他现在具有了新的思想倾向，那么这种循环性的发现便让他放弃这种寻找。人们可以问他：“现在情况如何了，你还总是想寻找一个 4 吗？”（或者，这种循环性可以说让你具有了不同的思想了吗？）

这种循环性的发现实际上是一种新的符号和演算的构造。因

为我们的如下说法是一种误导人的表达方式:这种发现在于我们**注意到**第一个余数同于那个被除数。因为,如果我们问一个不知道循环除法的人,在这个除法中第一个余数同于那个被除数吗?那么他自然会说“是的”;因此,他注意到了这点。但是,他不必由此就注意到了这种循环性;也即,由此他并没有发现带有符号$\underset{a}{a \div b = c}$的演算。

322. 我在此所说的话不就是康德用如下说法所意指的东西吗:5+7=12 不是分析的,而是先天综合的?

(四) 从递归证明的写出人们推导出了一个有关一般性的进一步的结论了吗?递归图式不是已经说出了所有应当说出的东西了吗?

323. 人们通常说,递归证明表明了,代数等式适用于所有基数;不过,在此目前重要的并不在于这种说法是幸运地还是糟糕地选定的,而仅仅在于它是否在所有情形中都具有相同的、清楚地得到了规定的意义。

324. 在此如下之点不是清楚的吗:递归证明事实上对于所有“被证明的”等式来说都表明了**相同的东西**?

325. 而这肯定就意味着这点吗:在递归证明和由它所证明的命题之间总是存在着相同的(内在)关系?

326. 此外,如下之点的确是十分清楚的:必定存在着这样一种递归的，或者更正确地说，重复的“证明”。（向我们传递了这样的洞见的证明：“所有数的情况必定都是这样的。”）

这也就是说，**对我来说**它显得是清楚的，而且如下之点也是清楚的：我能够通过一种重复程序使得这些命题相对于基数的正确性对于另一个人来说成为可以理解的。

327. 但是，我如何在没有进行证明的情况下就知道 28＋(45＋17)＝(28＋45)＋17？一个一般的证明如何将一个特殊的证明给予我？因为我当然能够进行这个特殊的证明，而且在此这两个证明如何会面，如果它们不一致，情况如何？

328. 这也就是说：我想要向一个人表明，**分配律**[1]真的包含在数目的本质之中，而并非是比如仅仅在这种特定的情形中才是偶然地有效的。在此难道我不是将试图通过重复程序来表明，这个规律是有效的，并且它必定总是继续有效吗？是的，——由此我们看出了我们在此是如何理解如下说法的：一条规律必定对于所有数都是有效的。

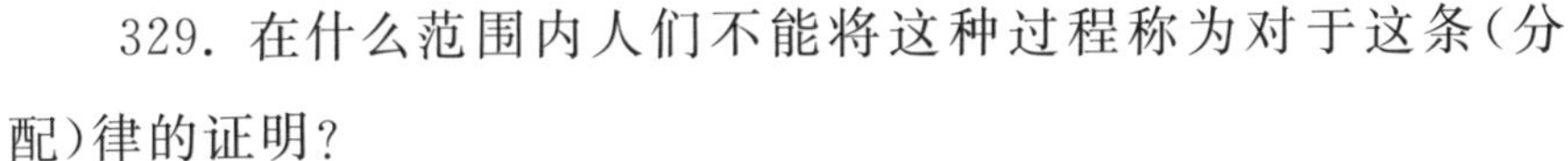

329. 在什么范围内人们不能将这种过程称为对于这条（分配）律的证明？

330. 这个“使得……成为可以理解的”概念在此是一种祝福。[2]

---

① 在 TS 213：674 和手稿来源 MS 112：7r 中均如此。但是，据上下文应作“结合律”（加法没有分配律！）。正因如此，以前出版的 *Philosophische Grammatik*（S. 405）均直接将其改为“结合律”（未做任何说明！）。下节出现的“分配律”情况同此。

② 异文：“‘使得……成为可以理解的’在此真的可以帮助我们。”

因为人们可以说：某种东西是否构成了一个命题的证明的标准就在于人们是否能够通过它使得这个命题成为可以理解的。（自然，在此所涉及的再一次地仅仅是对于我们对语词“证明”所做的语法考察的扩展；而非人们对于使得……成为可以理解的这个过程的某种心理学兴趣。）

331. “通过这种递归程序，人们证明这个命题适用于所有数。”这种说法是完完全全误导人的。听起来事情像是这样的：在此一个断言了某某适用于所有基数的命题经由一个路径被证明是真的，而且好像这个路径是一个由可以设想的路径构成的空间中的一个路径。

然而，这种递归真正说来仅仅是显示自身的，正如这种循环性也仅仅是显示自身的一样。

332. 我们不说：如果 f(1)成立并且 f(c+1)得自于 f(c)，那么**因此**命题 f(x)对于所有基数都是真的；而是说：“命题 f(x)对于所有基数来说都是成立的”**意味着**“它对于 x=1 来说成立，并且 f(c+1)得自于 f(c)”。

在此与有穷领域中的一般性的联系的确是十分清楚的，因为恰恰这点在一个有穷领域中的确构成了如下之点的证明：f(x)适用于 x 的所有值并且**恰恰这点**就是我们之所以在算术情形中也说 f(x)适用于所有数的根据。

333. 最低限度说来，我必须这样说：如果任何针对证明 B[①]

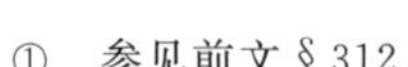

① 参见前文§312。

的反对意见是成立的，那么它也构成了比如针对公式$(a+b)^n=$等等的证明的反对意见并且也是成立的。

于是，即使在这里我也必须说，我仅仅是采用了一条与算术的归纳一致的代数规则。

$f(n)\times(a+b)=f(n+1)$

$f(1)=a+b$

因此：$f(1)\times(a+b)=(a+b)^2=f(2)$

因此：$f(2)\times(a+b)=(a+b)^3=f(3)$ 等等。

到现在为止，事情是清楚的。但是，现在人们说："**因此**，$(a+b)^n=f(n)$"！

在此人们竟然推导出了一个进一步的结论吗？在此竟然还有某种东西要加以断定吗？

334. 但是，如果一个人给我看公式$(a+b)^n=f(n)$，那么我肯定会问：人们究竟是如何达到这点的？作为回答人们会给出下面这样的公式组：

$f(n)\times(a+b)=f(n+1)$

$f(1)=a+b$

因此，这个公式组不是对于这个代数命题的一种证明吗？——抑或说，它所回答的不如说是这个问题："这个代数命题意谓什么？"

335. 我要说：在此通过这种归纳一切均得到了解决。

336. A适用于所有基数这个命题真正说来就是复合公式B。而且，它的证明就是对于β和γ的证明。但是，这也表明了，这个命题之为命题的意义不同于一个等式之为命题的意义，这个[①]证明在一种不同的意义上构成了一个命题的证明。

在此请不要忘记：我们并非是首先有了命题的概念，然后才知道这些等式是数学命题，再后来认识到还存在着其它种类的数学命题！

（五）在什么范围内一个递归证明配得“证明”这个称呼？在什么范围内根据范型 A 进行的过渡经由 B 的证明得到辩护了？

337. $a+(b+1)=(a+b)+1 \quad \ldots (R)$

$$\left.\begin{array}{l} a+(b+(c+1)) \overset{R}{=} a+((b+c)+1) \overset{R}{=} a+((b+c)+1) \\ (a+b)+(c+1) \qquad\qquad\qquad \overset{R}{=} ((a+b)+c)+1 \end{array}\right\} \begin{array}{l} a+(b+c) \\ \quad =(a+b)+c \end{array} \qquad (I)$$

$$\left.\begin{array}{l} (a+1)+1 \overset{\mathfrak{J}}{=} (a+1)+1 \\ 1+(a+1) \overset{R}{=} (1+a)+1 \end{array}\right\} a+1=1+a \qquad (II)$$

$$\left.\begin{array}{l} a+(b+1) \overset{R}{=} (a+b)+1 \\ (b+1)+a \overset{R}{=} b+(1+a) \overset{II}{=} b+(a+1) \overset{R}{=} (b+a)+1 \end{array}\right\} a+b=b+a \qquad (III)$$

$a \cdot 1=a \quad \ldots (D)$

$a \cdot (b+1)=a \cdot b+a \quad \ldots (M)$

① 异文：“它的”。

$$\left.\begin{array}{l} a\cdot(b+(c+1))\overset{R}{=}a\cdot((b+c)+1)\overset{M}{=}a\cdot(b+c)+a \\ a\cdot b+(a\cdot(c+1))\overset{M}{=}a\cdot b+(a\cdot c+a)\overset{I}{=}(a\cdot b+a\cdot c)+a \end{array}\right\} \begin{array}{l} a\cdot(b+c) \\ =a\cdot b+a\cdot c \end{array} \qquad \text{(IV)}$$

338. (逐步地研究这个证明是很有教育意义的。)Ⅰ中的第一个过渡 a+(b+(c+1))=a+((b+c)+1) 表明(如果这一步应当是按照规则 R 进行的话),我们用 R 中的诸变项所意指的东西不同于我们用Ⅰ中的等式中的诸变项所意指的东西,因为,否则,R 就只允许用(a+b)+1 来取代 a+(b+1),而不允许用(b+c)+1 来取代 b+(c+1)。这个证明的其它过渡也表明了相同之点。

如果我现在说,对这个证明中的这两行的比较让我有权利推导出规则 a+(b+c)=(a+b)+c,那么这根本不意味着什么,除非我已经根据一条此前确定的规则做出了这样的推演。而这条规则只能是这样的:

$$\left.\begin{array}{r} F_1(1)=F_2(1),F_1(x+1)=f(F_1(x)) \\ F_2(x+1)=f(F_2(x)) \end{array}\right\} F_1(x)=F_2(x) \quad \ldots(\rho)$$

不过,这条规则就 F_1,F_2 和 f 来说是模糊的。[1]

339. 人们不能将一个计算任命为一个命题的证明。[2]

340. 我想说:人们**必须要**将这种归纳计算称为命题Ⅰ的证明吗?[3] 这也就是说,任何其它的关系都不行吗?

---

① 以上两节取自 MS 111:147-148。TS 213 未收录,但是下文的部分内容与它们相关。

② 异文:"人们不能将一个计算确定为一个命题的证明。"

③ "命题Ⅰ"指 a+(b+c)=(a+b)+c。(参见 MS 111:161)

341.（无限困难的事情是对这种演算做“全方位的考察”。）

342.“这种过渡得到了辩护”在一种情形中意味着：它可以按照确定的、给定了的形式进行下去。在另一种情形中这种辩护在于：这种过渡是按照这样的范型进行的，它们自身满足一种特定的条件。

343. 请设想，针对一种棋盘游戏，人们给出了这样的规则，它们完全是由不带“r”的语词构成的，而且如果一条规则不包含“r”，那么我便说它得到了辩护。现在假定有人这样说：他为某某游戏确立了唯一**一条**规则，也即：诸步骤必须符合绝不包含“r”的规则。——这竟然是一条（第一种意义上的）游戏规则吗？这种游戏难道不是按照这样的规则的集合进行的吗：它们都应当仅仅符合那个第一条规则？

344. 某个人向我演示了 B 的构造并且现在说 A 得到了证明。我问：“怎么会这样？——我只是看到了，你借助于α//ρ//在 A 的周围做了一个构造。”现在他说：“是的，但是，如果这是可能的，那么我就说 A 得到了证明。”对此我回答说：“借此你只是向我表明了，你将哪种新的意义与语词‘证明’捆绑在一起。”

345. 在一种意义上，这意味着，你借助于α[①]以如此这般的方式构造了这个范型；在另一种意义上，这像以前一样意味着，一个等式符合于这个范型。

① 在 MS 112：35v 相应处，“α”为“ρ”。

346. 如果我们问“这是否是一个证明?”那么我们是在语词语言内进行活动的。

347. 现在,我们自然没有任何理由反对人们这样说:如果这个过渡的诸项出现在一个某某类别的构造之中,那么我便说这个过渡的合法性便得到了证明。

348. 我心中的什么样的想法抗拒着人们的如下看法:将B看成A的一种证明? 首先,我发现,我在我的计算中的任何地方都没有使用有关“所有基数”的命题。我借助于ρ构造了复合公式B,然后我过渡到等式A;在此我根本没有谈到“所有基数”。(这个命题是这种计算在语词语言中的伴随物,这样的伴随物在此只能让我产生困惑。)不过,不仅这个一般的命题彻底隐去了,而且其它任何命题也没有取而代之。

349. 因此,断言一般性的命题消失了,“任何东西都没有**被证明**”,“任何东西都**得**不**出来**”(es *folgt* nichts)。

“是的,不过,我们得到了等式A(Ja, aber die Gleichung A folgt),它现在取代了那个一般的命题。”——是的,究竟在什么范围内我们得到了它? 显然,在此我是在一种与其通常的意义完全不同的意义上运用“得到”这个词的,因为我们从其中得出A的那个东西根本不是命题。这也就是为什么我有如下感受的原因:“得到”这个词没有得到正确的应用。

350. 如果有人说“从复合公式B可以得到a+(b+c)=(a+b)+c”,那么人们会感到头晕目眩。人们感到,这个人在此以某种方式说出了一句胡话,尽管它听起来极其正确。

351. 得到了一个等式,这点恰恰已经意味着什么了(具有其确定的语法)。

352. 但是,如果我听到人们说"从 B 得到了 A",那么我想问:"得到了**什么**?"如果我们并非是以通常的方式从一个等式得到 a+(b+c)同于(a+b)+c 这点的,那么它肯定是一个规定。

353. 我们不能将我们的得到概念强加在 A 和 B 之上,它不适合于这里。

354. "我将向你证明,a+(b+n)=(a+b)+n。"现在,没有人期待看到复合公式 B。人们期待着听到另一条有关 a,b 和 n 的规则,它促成了从一侧到另一侧的过渡。如果人们给予我的东西不是它,而是 B 和图式 R[①],那么我绝不能将这称作证明,其原因恰恰是我是以不同的方式理解证明的。

是的,在那种情形下我或许将说:"噢,是这样,你将这个称作'证明',我想象的是……"

355. 17+(18+5)=(17+18)+5 的证明的确是按照图式 B 进行的,而且这个数命题具有 A 那样的形式。或者还有:B 是这个数命题的证明;不过,正因如此,它不是 A 的证明。

356. "我将给你从**一个**命题推导出 A_{I},A_{II},A_{III}。"[②]——我们

---

① "图式 R"指上文 § 312 中的等式组α,β和γ,即下文 § 370 所提到的"R"。要将这种意义上的"R"与 § 337、§ 418 等中提到的"规则 R"区别开来。

② A_{I},A_{II},A_{III}可能分别指前文 § 337 之公式Ⅰ、Ⅱ、Ⅲ内大花括号右侧的部分。相应地,下文提到的 B_{I},B_{II},B_{III}等等则指相应花括号左侧部分。(关于这个花括号的意义,请参见下文 § 388)

在此想到的自然是一种**借助于**这些命题而进行的推导。——我们想到,人们给了我们一种较小数目的链条环节,我们可以用它们来取代所有这些大的链条环节。

在此我们的确拥有一幅图像;然而,提供给我们的是完全不同的东西。

357. 这个等式是通过这个归纳证明,可以说是横向地而非纵向地,组合起来的。

358. 如果我们现在计算[①]这种推导,那么我们最后便达到这点,在此 B 的构造圆满完成了。但是,此时此地人们说"因此,这个等式成立"。不过,这句话现在所意味的东西肯定不同于它在这样的地方所意味的东西,在那里我们以通常的方式从诸等式中推导出一个等式。"这个等式得自于这个"肯定已经具有了一种意义。在此一个等式的确被构造出来了,不过是按照另一条原则构造出来的。[②]

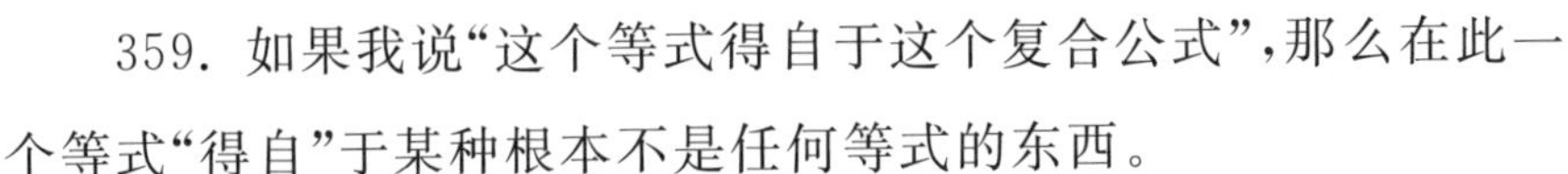

359. 如果我说"这个等式得自于这个复合公式",那么在此一个等式"得自"于某种根本不是任何等式的东西。

360. 人们不能这样说:就一个等式来说,如果它得自于 B,那么它肯定就得自于一个命题,也即得自于$\alpha \& \beta \& \gamma$。因为,事情恰恰取决于我是**如何**从这个命题得到 A 的;我是否是按照一条得出规则得到它的。这个等式与命题$\alpha \& \beta \& \gamma$之间的亲缘关系是

---

① 异文:"进行"。

② 在最后两句话的左侧空白处纵向划有波浪线(表示需要进一步思考)。

什么样子的？（在这种情形中导向 A 的那条规则可以说在α& β & γ上切下了一个横截面，它看待这个命题的方式不同于一条得出规则看待它的方式。）

361. 如果有人向我们允诺他会从α推导出 A，而且我们现在看到了从 B 到 A 的过渡，那么我们便想说："啊，我可不是这样想的。"因此，好像有人向我允诺他将送给我什么东西，现在他说：好吧，现在我将我的信任送给你。

362. 在从 B 到 A 的过渡绝不是得出这个事实之中也包含着我说下面的话时所要表达的意思：表达一般性的并非是α& β& γ这个逻辑积。

363. 我之所以说$(a+b)^2=$等等是借助于 A_I，A_{II} 等等得到证明的，是因为从$(a+b)^2$到 $a^2+2ab+b^2$ 的过渡都具有 A_I 或者 A_{II} 等等这样的形式。在这种意义上，在Ⅲ中即使从$(b+1)+a$ 到$(b+a)+1$ 的过渡也是按照 A_I 而做出的，但是从 $a+n$ 到 $n+a$ 的过渡则不是这样的！

364. 人们说"这个等式的**正确性**得到了证明"。这个事实就已经表明，并非每种等式的构造都是证明[①]。

365. 有人指给我看复合公式 B 并且我说"这绝不是等式 A 的证明。"现在，他说："但是，你还没有看到这样的系统，这些复合公式就是按照它构建起来的，"并且他让我注意到它。这点如何能

① 异文："并非每种推导//构造//都是证明"。

够使得诸 B 成为证明？——

366. 经由这样的洞见我上升到了一个不同的，可以说更高的平面上；然而，这个**证明**则必须在更低的平面上进行。

367. 只有一种特定的从诸等式到一个等式的过渡才是这后一个等式的一个证明。而这种过渡在此并没有发生。所有其它的事项均不再能够使得 B 成为 A 的证明。

368. 但是，我不能这样说吗：如果关于 A 我已经证明了这点，那么由此我便证明了 A？在这种情况下，我由此便证明了它这种错觉究竟来自于何处？因为这种错觉必定还是有其更深层的根据的。

369. 好的，如果它是一种错觉，那么无论如何它来源于我们的语词语言的表达方式："这个命题适用于**所有**数。"因为按照这种看法，这个代数命题的确仅仅是（语词语言中的）这个命题的另一种写法。而这种表达方式允许人们将**所有**数的情形与"这个房间里的所有人"的情形混淆在一起。（然而，为了区别开这些情形，我们问：人们如何证实其中的一个，又如何证实另一个？）

370. 如果我设想函项ϕ，ψ，F 得到了精确的定义，并且现在写出这个归纳证明的图式：

$$
\begin{array}{ccc}
 & R & \\
B \left\{ \begin{array}{ll} \alpha & \phi(1)=\psi(1) \\ \beta & \phi(c+1)=F(\phi(c)) \\ \gamma & \psi(c+1)=F(\psi(c)) \end{array} \right\} & & \begin{array}{c} A \\ \ldots \phi n=\psi n \end{array}
\end{array}
$$

即使在这样的情况下我也不能说，从ϕr 到ψr 的过渡是根据ρ进行的

(如果α,β,γ中的过渡是根据ρ进行的——在特殊的情形中$\rho=\alpha$)。它仍然是根据等式 A 而进行的,只有在如下情况下我才能说它符合于复合公式 B:也即,我将这个复合公式看作取代等式 A 的另一个符号。

371. 因为这种过渡的图式肯定必须包含α,β和γ。

372. 事实上,R 并不是归纳证明 B_{III} 的图式;后者复杂得多,因为它必须包含图式 B_{I}。

373. 只有在如下情况下将某种东西称为"证明"才是不适当的:"证明"这个词的通行的语法与所考察的对象的语法不一致。

374. 深入的不安最终说来源自于流传下来的表达式的一个微小的,然而是昭然若揭的特征。

375. 如下说法意味着什么:R 为具有 A 那样的形式的过渡提供了辩护? 它无疑意味着:我已经决定在我的演算中只允许这样的过渡,一个图式 B 符合于它们,而 B 的命题α,β,γ又应当可以从ρ推导出来。(而这自然只是意味着:我只允许过渡 A_{I},A_{II} 等等并且诸图式 B 符合于它们。)更为正确地说来,我们要写:"而且具有形式 R 的诸图式符合于它们。"我想用括号内的补充命题说出如下之点:一般性(我指的是归纳方法的概念的一般性)的假象是不必要的,因为事情最后只是归结为这点:围绕着诸如 A_{I},A_{II} 之类的等式侧面的特殊的构造 B_{I},B_{II} 等等被构造出来了。或者:在这种情况下还要认出这些构造中的共同之处,这是一种多余的举动;具有决定意义的一切就是**这些**构造(本身)。因为那里出现的一切就是**这些**证明。这些证明落于其下的那个概念是多余的，因为我们从来没有用它做什么。正如在如下情况下椅子概念是多余的一样：我只是想指着诸对象说"请将这个和这个和这个放在我的房间里"（尽管这三个对象都是椅子）。（如果这些用具不适于坐上去，那么经由如下方式这点也不会得到改变：人们注意到它们之间有一种相似之处。）但是，这只是意味着：单个的证明需要我们将其认作证明（如果"证明"应当意谓它所意谓的东西的话）；如果它得不到这样的认可，那么即使人们发现了它与其它这样的构成物之间存在着某种相似性，这种发现也绝不能为它弄到这样的认可。这种证明的假象源自于这点：α，β，γ和 A 是等式，而且我们能够提供这样一条一般的规则，按照它，人们能够从 B 构建出 A（而且在这种意义上能够从 B 推导出它）。

人们可能事后注意到这条一般的规则。（但是，现在人们由此便将注意到了这点吗：诸 B 肯定是 A 的证明？）此时人们会注意到这样一条规则，人们本来可以从它开始的，而且人们本来可以借助于它和α将 A_{I}，A_{II} 等等构造出来。但是，在这个游戏中没有人会将它称作一个证明。

376. 如下冲突来自于何处："这可不是任何证明！"——"这可是一个证明！"？

377. 人们可以说：毫无疑问，在证明 B 时，我借助于α描绘出了等式 A 的轮廓，但是我并非是按照我称为"借助于α证明 A"的方式做到这点的。

378. 在这种考察中要克服的那种困难是这样的：将这个归纳

证明当作某种新的东西来看待,可以说**天真地**看待它。

379. 因此,当我们前面这样说时:我们可以从 R 开始,这种从 R 开始的做法某种程度上说是一场骗局。它并非类似于如下情形:我以 526×718 的算出开始一个计算。因为在此这个问题设置构成了一条道路的起点。与此相反,我在那里又立刻放弃了 R 并且必须从其它地方开始。而且,如果事情是这样进行的:我构造出了一个具有 R 这样的形式的复合公式,那么如下之点又是无所谓的了:我以前是否只是从外表上看打算这样做的,因为这种打算从数学上说,也即在演算之中,肯定是无所助益的。因此,所留下来的东西依然是这个事实:我现在面对着一个具有 R 形式的复合公式。

380. 我们可以设想,我们只是知道证明 B_I 并且现在说:我们所具有的一切就是这个构造。在此根本没有谈到这个构造与其它的构造的相似性,没有谈到完成这些构造时所遵循的一般的原则。——如果我现在这样来看待 B 和 A,那么我就必须问一下:但是,为什么你将这称作恰好 A_I 的一种证明?(我还没有问:为什么你将它称为 A 的一种**证明**?)这个复合公式与 A_I 有什么关系?作为回答,他一定要让我注意 A 和 B 之间的关系,而这种关系表达在 V[①] 之中。

---

① “V”指如下公式:

$$[f_1(1) \overset{\rho}{=} f_2(1)] \& [f_1(c+1) \overset{\beta}{=} f_1(c)+1] \& [f_2(c+1) \overset{\gamma}{=} f_2(c)+1]. \overset{\text{Def.}}{=\!=}. f_1(c). \mathfrak{J}. f_2(c) \quad \ldots V.$$

在 MS 112:45r 中,本小节中的这段话出现在第 61v－62r 页上,包含有该公式的段落则出现在前文 45r 上。但是,在 TS 213 中,前者则出现在后者之前。(参见下文§442)

381. 某个人指给我们看 B_I 并且向我们解释了它与 A_I 的关系,也即 A 的右侧是以某某方式得到的,等等,等等。我们理解了他,(现在)他问我们:现在这是 A 的一个证明吗?我们将回答说:肯定**不是**!

现在,我们已经理解了有关这个证明所需要理解的一切了吗?是的。我们也已经看到了 B 和 A 的联系的一般的形式了吗?是的!

由此我们也可以做出这样的推论:人们可以依照这样的方式从每个 A 构造出一个 B,**因此也可以反过来依照这样的方式从 B 构造出 A**。

382. 这个证明是按照一个特定的规划构建起来的(按照它还可以构建起来其它的证明)。但是,这个规划并不能使得这个证明成为证明。因为,此时此刻我们只是有了这个规划的一个具体的表现,而尽可以(完全)不考虑作为一般概念的这个规划。这个证明必须是不言自明的,这个规划只是在其中得到了具体的表现,而它本身绝不是这个证明的工具[①]。(我总是要这样说。)因此,人们的如下做法于我无甚用处:让我注意到两个证明之间的相似性,以使我确信它们都是证明。

383. 我们的原则难道不是这样的吗:在不必要的地方就不运用任何**概念词**[②]?——也即,如果在一些情形中一个概念词实际

① 异文:“构成成分”。

② 异文:“**概念**”。

上代表了一种列举[①],那么我们就要这样来解释这些情形。

384. 那么,当我以前这样说时:“这可不是任何证明”,我是在这样一种已经规定好的意义上意指“证明”这个词的,在这种意义上仅仅从 A 和 B 便可以看出这点。因为在这种意义上我可以这样说:我的确十分精确地理解 B 所做的事情并且理解它与 A 处于什么样的关系之中。每种进一步的教导都是多余的,所存在的东西绝不是证明。在这种意义上我仅仅在与 B 和 A 打交道。在它们之外我没有看到任何东西,其它任何东西都与我无关。

在此我肯定是按照规则 V 来看待这种关系的,但是对于我来说它不可能充当**构造的辅助手段**。如果在我考察 B 和 A 的过程中有人向我说,人们本来也可以按照一条规则从 A 构造出 B(或者相反),那么我只能向他说:“请不要拿不重要的东西麻烦我。”因为这点可是不言自明的,我立马看到,它并没有使得 B 成为 A 的一个证明。因为这条一般的规则只能在如下情况下才能说明 B **恰好是 A 的**证明[②]:它终究还是一个证明。这也就是说,B 和 A 之间的联系符合于一条规则,这点不能说明 B 就是 A 的一个**证明**。每一种这样的联系都能够被用来从 A 构造出 B(并且反之亦然)。

385. 因此,当我以前这样说时:“V[③] 根本没有被用来进行构造,因此我们与它没有任何关系”,我本来应当这样说:我肯定仅仅在与 A 和 B 打交道。如果我将 A 与 B 彼此对照并且现在问“B 是

---

① 异文:“清单”。

② 异文:“是 A 的证明**而非其它命题的**证明”。

③ 异文:“R”。

A 的一个证明吗?”,那么这肯定就够了。因此,我不需要按照一条事前确定好的规则从 B 构造出 A;相反,只需要将个别的 A(无论它们有多少个)与个别的 B 彼此对照放置就够了。我不需要一条构造规则,而且这是真的。我不需要一条事先确定好的构造规则(只是从它那里我接着才得到 A)。

386. 我的意思是:在司寇伦的演算中我们不**需要**任何这样的概念,清单**就足够用了**。

如果我们不说“我们已经按照这样的方式证明了诸基本规律 A”,而只是表明了可以给它们配合上从某个方面看类似的构造,这时我们没有感觉到缺少了什么。

387. 在这些证明中使用的那种一般性概念(以及递归概念)并不比可以从这些证明中直接读出的一般概念更为一般。

388. R 中的括弧“}”(它将α,β和γ集合在一起)[①]只能是意味着:如果 A 中的一个过渡(或者一个具有 A 形式的过渡)的诸项(两侧)彼此处于一种由图式 B 所刻画的关系之中,那么我们便将这个过渡看作有根据的。这时,B 取代了 A。正如以前我们这样说一样:如果这个过渡符合于诸 A 之一,那么它在我的演算中就

---

① “R”指 § 370 中的 R。在手稿来源中,§ 374 后接着有如下评论:

我在 α,β,γ 和 A 之间放上了括号“}”,好像这个括号意谓什么这点是自明的。

人们可能猜测到,这个括号与一个同一性符号意谓相同的东西。

此外,人们也可以将这个括号放在“$\begin{array}{l}1.0\div 3=0.3\\ 1\end{array}$”和“$1\div 3=0.\dot{3}$”之间。

(放在“一般的命题”与其“证实”之间。)在此“}”不就是一个同一性符号吗?(MS 112:57v-58r)

是允许的，现在我们这样说：如果它符合于诸 B 之一，那么它就是允许的。

不过，由此我们还是没有获得任何简化，任何缩减。

389. 这种等式演算是给定了的。在这种演算中“证明”具有一种固定的意义。如果我现在将归纳计算也称为证明，那么这种证明当然没有给我省去核对如下之点的任务：等式链条的诸过渡是否是按照**这些**确定的规则（或者范型）进行的。如果情况是这样的，那么我便说，该链条中的最后的等式得到了证明；或者还说该等式链条是正确的。

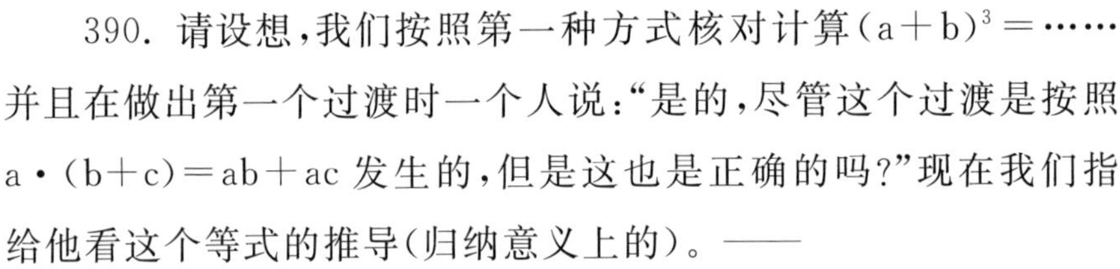

390. 请设想，我们按照第一种方式核对计算 $(a+b)^3=\cdots\cdots$ 并且在做出第一个过渡时一个人说：“是的，尽管这个过渡是按照 $a\cdot(b+c)=ab+ac$ 发生的，但是这也是正确的吗？”现在我们指给他看这个等式的推导（归纳意义上的）。——

391. 在一种意义上，“这个等式正确吗”这个问题意味着：它可以按照那些范型推导出来吗？——在另一种情形中它意味着：等式 α,β,γ 可以按照这个范型（或者这些范型）推导出来吗？在此我们将这个问题（或者“证明”这个词）的两种意义放在了**一个**平面上（表达在了**一个**系统之中）并且现在可以对它们进行比较（并且看到它们并不是一回事儿）。

392. 而且，这种新的证明并没有提供人们可能假定的东西，即：它将这个演算放在了一个更为狭窄的基础之上——像比如在这样的情形中发生的那样，在其中我们经由 $p|q$ 来取代 $p\vee q$ 和 $\sim p$，或者减少了公理的数目。因为，如果人们现在说：我们仅仅从 ρ

中便已经将所有基础等式 A 推导出来了，那么在此“推导”这个词意味着某种(完全)不同的东西。(人们期待于这种允诺的东西是较小的链条环节——而非两个半个链条环节——取代了大的链条环节。①)某种意义上说，经由这些推导人们让一切均处于原来的状态。因为，在新的演算中旧的演算的一个链条环节本质上说还仍然保留着。旧的结构**并没有**被消解。结果，人们必须说：旧的证明进程还存留着。那种**旧有**意义上的不可缩减性也仍然存留着。

393. 因此，人们也不能说，司寇伦已经将代数系统置于一个较小的基础之上了，因为他是在一种不同于代数的意义的意义上“给其提供基础”的。

394. 归纳证明借助于α显示了诸 A 之间的某种联系了吗？这点难道不是构成了如下之点的标志吗：在此我们肯定在与证明打交道？——所显示出来的**那种**联系并非是这样的联系，即通过将诸过渡 A 分解成诸过渡ρ所建立起来的那种联系。而且，存在于诸 A 之间的**一种**联系在给出任何一种证明之前肯定就已经可以看出来了。

395. 我也可以将规则 R② 写成**这样**：

$$\left[\begin{array}{c} a+(1+1) \quad (a+1)+1 \\ a+(\xi+1)=(a+\xi)+1 \\ a+((\xi+1)+1) \quad (a+(\xi+1))+1 \end{array}\right]\ldots S$$

① 参见下文 § 403。

② 在上文 § 337 中，“R”指的是“a+(b+1)=(a+b)+1”。根据手稿来源 MS 113：139r－v，此处的“规则 R”指下文 § 418 中的 R。

或者也可这样写：

$$a+(b+1)=(a+b)+1$$

如果我将R或者S当作这种形式的解释或者替代物。

如果我现在说，在如下公式中诸过渡从规则R那里得到辩护了，

$$\left.\begin{array}{ll}\alpha & a+(b+1)=(a+b)+1 \\ \beta & a+(b+(c+1))=a+((b+c)+1)=(a+(b+c))+1 \\ \gamma & (a+b)+(c+1)=((a+b)+c)+1\end{array}\right\}\ldots B$$

——那么人们可能这样回答我："如果你将这个称作辩护，那么你便为这些过渡提供了辩护。但是，如果你本来只是让我们注意到了R及其与α（或者α，β和γ）的形式关系，那么你本来也会向我们说出同样多的东西。"

因此，我本来也可以这样说：我依照某某方式将规则R当作我的过渡的范型。

如果司寇伦现在比如在证明了结合律后转向如下公式：

$$\left.\begin{array}{c}a+1=1+a \\ a+(b+1)=(a+b)+1 \\ (b+1)+a=b+(1+a)=b+(a+1)=(b+a)+1\end{array}\right\}\ldots C$$

并且说第三行中的第一和第三个过渡根据被证明了的结合律得到了辩护，——那么借此我们所获知的东西并不多于当他这样说时我们所获知的东西：这些过渡是按照 $a+(b+c)=(a+b)+c$ 这个范型进行的（也即，它们符合于这个范型），而且一个图式α，β，γ是通过依照范型α做出的过渡而推导出来的。——"但是，B现在是否为这些过渡提供了辩护？"——你用"辩护"这个词意指什

么？——“好的，如果一个适用于所有数的命题真的被证明了，那么这个过渡便得到了辩护。”——但是，在哪种情形中发生了这种事情？你将什么称作对如下之点的证明：一个命题对所有基数均有效？你如何知道这个命题是否（真的）对所有基数均有效？——既然你不能检验这点。你的**唯一的**标准肯定就是这个证明。因此，你或许**确定**一个形式并且将它称作有关如下之点的证明的形式：一个命题适用于所有基数。这样，从人们首先给我们看了这种证明的这种一般形式这点真正说来我们并没有得到任何东西。因为，由此人们的确并没有表明这点：现在那个独特的证明真正完成了我们从它那里所要求的东西。我的意思是：在此经由这点这个独特的证明并没有被辩护成、被证明为这样一个证明，它证明了一个适用于所有基数的命题。相反，这个递归证明必定是它自己的辩护。当我们真的想要将我们的这个证明过程辩护成这样一种一般性的证明时，我们采取的恰恰是如下不同的做法：我们讨论一个序列的诸例子，而且这些例子以及我们在它们之中认出的那条规律现在令我们满足了，我们说：是的，我们的证明真的完成了我们想要的东西。不过，现在我们必须考虑到如下之点：通过给出这个例子序列，我们只是将写法 B 和 C 翻译成了另一种（写法）。（因为这个例子序列并非是这种一般的形式的不完全的应用，而是这条规律的另一种表达。）而且，因为当语词语言解释这个证明时，当它解释它证明了什么时，它只是在将这个证明翻译成另一种表达形式，因此我们也可以完全去掉这种解释。如果我们这样做了，那么数学的状况将会变得更为清晰，不会被意谓着许多东西的语词语言的表达式抹掉。如果我比如直接地将 B 放在 A 的旁边，而并

非经由“对于所有的基数来说等等”这样的语词语言的表达式的中介[①]，那么就绝不会出现这样的假象了：A 经由 B 证明了。这时，我们便看到了 A 和 B 之间的清醒的（赤裸的）关系以及这些关系抵达多远了。[②] 只有以这样的方式人们才了解了这种关系的真正的结构及其所意味的东西，而没有受到使一切均成为相同的语词语言的形式的迷惑。

在此人们首先看到，我们感兴趣于由结构 B，C 等等构成的树，而且在这棵树上尽管我们处处可以看到如下形式——可以说是一个特定的枝杈：

$$\phi(1)=\psi(1)$$

$$\phi(n+1)=F(\phi n)$$

$$\psi(n+1)=F(\psi n)$$

但是，这些构成物出现于不同的排列以及彼此不同的结合之中，它们并非在如下意义上构成了构造元素：在对 $a+(b+(c+1))=(a+(b+c))+1$ 或者 $(a+b)^2=a^2+2ab+b^2$ 的证明之中诸范型构成了构造元素。这个“递归证明”的目的的确是为了将代数演算与数联系起来。这棵递归证明树只有在如下情况下才“辩护了”代数演算：这应当意味着它将它与算术演算联系起来了。但是，在如下意义上事情并非如此：诸范型的清单辩护了代数演算，也即出现于它之中的诸过渡。

因此，如果人们列表给出诸过渡的范型，那么这样做在这样的

---

① 异文：“而没有让语词‘所有’插手其间”。

② 异文：“这时，我们便十分清醒地看到了，B 与 A 和 $a+b=b+a$ 之间的关系抵达多远并且它们在哪里停下来了。”

地方是有意义的，在那里我们的兴趣在于，表明某某变形全部只有借助于那些——任意选择的(顺便说一下)——过渡形式才能完成。但是，在这样的地方这样做是没有意义的，在那里这种计算应当在一种不同的意义上为自己进行辩护，因此在那里对这种计算的查看必须告诉我们如下之点(在完全不考虑与一张事先确立好的规范的表格的比较的情况下)：我们是否应当允许它。因此，司寇伦本来不必[①]向我们允诺他给出了有关结合律和交换律的任何证明[②]；相反，他本来可以直接地说他要向我们表明存在于代数的范型和算术的计算规则之间的一种联系。但是，这不是在咬文嚼字吗？他难道不是做到了这点吗：缩减了范型的数目并给予了我们比如一条规律，即 $a+(b+1)=(a+b)+1$，而非那两条规律？不是。如果我们在证明比如 $(a+b)^4=$ 等等(r)，那么在此我们可以使用事先已经得到了证明的命题 $(a+b)^2=$ 等等(s)。但是，在这种情形中，经由 s 辩护了的 r 中的诸过渡也可以经由那些我们借以证明 s 的规则来辩护。于是，s 与那些最初的规则之间的关系有如这样一个经由定义引入的符号与那些初始符号的关系，它就是借助于它们得到定义的。人们也总是能够取消这个定义并转向那些初始符号。但是，如果我们在 C 中做出了这样一个过渡，

① 异文："不应该"。

② 关于司寇伦对加法交换律的证明，请参见：Th. A. Skolem，“Begründung der elementaren Arithmetik durch die rekurrierende Denkweise ohne Anwendung scheinbarer Veränderlichen mit unendlichem Ausdehnungsbereich”，in：Skrifter utgit av Videnskapselskapet i Kristiana 1923，I. Math.-naturw. Kl. Nr. 6，§1。英译文载于：J. van Heijenoort，*From Frege to Gödel：A Source Book in Mathematical Logic*，1879—1931，Harvard University Press，1967。

它从 B 得到了辩护，那么我们现在便不能还仅仅用α来做出这个过渡。我们恰恰没有借助于此处称为证明的东西将一个过渡[①]分解成诸阶段；相反，我们做了某种完全不同的事情。

（六）递归证明没有缩减基本规律的数目

396. 因此，在此我们所面对的并非是这样的情形，在其中一组基本规律从一组具有较少成员的基本规律那里得到了证明，不过，现在这个证明中接下来发生的一切均保持不变。（正如如下情形一样：在一个基本概念的系统中，当人们经由定义缩减了基本概念的数目之后，其后来的发展中的任何事项均不会因之而改变。）

（顺便说一下：在“基本规律”和“基本概念”之间存在着多么可疑的类似性啊！）

397. 事情好像是这样的：在通常情况下，一个旧有的基本规律的证明（简单地）将证明的系统倒退着继续下去。但是，递归证明则并非将代数证明的系统（带着其旧有的基本规律）倒退着继续下去，而是构成了一个新的系统，它与第一个系统似乎只是平行前进的。

398. 如下评论是一个奇特的评论：在对基本规则的归纳证明中，它们的不可缩减性（独立性）必定像以前一样显露出来。假定人们针对通常的证明（或者定义）情形这样说如何？——也即针对

① 异文：“一个步骤”。

这样的情形，在其中诸基本规则恰恰是被进一步地缩减了，它们之间的一种新的亲缘关系被发现了(或者被构造出来了)?

399. 如果我的如下说法是正当的：经由递归证明独立性①——仍其旧，那么借此我(肯定)说出了我能够针对递归-“证明”概念所提出的一切反对意见。

400. 这个归纳证明并没有分解 A 中的过渡。这点难道不就是那个造成如下结果的事项吗：我反对人们将它称作证明，为什么我很想说它在任何情况下都不能做出比如下事情更多的事情：显示了某种**有关**这种过渡的东西？——也即在如下情况下事情也是这样的：人们通过 R 和α将 A 构造出来。

401. 如果人们这样设想：一个机制是由一些齿轮构成的，而后者又是纯粹由相同的楔型部件以及这样一个圆环构成的，它将它们固定在一起，形成一个齿轮，那么在某种意义上这个机制的诸单元仍然是那些齿轮。

402. 事情是这样的：如果一只桶是由桶板和桶底构成的，那么当然只是处于这种(特定的)结合中的这些东西(作为复合物)装载着液体并且构成了作为容器的新的单元。

403. 设想有这样一个链条，它由诸环节构成，而且可以用两个较小的环节替换(每)一个这样的环节。于是，这个链条所造成的那种结合可以完全是由这些小的环节造成的，而不是经由那些

① 异文：“不可缩减性”。

大的环节造成的。不过，人们也可以设想，这个链条的每个环节都比如是由这样的两个半环形的部分构成的，尽管它们一起组合成了这个环节，但是单个来看却不能用作环节。

现在，如下两种说法会具有完全不同的意义：一方面，说那些大的环节造成的那种结合可以完全通过小的环节来造成；——另一方面，说这种结合可以完全经由半个大的环节造成。区别是什么？

404. 其中的一个证明用一个小环节的链条取代了一个大环节的链条，其中的另一个证明则表明了，人们如何能够从较多的构成成分中将那些（原有的）大环节组合出来。

405. 两种情形之间的相似性和差异性明明白白地放在那里。

406. 这种证明与链条的比较自然而然是一种**逻辑的**比较，因此是它所说明的东西的完全精确的表达。

（七）循环性。

$$1 \div 3 = 0.\dot{3}$$

407. 人们这样来理解一个分数——比如 $\frac{1}{3}$ ——的循环性，好像它**在于**如下之点：人们称为无穷的十进位分数的延展的东西纯粹是由 3 构成的，这个除法的余数与被除数的相同性仅仅是这个无穷的延展的这种性质的**迹象**。或者另一方面，人们这样来修正这种意见：并非是一种无穷的延展具有这种性质，而是一个由有

穷的延展构成的无穷的序列具有它;并且除法的这种性质再一次地是这点的一种迹象。现在,人们可能说:具有**一个**项的延展是0.3,具有两个项的延展是0.33,具有三个项的延展是0.333,等等。这是一条**规则**,而这个"等等"指涉这种规则性。这条规则也可以写成这样:"|0.3,0.ξ,o.ξ3|"。但是,经由除法$\begin{array}{l}\underline{1}\div 3=0.3\\ \underline{1}\end{array}$所证明的东西是**这样的**规则性,它与另一种规则性形成对照;而非这样的规则性,它与不规则性形成对照。因此,循环除法$\begin{array}{l}\underline{1}\div 3=0.3\\ \underline{1}\end{array}$(与$\begin{array}{l}1\div 3=0.3\\ 1\end{array}$形成对照)证明了诸商的**一种**循环性,也即它**决定了**这条规则(这个循环节),规定了它,但是它并非是如下之点的迹象:一种规则性"出现了"。"它究竟出现在**哪里**?"比如出现在我在这张纸上构建出的这些特定的展开式中。但是,它们可不是"那些展开式"。(在此我们受到了有关这样一种还未写出来的、理想的延展的观念的误导,它们是一种与这样的理想的、还未画出来的几何直线类似的怪物:可以说当我们画出它们时,我们只是在实际中将它们描粗了。)当我前面说"这个'等等'指涉这种规则性"时,我将它与"他读出了所有字母:a,b,c,等等"中的那个"等等"区别开来了。当我这样说时:"1÷3的延展是0.3,0.33,0.333,等等",我给出了**三个**延展以及——一条规则。只有后者才是无穷的,而且它之为无穷的方式恰恰就是除法$\begin{array}{l}\underline{1}\div 3=0.3\\ \underline{1}\end{array}$之为无穷的方式。

408. 针对符号"$0.\dot{3}$"人们可以说:**它不是任何缩写**。

409. 符号"|0.3,0.ξ,o.ξ3|"不是一个延展的任何替代物,而

是具有完全的价值的符号本身。“$0.\dot{3}$”同样地好。我们确实需要思考如下之点：为了借以造成我们所需要的东西，有一个“$0.\dot{3}$”那样的符号**就够了**。它不是任何一个替代物，而且在演算中根本不存在任何替代物。

如果人们认为，除法$\begin{array}{l}1\div 3=0.3\\ \underline{1}\end{array}$的独特的性质是这个无穷的十进位分数或者这个展开式的**诸**十进位分数的循环性的一个迹象，那么这是如下之点的一个迹象：某种东西**是**规则性的。但是，什么东西？我所构建的那些延展吗？不过，可是不存在其它的延展。当人们这样说时，这种说话方式就变得极为荒唐了：这个除法的这种性质是如下之点的一个迹象，即这个结果具有|0. a，0. ξ，o. ξa|这样的形式。这就像是人们想要这样说一样：一个除法是一个数作为结果出现了这点的迹象。事实并非是这样的：与“0. 333……”相比，符号“$0.\dot{3}$”是从一个更远的距离之外表达其意义的，因为前一个符号给出了一个由三个项构成的延展以及一条规则。对于我们的目的来说，延展 0. 333 是次要的，因此留下来的只有这条规则，而|0. 3，0. ξ，o. ξ3|同样好地给出了它。命题“这个除法在第一位之后将是循环的”与如下命题**意味着同样多的东西**：“第一个余数同于那个被除数。”或者还有：命题“这个除法从第一位开始将创造出无穷无尽相同的数字”意味着“第一个余数同于那个被除数”；正如命题“这把直尺具有无穷的半径”意味着它是直的一样。

410. 现在人们可以说：1÷3 的商的位数**必然全部**是 3，而这又只是意味着第一个余数同于那个被除数并且商的第一位数为

3。因此,第一个命题的否定同于第二个命题的否定。因此,人们可以称作“偶然全部”的任何东西都不与“必然全部”形成对照;“必然全部”可以说是**一个**语词。我只需要问:什么是必然的一般性的标准并且什么是偶然的一般性的标准(进而,什么是如下之点的标准:全部数都偶然地具有性质ε)?

(八) 作为证明的序列的递归证明

411. “递归证明”是一个证明序列的通项。因此,它是这样一条规律,按照它人们能够构造证明。如果人们问,如下事情如何是可能的:这个一般的形式能够为我省却给出一个特别的命题——比如 7+(8+9)=(7+8)+9——的证明的任务?那么回答是:它只是为这个命题的证明准备好了一切,但是它并没有证明该命题(该命题的确并没有出现于它之中)。毋宁说,这个证明是由这个一般的形式与这个命题一起构成的。

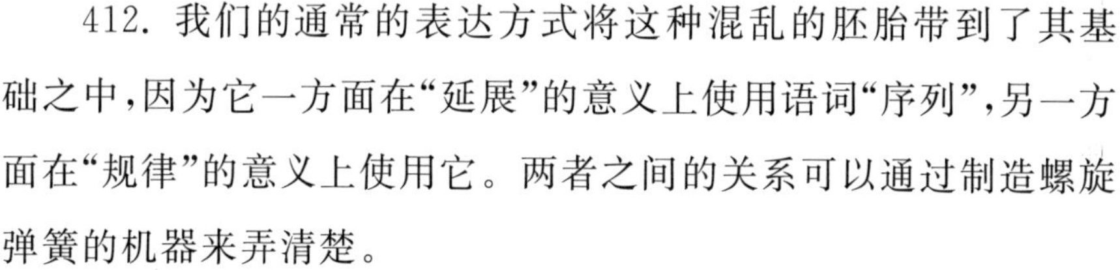

412. 我们的通常的表达方式将这种混乱的胚胎带到了其基础之中,因为它一方面在“延展”的意义上使用语词“序列”,另一方面在“规律”的意义上使用它。两者之间的关系可以通过制造螺旋弹簧的机器来弄清楚。

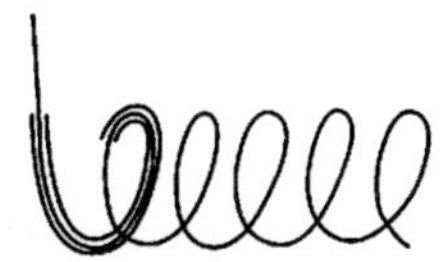

在此一根金属线被推进一个**呈螺旋形**盘旋的通道之内,现在它如

人所愿地产生了那么多螺旋线圈。人们称为无穷的螺旋的东西或许并不是某种像有穷的金属线的东西，或者某种这样的东西，有穷的金属线越长，它们就越接近于它，而是那条具体地表现在这段短短的通道内的螺旋的规律。表达式“无穷的螺旋”或者“无穷的序列”因此是误导人的。

413. 因此，我们也总是可以将这样的回溯式证明写成一段带有“等等”的序列，而它并非因此就失去了其严格性。而且，与此同时这种写法更清楚地显示出了它与等式 A 的关系。因为现在这个递归证明丧失了任何这样的假象：它给出的是一种代数证明（比如对$(a+b)^2=a^2+2ab+b^2$的代数证明）意义上的对 A 的辩护——。毋宁说，这种借助于代数的计算规则给出的证明完全类似于一种数字计算。

$$
\begin{aligned}
5+(4+3) &= 5+(4+(2+1)) \\
&= 5+((4+2)+1) \\
&= (5+(4+2))+1 \\
&= (5+(4+(1+1)))+1 \\
&= ((5+4)+2)+1 \\
&= (5+4)+3 \qquad \ldots L
\end{aligned}
$$

这一方面是$5+(4+3)=(5+4)+3$的证明，另一方面人们也可以将其当作（也即将其用作）$5+(4+4)=(5+4)+4$的证明，等等。

如果我现在说：L 是$a+(b+c)=(a+b)+c$的证明，那么从证明到命题的过渡中的独特之处将会变得更为显眼。

414. 定义仅仅是引入了实用的缩写，不过，没有它们我们也能行。但是，递归定义的情况如何？

415. 人们可以将两类东西都称为规则 a+(b+1)=(a+b)+1 的应用：4+(2+1)=(4+2)+1 是一种意义上的应用；而 4+(2+1)=(4+(1+1))+1=(4+2)+1 则是另一种意义上的应用。

416. 递归定义是一条有关替换规则的构建的规则。或者还是一个定义序列的通项。它是一个路标，为具有一种特定形式的所有表达式指出了**一条**回家的路。

417. 像已经说过的，人们可以完全不使用字母（十分严格地）写出归纳证明。递归定义 a+(b+1)=(a+b)+1 这时必须作为定义序列写出。因为这个序列隐藏在其使用的解释之中。自然，人们也可以出于舒服性的考虑而保留定义中的字母，但是这时人们必须在解释中指涉类如“1，(1)+1，((1)+1) +1，等等”的符号；或者指涉序列“|1，ξ，ξ+1|”（这两种指涉的结果是一样的）。不过，在此人们不可认为这个符号真正说来应当是比如这样的：“(ξ). |1，ξ，ξ+1|”！——

我们的表现的要义肯定是这样的：概念“所有数”只是通过类如“|1，ξ，ξ+1|”这样的结构给出的。这种一般性是通过这个结构在符号系统中**得到表现的**，它不能通过一个(x). fx 来**加以描述**。

自然，所谓“递归定义”并不是任何传统意义上的定义，因为它不是任何等式。因为等式“a+(b+1)=(a+b)+1”只是它的一个构成成分。它也不是诸等式的逻辑积。毋宁说，它是这样一条规律，诸等式根据它而被构建起来。正如|1，ξ，ξ+1|并不是任何一

个数而是一条规律等等一样。(a+(b+c)=(a+b)+c 的证明中令人惊愕的东西的确是这点:据称它仅仅是从一个定义开始的。但是,α并不是任何定义,而是一条一般的加法规则。)

另一方面,这条规则的一般性恰恰就是循环除法$\begin{array}{l}1\div 3=0.3\\ \underline{1}\end{array}$的一般性。这也就是说,在这条规则中没有任何东西还有待确定,有待填充,或者诸如此类的东西。

而且我们不要忘记如下之点:符号

“|1,ξ,ξ+1|”　　　...N

并非是作为对于基数序列的通项的一种富有暗示性的表达式而令我们感兴趣的,而是仅仅在这样的范围内才令我们感兴趣,即它以按照类似的方式构建起来的符号的对照物的身份出现:N **与**比如|2,ξ,ξ+3| **相对照**;简言之,当它作为一个演算中的符号、工具时。相同的话自然也适用于$\begin{array}{l}1\div 3=0.3\\ \underline{1}\end{array}$。(在这条规则中有待确定的东西只有其应用。)

418. 1+(1+1)=(1+1)+1,2+(1+1)=(2+1)+1,3+(1+1)=(3+1)+1……等等。

1+(2+1)=(1+2)+1,2+(2+1)=(2+2)+1,3+(2+1)=(3+2)+1……等等。

1+(3+1)=(1+3)+1,2+(3+1)=(2+3)+1,3+(3+1)=(3+3)+1……等等。

等等

人们可以依这样的方式写出规则“a+(b+1)=(a+b)+1”。

$$\left[\begin{array}{ccc} a+(1+1) & & (a+1)+1 \\ \downarrow & = & \downarrow \\ a+(\xi+1) & & (a+\xi)+1 \\ a+((\xi+1)+1) & & ((a+\xi)+1)+1 \end{array}\right] \ldots R$$

在规则 R 的应用中(关于这种应用的描述的确作为其符号的一个部分而属于这条规则本身),a 是沿着序列|1,ξ,ξ+1|行进的,这点自然可以通过一个附加上的符号——比如“a →N”——来给出。(人们可以将规则 R 的第二和第三行合起来称为运算,正如符号 N的第二个和第三个项可以这样称谓一样。)因此,对递归定义α的用法的阐释也是这条规则本身的一个部分;或者也是这条规则的另一种形式的重复:正如“1,1+1,1+1+1,等等”与“|1,ξ,ξ+1|”意谓着想**相同的**东西(也即可以翻译为它)一样。向语词语言的翻译**解释了**带有新的符号的演算,因为我们已经掌握了带有语词语言的符号的演算。

一条规则的符号是一个演算的符号,这与其它符号是一样的。它的任务并非是(对一个应用)暗示性地产生影响;相反,在这个演算中它必须按照规律[①]被加以使用。因此,这个外在的形式是次要的,正如一个箭头↣的外在形式是次要的一样。相反,具有本质意义的是那个在其中这个规则符号得到了应用的系统。——这个可以说由诸对照物构成的系统,在其中这个符号得以区别自身,等等[②]。

① 异文:“一个系统”。

② 异文:“这个符号将自身与它们区别开来,等等。”

我在此称为应用的描述的东西本身的确就包含着一个“等等”，因此只能是这个规则符号本身的一种补充或者一个替代物。

419. 现在，什么是像 $a+(b+(1+1))=a+((b+1)+1)$ 这样的一般命题的对照物？什么是诸命题的那个系统，在其内这个命题[①]被否定了？或者还有：以什么方式，以什么形式，这个命题能够与另一个命题处于矛盾之中？或者：它回答了哪个问题？肯定不是这个问题：(n). fn 和(∃n). ～fn 二者中哪一个是实际情况，等等。一条规则的一般性自然是不可置疑的。[②]

现在让我们设想这个一般的命题被写成如下序列：

$P_{11}, P_{12}, P_{13}, \cdots\cdots$

$P_{21}, P_{22}, P_{23}, \cdots\cdots$

$P_{31}, P_{32}, P_{33}, \cdots\cdots$

……

并且被否定了。如果我们将它写作(x). f(x)，那么我们将它看作逻辑积并且其反面是 P_{11}，P_{12} 等等的否定的逻辑和。这种析取式(现在)与每个任意的积 P_{11} & P_{21} & P_{22} & P_{12} …… P_{mn} 都是一致的。(毫无疑问，如果人们将这个命题与一个逻辑积加以比较，那么它便说出了无穷多的东西，而它的反面则什么也没有说出。)(不过，请考虑这点：那个“等等”在这个命题中跟在一个逗号后面，而非跟在一个“并且”[“&”]之后。那个“等等”绝不是它们的**不完全**

① 异文：“这条规则”。

② 异文：“或者：它能够回答哪个问题，能够在哪些选项之间做出决断？——并非是在一个‘(n). fn’和一个‘(∃n). ～fn’之间；因为这种一般性是由规则 R 带给这个命题的。它不可置疑，正如基数系统不可置疑一样。”

性的符号。)

规则 R 竟然说出了无穷多的东西吗?正如一个极其长的逻辑积一样?

人们可以让这个数列贯穿这条规则,这点是一个给定了的形式;关于此人们并没有断言什么,而且也没有什么可以否认的。

引导数流[①]穿过什么东西的确绝对不是这样的事情,针对它我能够说:我能够证明它。我只能证明有关这样的形式、这样的模型的某种东西,我正在引导数流穿过它。

那么,人们不能这样说吗:下面这条一般的数规则恰恰具有像 a+(1+1)=(a+1)+1 这样的一般性?

a+(b+c)=(a+b)+c . . . A

(因为前者适用于每个基数,而后者适用于每个基数三元组。)而且人们不能这样说吗:A 的归纳证明[②]**辩护了**规则 A?——因此,我们可以给出规则 A,这是因为这个证明表明了它始终是正确的?

$\begin{array}{l}\underline{1}\div 3=0.3\\ \ \underline{1}\end{array}$ 辩护了如下规则吗?

“$1\overset{1}{\div}3=0.3$,$1\overset{2}{\div}3=0.33$,$1\overset{3}{\div}3=0.333$,等等”. . . P

A 是一条完全可以理解的规则,正如替换规则 P 一样。但是,我不能给出这样一条规则,因为我已经能够经由另一条规则计算出 A 的诸个别的情形,正如在如下情况下我不能将 P 作为规则而给出一样:我已经给出了一条我能够借以**计算出** $1\overset{1}{\div}3=0.3$ 等等的

① “数流”德文为“Zahlenstrom”,意义当同于“数列”(Zahlenreihe)。

② 异文:“递归证明”。

规则。

420. 假定人们除了乘法规则之外还要将“25×25=625”作为规则而规定下来，情况如何？（我不说“25×25=624”！）——25×25=625只有在属于这个等式的那种计算方式已经知道了的情况下才是有意义的，只有联系着这种计算才是有意义的。A只有联系着A的算出方式才是有意义的。因为第一个问题在此恰恰是这样的：这是一个规定，还是一个算出的命题？因为，如果25×25=625是一个规定（基本规则），那么这个乘法符号所意谓的东西便不同于它比如实际上所意谓的东西。（也即，我们处理的是一种不同的计算方式。）如果A是一个规定，那么它定义加法的方式将不同于当它是一个算出的命题时。因为，这时这种规定便是对于加法符号的一种解释，而那条允许算出A的计算规则将是对于同样的符号的一种不同的解释。在此我不能忘记如下之点：α，β，γ不是A的证明，而仅仅是这个证明的形式，或者这个被证明的东西的形式；因此，α，β，γ定义了A。

正因如此，只有在如下情况下，我才能说“25×25=625得到了证明”：证明的方法以一种独立于这种特殊的证明的方式被固定下来了。因为这种方法才决定了“ξ×η”的意义，因此才决定了什么被证明了。因此，在这样的范围内形式$\underline{a}\underset{\underline{a}}{\div} b=c$属于这样的证明的方法，它解释了$\dot{C}$的意义。这时，我是否正确地进行了计算这个问题便成了一个不同的问题。——因此，α，β，γ属于这样的证明的方法，它解释了命题A的意义。

在没有A这样一条规则的情况下算术是完全的，它并不缺少什么。命题 A(现在)是伴随着一种循环性的发现,伴随着一种**新的**演算的构造而引入算术之中的。在这种发现(或者构造)之前有关这个命题的正确性的问题是没有意义的,正如有关如下等式的正确性的问题没有意义一样:“$1\overset{1}{\div}3=0.3$,$1\overset{2}{\div}3=0.33$,……以至无穷”。

现在,规定 P 不同于命题“$1\div3=0.\dot{3}$”,而且在这种意义上“$a+(b+\dot{c})=(a+b)+\dot{c}$”不同于 A 这样一条规则(这样一个规定)。两者属于不同的演算。一条规则 A 的证明、辩护**只有**在如下范围内才是α,β,γ的证明①,即它构成了形如 A 的算术命题的证明的一般的形式。

421. 这种循环性并不是如下之点的迹象(征候):它就这样地继续进行下去。不过,“它总是这样地继续进行下去”仅仅是这个循环的符号②向另一种表达方式的翻译。(如果除了这个循环的符号以外还存在着某种这样的东西,这种循环性仅仅是它的一种征候,那么这个某种东西必定具有这样一种特别的表达,它恰恰就是这个某种东西的完全的表达。)

① 异文:“一条替换规则 A 的证明、辩护**只有**在如下范围内才是递归证明”。

② 异文:“这个符号的循环性”。

（九）以特定的方式看一个符号，理解一个符号。一个数学表达式的一个面相的发现。“以特定的方式看这个表达式。”强调

422. 以前我提到过联结线、下划线等等，以便表明一个递归证明的诸等式的诸相应的、同部位的部分。在如下证明中：

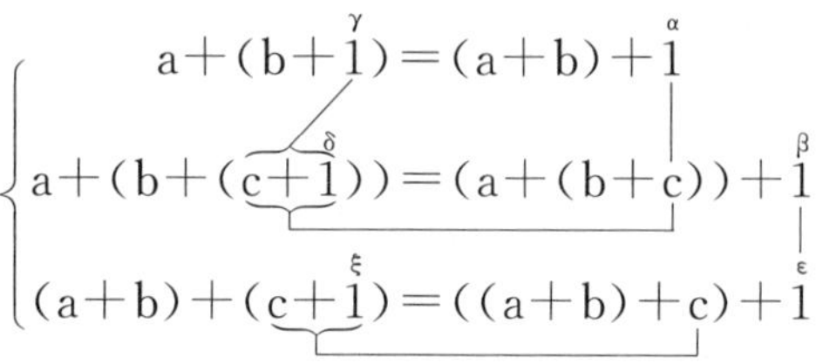

比如有α标记的1对应的不是β，而是下一个等式中的c；但是，β并非对应着δ，而是对应着ε；γ并非对应着δ，而是对应着c＋δ等等。

或者在如下等式中：

$$\overbrace{\overset{\chi}{a}+\overset{\gamma}{1}}^{\alpha}) \quad (\overset{\chi}{a}+\overset{\gamma}{1})+\overset{\beta}{1}=(\overset{\iota}{a}+\overset{\varepsilon}{1})+\overset{\zeta}{1}$$

$$\overset{\gamma}{1}+(\overbrace{a+1}^{\delta})=(\overset{\mu}{1}+\overset{\eta}{a})+\overset{\theta}{1}$$

并非ι对应着κ，ε对应着λ，而是ι对应着α，ε对应着β；并非β对应着ζ，而是ζ对应着θ，α对应着δ，β对应着γ，γ对应着μ而并非对应着θ，等等。

423. 像下面这样一个计算的情况如何？

$(5+3)^2=(5+3)\cdot(5+3)=5\cdot(5+3)+3\cdot(5+3)=$

$5 \cdot 5+5 \cdot 3+3 \cdot 5+3 \cdot 3=5^2+2 \cdot 5 \cdot 3+3^2 ... R$

我们也可以从这个计算读出求一个二项式的平方的一般的规则吗？

可以说，我们能够以算术的和代数的方式来看待这个计算。

如果这个例子比如是这样的，那么理解上的这种差别便暴露出来了：

$(5+2)^2=5^2+\overset{\alpha}{2} \cdot \overset{\beta}{2} \cdot 5+\overset{\beta}{2}{}^2$

现在，在代数的理解中我们必须区别开β位置上的 2 和α位置上的 2，而它们在算术的理解中是不必区别开来的。我相信，我们这两次恰恰是在从事一种不同的演算。

424. 按照其中的一种理解，比如上面的计算是$(7+8)^2=7^2+2 \cdot 7 \cdot 8+8^2$的证明，而按照另一种理解，它则不是这样的证明。

425. 为了让自己确信如下之点：$(a+b)^2$等于a^2+b^2+2ab，而非等于a^2+b^2+3ab（如果我们比如说忘记了这点），我们可以计算一个例子；但是，我们不能在这种意义上核对这个公式**一般说来**是否是有效的。自然也存在着**这样的**核对，而且我可以查看如下计算，

$(5+3)^2=\cdots\cdots=5^2+2 \cdot 5 \cdot 3+3^2$

以便看一下第二个项中的 2 是这个等式的一个一般的特征呢，还是一个取决于该例子的特殊的数的特征。

426. 我将$(5+2)^2=5^2+2 \cdot 2 \cdot 5+2^2$转变成另一个符号，方法是这样：写出

$$(\overset{\alpha}{5}+\overset{\beta}{2})^2=\overset{\alpha}{5}^{\bar{2}}+\bar{2}\cdot\overset{\beta}{2}\cdot\overset{\alpha}{5}+\overset{\beta}{2}^{\bar{2}}$$

并且由此“指示出右侧的哪些特征源自于左侧的独特的数”，等等。

427.（我现在认识到了这种配合过程的重要性。它是对于人们就计算所做的一种新的考察的表达，因此是对于一种新的计算的考察的表达。）

428.“为了证明 A”，我必须首先——像人们会说的那样——将注意力引向 B 的完全确定的特征。（像在除法 $1.\underset{1}{0}\div 3=0.\dot{3}$ 中那样。）

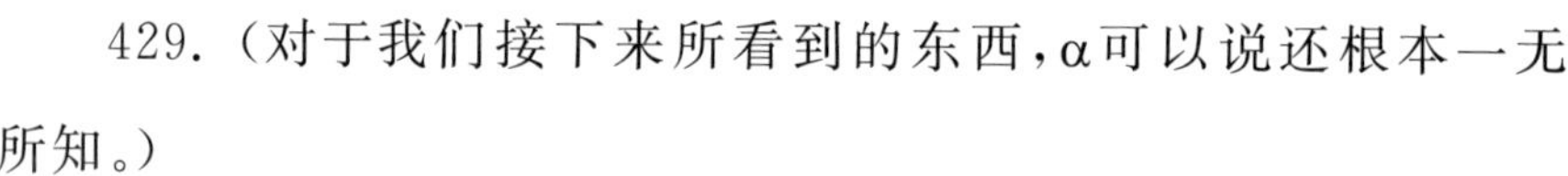

429.（对于我们接下来所看到的东西，α可以说还根本一无所知。）

430. 在此一般性和一般性证明之间的关系有如存在和存在证明之间的关系。

431. 即使当α，β，γ得到了证明时，那种一般的演算还是需要被发明出来。

432. 按照归纳序列写出“a+(b+c)=(a+b)+c”，这在我们看来是完全自明的；这是因为我们没有看到，我们借此开始了一个全新的演算。（恰好在学习计算的小孩在这方面会比我们看得更清楚。）

433. 这些强调是经由图式 R 发生的，并且看起来可以是这样的：

$$\left.\begin{aligned}
&\overbrace{a+(b+\overbrace{1}^{(1)})}^{f_1}=\overbrace{(a+b)+\overbrace{1}^{(1)}}^{f_2}\\
&\overbrace{a+(b+\overbrace{(c+1)}^{(c+1)})}^{f_1})=|\overbrace{a+(b+c)}^{f_1}|\overbrace{+1}^{(c)+1}\\
&\overbrace{(a+b)+\overbrace{(c+1)}^{(c+1)}}^{f_2}=|\overbrace{(a+b)+c}^{f_2}|\overbrace{+1}^{(c)+1}
\end{aligned}\right\}$$

不过，如下做法自然也是足够的（也即，本来也是同一种多样性的一个记号）：写出 B 并且附加上如下等式：

$f_1\xi=a+(b+\xi)$，$f_2\xi=(a+b)+\xi$。

（在此我们要一次地说明：**每个**符号均**可能**被误解——无论它多么明确。——）

434. 比如，首先注意到 B 可以以这样的方式看的人引入了一个新的符号；无论他现在是将这些强调与 B 联系在一起还是也将图式 R 写在其边上。因为这时 R 恰恰就是那个新的符号。或者，如果人们愿意，也可以将 B 和 R 一起看成那个新的符号。他注意到这点的那种方式给出了那个新的符号。

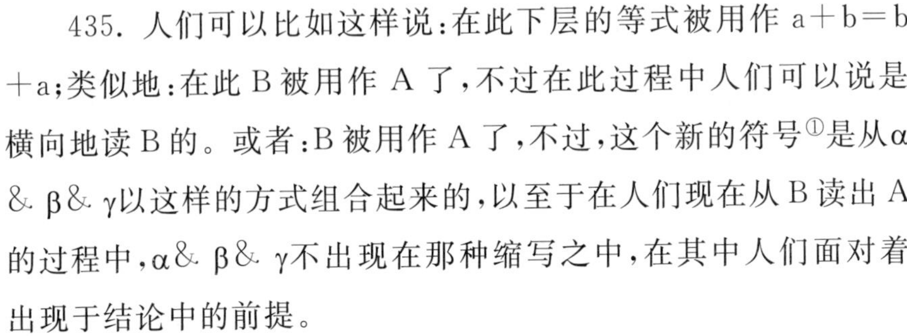

435. 人们可以比如这样说：在此下层的等式被用作 $a+b=b+a$；类似地：在此 B 被用作 A 了，不过在此过程中人们可以说是横向地读 B 的。或者：B 被用作 A 了，不过，这个新的符号[①]是从 α & β & γ 以这样的方式组合起来的，以至于在人们现在从 B 读出 A 的过程中，α & β & γ 不出现在那种缩写之中，在其中人们面对着出现于结论中的前提。

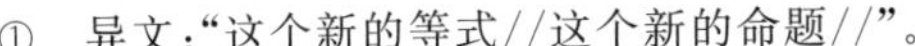

① 异文："这个新的等式//这个新的命题//"。

436. 那么，如下说法意味着什么："我让你注意到如下之点：在此同一个符号[①]出现在了两个函项符号之中（或许你还没有注意到这点）"？这意味着他还不理解这个命题吗？——他肯定还没有注意到本质上属于这个命题的某种东西；事情并非是（这样的）：好像他还没有注意到这个命题的一种外在的性质。（在此人们又看清了如下之点：人们称为"一个命题的理解"的东西究竟是属于什么种类的。）

437. 有关纵向和横向地穿过的比喻再一次地是一幅**逻辑的**图像，因此我们不应当将其看作没有任何约束性的比喻而予以轻视，而是应当将其看作一个语法事实的正确的表达。[②]

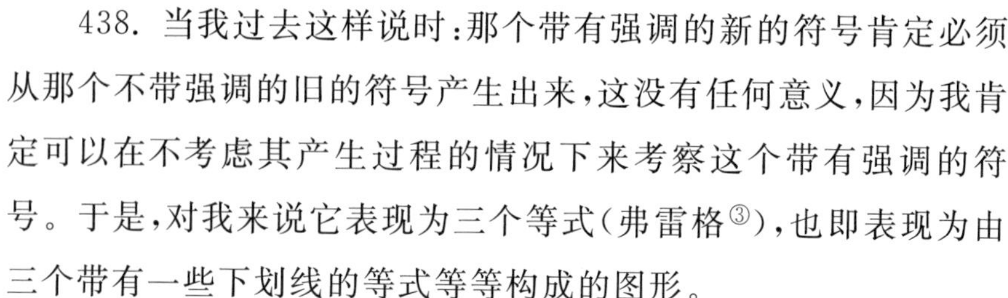

438. 当我过去这样说时：那个带有强调的新的符号肯定必须从那个不带强调的旧的符号产生出来，这没有任何意义，因为我肯定可以在不考虑其产生过程的情况下来考察这个带有强调的符号。于是，对我来说它表现为三个等式（弗雷格[③]），也即表现为由三个带有一些下划线的等式等等构成的图形。

439. 如下之点的确是富有意义的：这个图形完全类似于由三个不带这些下划线的等式构成的图形，正如这点也的确是富有意义的一样：尽管基数 1 和有理数 1 服从类似的规则，但是这并不妨

① 异文："主目"。

② 异文："有关纵向和横向地穿过的图像自然再一次地是一幅**逻辑的**图像，正因如此，是一种语法关系的十分精确的表达。因此，我们不能针对它说：'这是一个单纯的比喻，谁知道实际中情况是什么样的。'"

③ 参见：G. Frege, *Grundgesetze der Arithmetik*, Band II, Jena: H. Pohle, 1903, §§107—108, S. 114—115。

碍我们这里拥有的是一个新的符号。

现在我们在用这个符号从事某种全新的事情。

440. 此处的情况不是类似于我曾经假定的如下情形中的情况吗:弗雷格和罗素的真值函项演算本来可以是借助于符号"～"和"&"的这样的组合～ p & ～ q 来进行的,而人们并没有注意到这点。现在,沙弗只是让人们注意到了这些已经使用了的符号的一种独特之处,而并没有给出一种新的定义。

441. 人们本来可以一直做除法,而从来没有注意到这种循环性。如果人们注意到了它,那么他们便发现了某种新的东西。

442. 但是,在这种情况下,人们难道不是可以对此加以扩展并且说:"我本来可以将数彼此相乘,而从来没有注意到这样的特别的情形,在其中我将一个数与其自身相乘,因此 x^2 并非简单地等同于 $x \cdot x$。"人们可以将符号"x^2"的创造称为如下之点的表达:人们注意到了这种特别的情形。或者,人们本来可以(一直)在用 b 乘 a 并且用 c 除它,而并没有注意到如下之点:也可以将"$\frac{a \cdot b}{c}$"写作"$a \cdot \frac{b}{c}$",并且后者类似于 $a \cdot b$。进而:这的确就是这样的野蛮人的情形,他们还没有看到||||| 和|||||| 之间的类似性,或者还有|| 和||||| 之间的类似性。

$$[(a+(b+1)) \stackrel{\alpha}{=} (a+b)+1] \& [a+(b+(c+1)) \stackrel{\beta}{=} (a+(b+c))+1] \& [(a+b)+(c+1) \stackrel{\gamma}{=} ((a+b)+c)+1]. \stackrel{\text{Def.}}{=\!=}. (a+(b+c)). \mathfrak{J}. ((a+b)+c) \quad \ldots U$$

一般说来：

$$[f_1(1) \overset{\rho}{=} f_2(1)] \& [f_1(c+1) \overset{\beta}{=} f_1(c)+1] \& [f_2(c+1) \overset{\gamma}{=} f_2(c)+1]. \overset{\text{Def.}}{=\!=}.$$

$$f_1(c).\mathfrak{J}.f_2(c) \qquad \ldots V.$$

人们可能看到了定义 U，但是并不知道我**为什么**这样来进行缩写。

人们可能看到了这个定义，但是并没有理解其要义。——不过，这个要义恰恰是某种新的东西，它还没有包含在这个作为特别的替换规则的定义之中。

443. “$\mathfrak{J}$”自然也不是任何同一性符号——像它出现在α，β和γ之中那种意义上。

不过，人们可以轻易地表明，$\mathfrak{J}$与＝共同具有某些形式上的特征。

444. 按照所采纳的规则，**这样**来使用同一性符号是错误的：

$$[(a+b)^2 = a\cdot(a+b)+b\cdot(a+b) = \ldots$$
$$= a^2+2ab+b^2].=.[(a+b)^2 = a^2+2ab+b^2] \ldots \Delta$$

——如果人们借此意指的应当是这点，即左侧是右侧的证明。

但是，我们难道不是可以这样设想吗：人们将这个等式看作定义？——比如，如果相关的习惯一直是这样的：不是写出右侧，而是写出整个链条。现在，人们引入了这种缩写。

445. 自然，**Δ可以**被看作定义！因为左侧的符号事实上被使用了，为什么人们不能按照这种约定来对它进行缩写？只不过，这样的话，我们就是在按照与现在通行的方式不同的方式使用右侧或者左侧符号。

446. 人们从来没有足够地强调过如下之点：**完全不同**种类的符号规则被写进了这个等式的形式之中。

447. 我们可以这样来看待 $x \cdot x = x^2$ 这个“定义”：它只允许用符号“x^2”替换符号“$x \cdot x$”，因此它类似于定义 $1+1=2$。不过，我们也可以这样来看待它（它事实上就是这样被看待的）：它允许用“a^2”替换“$a \cdot a$”并且用 $(a+b)^2$ 替换 $(a+b) \cdot (a+b)$。还可以这样看：任意一个数均可以替换 x。

448. 发现了命题 p 得自于 q ⊃p & q 这样的形式的人构造了一个新的符号，这条规则的符号。（在此我假定，人们以前已经使用了一个带有 p，q，⊃，& 的演算，并且现在这条规则被附加上来了，由此便造就了一个新的演算。）

449. 在“x^2”这个记号系统中如下可能性真的消失了：用另一个数来替换诸因子 x 之一。是的，可以设想 x^2 的发现（或者构造）分成两个阶段。人们或许首先写“$x^=$”，而不是写“x^2”，然后一个人才注意到存在着这样一个系统 $x \cdot x, x \cdot x \cdot x$，等等；只是在这时人们才达到这个系统。类似的事情无数次地出现在数学之中。（利比希①还不是以这样的方式来表示一个氧化物的，以至于氧作为元素出现在记号系统中的方式类似于被氧化的东西出现在其中

① Justus von Liebig(1803—1873)，德国化学家。

的方式①。人们也可以通过使用我们大家今天都熟悉的材料通过一种极其人为的释义——也即语法的构造——来给氧创造这样一个特殊的地位；自然，只是在**表现形式**上给其以一个特殊的地位。尽管这听起来有点儿怪异。）

450. 通过 $x \cdot x = x^2$，$x \cdot x \cdot x = x^3$ 这样的定义而出现于世间的只是符号“x^2”和“x^3”（至此如下做法还是不必要的：将数字作为指数而写出）。

451. 一般化的过程创造了一个新的符号系统。

452. 沙弗的发现自然并不是这样的定义的发现：～p & ～q＝p|q。罗素本来肯定可以早就有了这个定义，但是他并没有因此就拥有了沙弗的系统。另一方面，沙弗即使没有这个定义本来也可以为其系统找到根据。他的系统完全包含在了“～p”的符号“～p & ～p”和“p∨q”的符号“～(～p & ～q) & ～(～p & ～q)”之中。“p|q”仅仅是允许了一种**缩写**。是的，我们可以这样说：人们本来很可能已经知道了“p∨q”的符号“～(～p & ～q) & ～(～p & ～q)”，却没有在它之中认出系统(p|q)|(p|q)。

453. 如果我们通过采用弗雷格的两个初始符号“～”和“&”的方式让这个事情变得更为清楚，那么在此这个发现仍然是存在着的——尽管如下定义也被写出来了：～p & ～p＝～p 和～(～p & ～p) & ～(～q & ～q)＝p & q。在此看起来这些初始符号中的任何东西都没有被改变。

① 异文：“以至于氧作为与被氧化的东西等价的元素而出现在记号系统中”。

454. 人们也可以设想，某个人已经将弗雷格或者罗素的逻辑全部都在这个系统中写出来了，但是他像弗雷格一样将“～”和“&”称为他的初始符号，因为他在他的命题中没有看到这另一个系统。

455. 显然，在～p & ～p＝～p和～(～p & ～p) & ～(～q & ～q)＝p & q中对沙弗系统的发现对应于这样的发现：$x^2+ax+\frac{a^2}{4}$是$a^2+2ab+b^2$的一种特殊情形。

456. 只有当某个事项被以这样的方式看待了之后，人们才看到了它能够以这样的方式来看待。

只有当一个角度已经存在时，人们才看到了它是可能的。

457. 这听起来好像是这样：沙弗的发现根本不能用符号表现出来(循环除法)。不过，这是因为，人们不能在引入一个符号时就预示其**应用**(①规则是而且依然是一个符号，它与它的应用是分离开的)。

458. 就归纳证明的一般的规则来说，我自然只能在我发现了这样的替换的时候才能应用它，即经由它，它成为可以应用的。因此，事情可能是这样的：一个人虽然看到了如下等式，

(a＋1)＋1＝(a＋1)＋1

1＋(a＋1)＝(1＋a)＋1

但是却没有达到如下替换：

① 异文：“运用”。

$$A=x,\ F_1(\underbrace{x)=x}+1,\ F_1(\underbrace{\underbrace{x+1})=(\underbrace{x+1}})+1,$$

$$F_2(\underbrace{\underbrace{x+1})=1+(\underbrace{x+1}}),\ F_2(\underbrace{x)=1+x}$$

459. 顺便说一下，当我说我将这些等式**理解**为那条规则的特殊的情形时，这种理解当然必定是显示在有关存在于这条规则和这些等式之间的关系的解释中的东西，因此，也就是我们通过这些替换所表达的东西。如果我不将这些替换看作我所理解的东西的一种表达的话，那么也就不存在任何表达了。但是，这时谈论理解也就没有任何意义了——说我理解了某种确定的东西也就没有任何意义了。因为只有在这样的地方谈论理解才是有意义的，在那里我们在理解**这样一种**东西，它与另外某种东西相对照。符号所表达的正是这种对照。

是的，一种内在关系的看到再一次只能是对于某种这样的东西的看到，它是可以描述出来的，针对它人们可以说“我看到它是这样的”；因此，真正说来只能是这样的某种东西的看到：它具有配合符号的本性(像联结线、括号、替换等等)。所有其它的东西都只能包含在一般规则的符号在一种特殊的情形中的应用之中。

460. 我们好像在某些摆放在我们面前的物体上发现了这样一些平面，借助于它们我们可以将这些物体一个挨着一个地排列在一起。或者更准确地说，好像我们发现了，它们可以借助于我们以前就已经看到过的某些平面一个挨着一个地排列起来。这就是许多游戏或者谜一样的问题的解答的方式。

461. 发现了循环性的人发明了一种新的演算。问题是：带有循环除法的演算如何与不知道循环性的演算区别开来?

462.(我们本来可以用立方体来从事一种演算,但是却从来没有想到要将它们一个挨着一个地排列成棱柱。)

(十) 归纳证明,算术和代数

463. 我们究竟为什么需要交换律?肯定不是为了能够写出等式(4+6)=(6+4),因为这个等式经由其独特的证明而得到了辩护。自然,我们也可以将交换律的证明用作它的证明,但是这时它恰恰就成了一个特别的(算术)证明。因此,我之所以需要这个规律,是为了据此用字母进行运算。

归纳证明不能为我提供这种权利。

464. 不过,这一点是清楚的:如果这个递归证明给我们提供了以代数的方式进行计算的权利,那么算术证明 L[①] 也为我们提供了这种权利。

还有:自然,这个递归证明本质上处理的是数。不过,如果我想以纯粹代数的方式进行运算,那么数与我何干?或者:只有在我想通过递归证明来辩护一个数计算中的一个过渡时,它才是可以利用的。

465. 不过,现在人们会问:因此,我们不是需要**两者**吗:**不仅**有归纳证明**而且**还有结合律?因为后者可是不能为数计算中的过

① 参见前文 § 413。

渡提供根据，而前者又不能为代数中的变形提供根据？

466. 那么，在司寇伦给出其证明以前，人们（竟然）只是接受了比如结合律，而并未能经由计算完成数计算中的相应的过渡吗？[①] 也即：人们此前不能算出 5+(4+3)=(5+4)+3，而是将它作为公理看待的吗？

467. 如果我说那个循环的数计算证明了那个让我有权利做出那些过渡的命题，那么假定人们将这个命题作为公理接受下来，而不是证明它，它本来可以具有什么样的形式？

这样的命题具有什么样的形式：按照它，我本来可以设定 5+(7+9)=(5+7)+9 而未能证明它？显然，根本就不存在这样一个命题。

人们也可以这样说吗：在算术中根本就没有使用结合律；相反，在那里我们仅仅使用特殊的数计算进行工作？

即使代数利用了算术记号系统，它也是一种完全不同的演算，而并非可以从算术演算中推导出来。

468. 对于"5×4=20 成立吗"这个问题人们可以回答说："请查看一下这是否与算术的基本规则一致"；相应地，我可以这样说：请查看一下 A 是否与这些基本规则一致。但是，与哪些基本规则？好的，或许是与α。

469. 不过，在α与 A 之间恰恰存在着这样的必要性：就我们在此愿意称为"一致"的东西做出规定。

① 异文："而并未能经由计算来为数计算中的相应的过渡提供根据吗？"

470. 这也就是说，在α与 A 之间恰恰存在着从算术到代数的鸿沟，而且如果 B 应当被看作 A 的证明，那么这个(鸿沟)必须经由一种规定来加以填补。

471. 现在，如下之点便完全清楚了：如果我们只是比如非常仓促地算出一个数例子，以便由此来核对一个代数命题的正确性，那么我们便使用了这样一种一致性的观念。

在这种意义上我可以做出比如如下计算：

$$\begin{array}{r} 25 \times 16 \\ \hline 25 \\ 150 \\ \hline 400 \end{array} \qquad \begin{array}{r} 16 \times 25 \\ 32 \\ 80 \\ \hline 400 \end{array}$$

并且说：“是的，是的，这是对的，a×b 等于 b×a。”——如果我想象我忘记了这点。

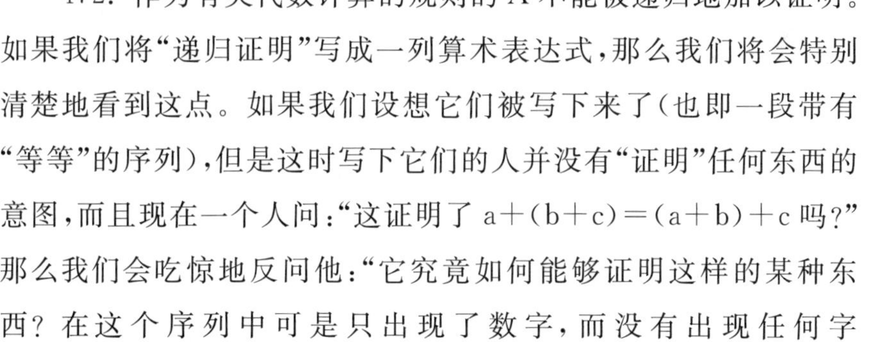

472. 作为有关代数计算的规则的 A 不能被递归地加以证明。如果我们将“递归证明”写成一列算术表达式，那么我们将会特别清楚地看到这点。如果我们设想它们被写下来了(也即一段带有“等等”的序列)，但是这时写下它们的人并没有“证明”任何东西的意图，而且现在一个人问：“这证明了 a+(b+c)=(a+b)+c 吗?”那么我们会吃惊地反问他：“它究竟如何能够证明这样的某种东西? 在这个序列中可是只出现了数字，而没有出现任何字母!”——不过，现在人们或许会说：如果我为字母计算引入了规则 A，那么这个演算由此便在一种特定的意义上与这样的基数的演算一致起来了，我是通过有关加法规则的规律(递归定义 a+(b+1)=(a+b)+1)来对它进行规定的。

五、数学中的无穷外延的看法

（一）算术中的一般性

473. “一个像(∃n). 3＋n＝7 这样的命题具有什么样的意义?”在此人们处在一种奇特的困难之中:一方面,人们感觉到这个命题拥有在 n 的无穷多的值之间做出选择的自由这点构成了问题;另一方面,这个命题的意义似乎在自身之内便得到了保证,而只是对于我们来说(或许)还是需要探究的,因为我们可是“知道‘(∃φ). φx’意谓着什么”。如果一个人说他不知道“(∃n). 3＋n＝7”具有什么意义,那么人们会回答他说:“但是,你可是知道这个命题说出了什么:3＋0＝7 . ∨. 3＋1＝7 . ∨. 3＋2＝7 等等!”不过,对此人们可以回答说:“完全正确——因此,这个命题不是任何逻辑和,因为逻辑和并非以‘等等’结束,而我所不清楚的东西恰恰是‘φ(0)∨φ(1)∨φ(2)∨等等’这个命题形式。——而且你只是做了如下事情:不是给予我第一个无法理解的命题种类,而是给予我第二个无法理解的命题种类,而且还顺带给人以这样的假象:好像你给予我的是某种早已熟悉了的东西,也即一个析取式。”

因为当我们认为我们的确无条件地理解"(∃n)等等"时，为了给出辩护我们想到了"(∃……)……"这种记号系统的使用的其它的情形，或者想到了我们的语言的表达形式"有……"(es gibt……)。不过，对此人们只能说：因此，你在将命题"(∃n……)"**与**"在这个城市里有这样一座房子，它……"或者"在这一页上有两个外来词"这样的命题**加以比较**。但是，伴随着语词"有"在这些命题中的这种出现这种一般性的语法可是还没有得到决定。这种出现仅仅是指向了诸规则中的一种相似性。因此，我们将可以不带任何先入之见地——也即可以不受"(∃……)……"在其它情形中所具有的意义干扰地——研究"(∃n)等等"这种一般性的语法。

474. "所有数或许都具有性质ε。"问题又一次地是这样的：什么是这个一般的命题的语法？因为我们知道表达式"所有……"在其它语法系统中的运用这点对我们来说没有任何用处。假定人们说："你可是知道它意味着什么！它意味着：ε(0) & ε(1) & ε(2)等等"，那么借此人们又没有解释任何东西；除非这个命题**不是任何**逻辑积。为了了解这个命题的语法，人们会问：人们如何使用这个命题？人们将什么看作其真性的标准？什么是它的证实？——如果人们没有预先规定好任何这样的方法，利用它可以判定这个命题是真的还是假的，那么它便是无目的的并且也就是没有意义的。不过，在此我们达到了这样一种幻觉：这样一种证实的方法尽管预先规定好了，但是仅仅由于人类的弱点的原因，是不可贯彻的。这种证实在于：人们针对ε(0) & ε(1) & ε(2)……这个积的所有(无穷多的)项来检验其正确性。在此人们称为"逻辑的不可能性”的东西被与物理的不可能性混淆在一起了。[1] 因为人们之所以相信他们已经将意义给予了表达式“针对这个无穷的积的所有的项来检验其正确性”，是因为他们将语词“无穷多”当作一个极其巨大的数的名称了。在听到“不可能检验无穷数目的命题”时，浮现在我们心中的是这样的不可能性：当我们比如没有必要的时间时我们不可能检验很大数目的命题。

请回忆一下，在检验无穷数目的命题是不可能的这种意义上，试图这样做也是不可能的。——如果当我们说出“你可是知道‘所有……’意味着什么”这样的话时我们援引这样的说话方式得到了使用的诸情形，那么如下之点对于我们来说可并非是无所谓的：我们看到了这些情形与这样的情形之间的区别，对于它来说这些词的使用应当得到了解释。——（肯定的，）我们知道，“针对一定数目的命题来检验其正确性”意味着什么，而且当我们要求人们现在也应当理解“无穷多命题……”这个表达式时我们援引的肯定恰恰就是这种理解。但是，难道第一个表达式的意义不是取决于对应于它的那些特别的经验吗？[2] 而恰恰是这些经验在第二个表达式的运用（演算）中肯定是缺失的；除非我们给它配合上这样的经验，它们与第一种经验是根本不同的。

475. 兰姆西曾经建议，通过对下面的所有命题进行否定的方式来表达有无穷多的对象满足一个函项 f(ξ)这个命题：

---

① 异文：“在此逻辑的可能性被与物理的可能性混淆在一起了。”

② 异文：“但是，第一个表达式的意义竟然是独立于与它联系在一起的经验的吗？”

$\sim (\exists x). fx$

$(\exists x). fx \;\&\; \sim (\exists x,y). fx \;\&\; fy$

$(\exists x,y). fx \;\&\; fy \;.\&.\; \sim (\exists x,y,z). fx \;\&\; fy \;\&\; fz$

等等。

——但是,这种否定产生如下序列:

$(\exists x). fx$

$(\exists x,y). fx \;\&\; fy$

$(\exists x,y,z)$……

等等,等等。

而这个序列又是完全多余的:首先,最后写出的那个命题肯定包含了所有前面的命题;其次,最后这个命题对于我们来说也没有任何用处,因为它处理的的确并非是无穷数目的对象。因此,这个序列实际上归结为这样一个命题:

“(∃x,y,z……以至无穷). fx & fy & fz……以至无穷。”

如果我们不知道这个符号的语法,那么我们根本不能用这个符号做任何事情。不过,有一件事情是清楚的:我们所处理的并非是一个具有“(∃x,y,z). fx & fy & fz”这样的形式的符号,而是一个这样的符号,它与前一个符号的相似性似乎就是为了误导我们而被制作出来的。

476. 我的确可以将“m>n”定义为(∃x). m－n＝x,但是我绝对没有因此而分析了它。因为人们认为,通过使用“(∃……)……”这个符号系统我们便在“m>n”和具有“有……”这样的形式的其它命题之间建立起了一种联系。不过,人们忘记了,由此尽管某一种相似性得到了强调,但是事情仅此而已。因为“(∃……)……”这个符号在无数多不同的“游戏”中得到了使用。(正如在象棋游戏和皇后跳棋游戏中都有一个“王后”一样。)因此,我们必须首先知道这样的规则,**在此**它就是根据它们而被运用的。这时如下之点便立即变得清楚了:这些规则在此与有关减法的规则是联系在一起的。因为,如果我们像通常那样问:“我如何知道——也即什么表明了——这点:有一个数 x,它满足条件 m－n＝x”?那么对此的回答是有关减法的规则。现在我们看到,我们从我们的定义中并没有得到许多东西。是的,作为对“m＞n”的解释,我们本来可以立即给出这样的规则,人们就是根据它们来复核这样一个命题的——比如在“32＞17”这个情形中。

477. 当我这样说时:“对于每个 n 都有这样一个δ,它使得这个函项小于 n”,我必定是在指涉这样一个一般的算术标准,它指明了什么时候 F(δ)＜n 成立。

478. 如果本质上说来在没有一个数系统的情况下我不能写出任何一个数,那么这点也必须在数的一般性处理之中得到反映。数系统并非是某种具有较少价值的东西——像一台俄罗斯计算器一样——它只对于小学生有用,而高级一些的、一般性的考察则可以不考虑它。

479. 如果我在比如十进位系统中给出用以确定“m＞n”的正确和错误(进而其意义)的规则,那么我们的考察的一般性也不会因之而有所丧失。我肯定需要**一个**系统,而这种一般性是通过如下方式得到保证的:人们给出这样的规则,按照它们人们做出从一个系统到另一个系统的翻译。

480. 数学中的一个证明是一般性的，如果它是一般地可以应用的。我们不能以严格的名义来要求另一种一般性。**每个**证明都从**特定的**符号、一个特定的符号赋予活动那里得到支撑。一种一般性只不过可能看起来比另一种一般性更为优雅而已。（还有十进位系统在有关δ和η的证明中的运用。）

481. “严格”意味着：清楚。[①]

482. “人们可以将数学命题想象成这样一个生物，它自己就知道它是真的还是假的。（这与有关经验的命题不同。）

“一个数学命题自己就知道它是真的或者它是假的。如果它处理的是所有数，那么它必定已经综览了所有数。正如意义包含在它之内了一样，它的真性或者假性也包含于它之内了。”

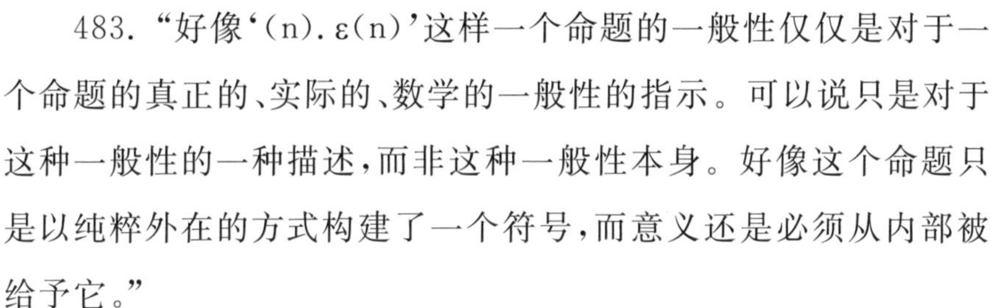

483. “好像‘(n). ε(n)’这样一个命题的一般性仅仅是对于一个命题的真正的、实际的、数学的一般性的指示。可以说只是对于这种一般性的一种描述，而非这种一般性本身。好像这个命题只是以纯粹外在的方式构建了一个符号，而意义还是必须从内部被给予它。”

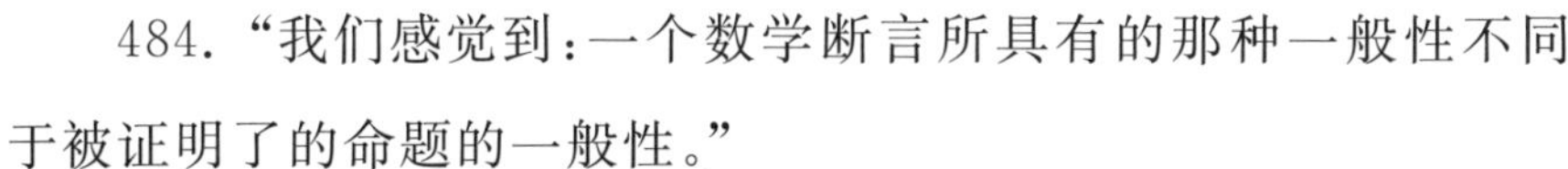

484. “我们感觉到：一个数学断言所具有的那种一般性不同于被证明了的命题的一般性。”

---

① 对这个评论，在 TS 212：1776 上维特根斯坦写有如下边注：“反对哈代并且捍卫证明中的十进位系统等等。”哈代（G. H. Hardy，1877—1947），英国著名数学家，维护数学实在论。

485.“人们可以这样说:一个数学命题是对于一个证明的指示。”

486. 假定一个命题自己没有完全地把握其意义,假定它的意义对于它自己来说太难理解了,情况如何? ——真正说来,逻辑学家便假定了这点。

487. 就一个处理所有的数的命题来说,人们无法设想它是通过一种没有尽头的行走来证实的,因为如果这种行走是没有尽头的,那么它可是根本就没有通向一个目标。

设想有这样一个无穷长的树列,而且有一条沿着它的路,以便我们可以检查它。很好,这条路必定是没有尽头的。不过,如果它是没有尽头的,那么这意味着人们不能将其走到头。这也就是说,它**没有**将我带到这样的地方:综览这个树列。因为这条没有尽头的路并非是有一个“无穷远的”尽头,而是根本就没有尽头。

488. 人们也不能说:“这个命题不能连续地把握所有数,因此它必须经由这个概念来把握它们”,——好像是在没有更好的办法时事情才是这样的:“因为它不能**以这样的方式**做这个,所以它不得不以其它的方式做它。”但是,一种连续的把握已经是可能的了,只不过它恰恰没有导向这个全体。这个全体**不是**位于:我们逐步地走的那条路上,——而且也并非位于:这条路的无穷远的尽头。(这一切只是意味着——“ε(0) & ε(1) & ε(2) & 等等”并不是一个逻辑积的符号。)

489.“任何数都不可能**偶然地**拥有性质ε;相反,只是根据其本质它们才拥有它的。”——命题“长有红鼻子的那些人脾气好”与命题“喝葡萄酒的那些人脾气好”即使在如下情况下也并非具有相同的意义:长有红鼻子的人恰恰是喝葡萄酒的人。相反:如果数 m,n,o 以这样的方式构成一个数学概念的外延,以至于 fm & fn & fo 是实际情况,那么那个断言满足 f 的数都具有性质ε的命题与命题“ε(m) & ε(n) & ε(o)”便具有相同的意义。因为两个命题“fm & fn & fo”和“ε(m) & ε(n) & ε(o)”可以互相变形成对方,与此同时我们又没有离开这个语法领域。

现在让我们看一下这个命题:“所有满足条件 F(ξ)的 n 个数都偶然地具有性质ε。”在此事情取决于条件 F(ξ)是否是一个数学条件。如果它是一个数学条件,那么我现在便**可以**从 F(x)推导出 ε(x),尽管这要借助于 F(ξ)的 n 个值的析取式。(因为在此恰恰存在一个析取式。)因此,在此我谈论的不是一种偶然情况。——如果这个条件是一个非数学的条件,那么相反,人们将能够谈论一个偶然情况。比如,假定我这样说:今天我在公共汽车上所读过的所有数都偶然地是素数。(与此相反,人们自然不能说:“17,3,5,31 这些数都偶然地是素数”,正如人们不能这样说一样:“数 3 偶然地是一个素数。”)“偶然的”肯定是“一般地可以推导出来的”的反面。但是,人们可以说:命题“17,3,5,31 都是素数”是一般地可以推导出来的——尽管这听起来有点儿怪——,正如命题 2+3=5 一样。

如果现在我们回过头来看一下我们的最初的命题,那么我们便会再一次地问:命题“所有数都具有性质ε”究竟是如何被意指的?人们究竟如何能够知道它?因为对这点的确定可是构成了其意义的确定的一个部分!“偶然的”这个词当然指向了经由连续的

试验所做的证实，而如下之点与此相矛盾：我们不是在谈论一个有穷的数列。

490. 在数学中描述与对象是等价的。“这个数列的第五个数具有这个性质”与如下命题**说出了相同的东西**：“5 具有这个性质。”一座房子的性质并非**得自**于它在一列房子中所处的位置；与此相反，一个数的性质则得自于一个位置的性质。

491. 人们可以说，一个特定的数的性质是不可预见的。只有在达到了它那里时人们才看到它。

一般性是一个运算的重复。这种重复的每个阶段都具有其个别性。现在，情况或许并不是这样的：我通过这种运算从一种个别性前进到另一种个别性。结果，这种运算是我用来从一种个别性到另一种个别性的手段。它好比说是这样的车辆，它在每个数那里都停下来，现在人们可以对其进行考察。相反，+1 这种运算的三次重复的使用产生了 3，**就是** 3。

（在演算中过程和结果彼此等价。）

但是，现在在我想要谈论“所有这些个别性”或者“这些个别性的全体”之前，我必须**好好**思考一下在这些情形中我想让哪些规定对“所有”和“全体”这些词的使用来说有效。

492. 完全摆脱外延的理解是困难的。因此人们这样想：“是的，但是在 x^3+y^3 和 z^3 之间必定存在着一种内在的关系，因为（至少）这些表达式的外延（只要我知道它们）必定表现了这样一种关系的结果。”比如：“事情必定是这样的：**本质上说来所有**数或者具有性质ε或者不具有它，因为毕竟**所有**数或者具有这些性质或者不具有它们，即使我不能知道这点[①]。"

493. "如果我历经了这个数列，那么我或者有一次达到了一个具有性质ε的数，或者从来没有达到这样的数。"表达式"历经了这个数列"是胡话；除非人们**给予**它一个意义，不过，这个意义现在取消了该表达式与"历经了从 1 到 100 的数"之间的假想的类似性。

494. 当布劳维尔反对在数学中应用排中律时，在如下范围内他是对的，即他在反对这样一种程序，它类似于经验命题的证明。在数学中人们绝不能以**这样的**方式来证明什么：我看到在桌子上有 2 个苹果，现在那里只有**一个**苹果了，因此 A 吃了一个。——也即，人们不能通过排除某些可能性的方式来证明这样一种新的可能性，它还没有经由我们所给出的规则而已经包含在那种排除之中。在这样的范围内在数学中没有真正的选项。如果数学是对于经验上给定的聚合体的研究，那么人们可以经由排除一个部分的方式来描述那个没有被排除的部分，而且在此那个没有被排除的部分并非等价于另一个部分的排除。

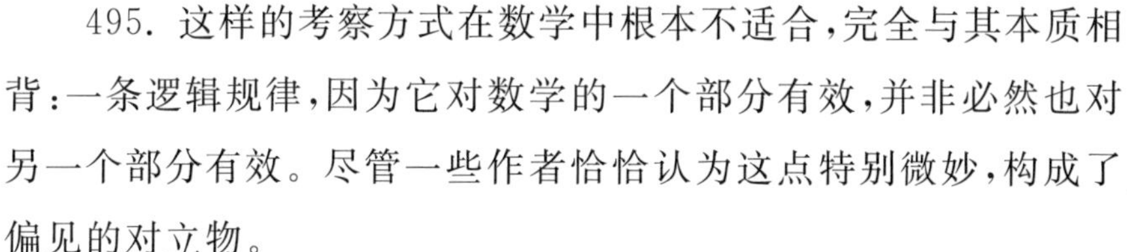

495. 这样的考察方式在数学中根本不适合，完全与其本质相背：一条逻辑规律，因为它对数学的一个部分有效，并非必然也对另一个部分有效。尽管一些作者恰恰认为这点特别微妙，构成了偏见的对立物。

496. 现在，至于这样的一般性的情况是什么样的，这样的数

① 异文："即使我不能知道哪个是实际情况"。

学命题的情况是什么样的:它们处理的并不是“所有基数”,而是比如“所有实数”[1],我们只能通过研究这些命题及其证明才能认识到。

497. 一个命题说出它是如何得到证实的。请比较算术中的一般性与非算术的命题的一般性。它们是以不同的方式得到证实的,因而是不同的命题。证实并非是真性的一种单纯的迹象;相反,它决定了命题的意义。(爱因斯坦:一个量就是它得到测量的方式。)

(二) 论集合论

498. “有理数的点在数直线上紧密地靠在一起”:误导人的图像。

499. 一个只包含所有有理数的点而不包含无理数的点的空间是可以设想的吗?对于我们的空间来说这样的结构或许是太过粗糙[2]了吗?这是因为这时我们只能近似地达到无理数的点吗?因此,这意味着我们的网络不够精细吗?不是。我们缺少的是规律,而不是外延。

一个只包含所有有理数的点而不包含无理数的点的空间是可以设想的吗?

---

① 异文:“现在,至于数学中的这样的一般性的情况是什么样的,其命题处理的//它所谈论的//并不是‘所有基数’,而是比如‘所有实数’。”

② 异文:“太不准确”。

这只是意味着：无理数难道不是预先断定在有理数之中了吗？

无理数并非预先断定在有理数之中了，正如象棋没有预先断定在皇后跳棋之中一样。

无理数并非填补了有理数所留下的任何空隙。

500. 让人们感到惊奇的是："在稠密地摆放在各处的有理数的点之间"还有无理数的位置。（多么愚蠢！）像点 $\sqrt{2}$ 这样一种构造显示了什么？它显示了有关这个点的如下事情吗：它如何最终还是在诸有理数的点之间得到了一个位置？它显示了：那个经由这样的构造**所创造出来的**点，也即作为**这个**构造的点的那个点，**不是有理数**。——在算术中什么对应于这个构造？或许是这样一个数，它**最终还是**挤进了诸有理数之间？对应于这个构造的是这样一条规律，它不具有有理数的本质。

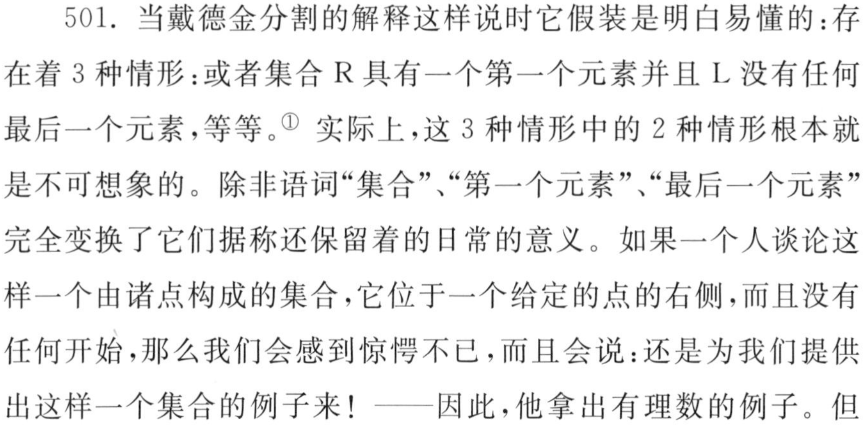

501. 当戴德金分割的解释这样说时它假装是明白易懂的：存在着 3 种情形：或者集合 R 具有一个第一个元素并且 L 没有任何最后一个元素，等等。① 实际上，这 3 种情形中的 2 种情形根本就是不可想象的。除非语词"集合"、"第一个元素"、"最后一个元素"完全变换了它们据称还保留着的日常的意义。如果一个人谈论这样一个由诸点构成的集合，它位于一个给定的点的右侧，而且没有任何开始，那么我们会感到惊愕不已，而且会说：还是为我们提供出这样一个集合的例子来！——因此，他拿出有理数的例子。但

① 参见：Richard Dedekind，*Gesammelte mathematische Werke*，III，hrsg. R. Fricke，E. Noether & Ø. Ore，Braunschweig，1932，S. 323－324。

是，在此根本没有任何原来意义上的[①]点的集合！

502. 两条曲线的切点并不是两个由诸点构成的集合的共同的元素，而是两条规律的切面。除非我们经由第二种表达方式来定义第一种表达方式——尽管这是很误导人的。

503. 根据我已经就此说过的许多话，如果我现在说出下面的话，那么这听起来是琐屑的：集合论的考察方式中的错误总是一再地在于——人们认为规律和列举（清单）本质上是一回事儿，并且将它们彼此并列放在一起；而在其中的一个不够用了时，另一个便填补上其位置。

504. 一个集合的记号是一个清单。

505. 在这里困难还是在于数学的似是而非的概念的构建。如果人们比如这样说：人们能够按照其大小将基数排成一个序列，但是不能这样来排列有理数，那么在此人们未加意识地做出了如下预设：好像按照大小排序的概念**对有理数来说**的确是有意义的，而且现在当人们尝试这样做时这种排序被证明是不可能的（这假定了这种**尝试**是可以设想的）。——因此，人们认为：尝试将**实数**安排进一个序列中（好像它是一个类似于比如“将苹果放在这张桌子上”的概念）是可能的，而现在这被证明是不可执行的。

506. 如果集合演算在其表达方式中尽可能地依靠基数演算的表达方式，那么这在一些方面看来肯定是有教育意义的，因为它

① 异文：“日常意义上的”。

指向了某些形式上的相似性。不过，这也是误导人的，这就好像是它还将既没有柄也没有刃的东西称为刀一样。(利希腾博格。①)

507.(一个数学证明的优雅只能具有这样一种意义：让某些相似性特别强烈地暴露出来——如果这是所希望的事情。否则，它便源起于愚蠢，只是具有这样一种效果，即掩盖了应当是清楚的并且明显的东西。对于优雅的愚蠢的追求是数学家们不理解他们自己的运算的一个主要原因，或者说这种不理解性和那种追求源自于一个共同的源泉。)

508. 人们被缠绕在语言之网上，但却不知道这点。

509.“存在着这样一个点，在其上这两条曲线彼此相切。”你是如何知道这点的？如果你向我们说出了它，我将知道命题“存在着……”具有一种什么样的意义。

510. 如果人们想要知道表达式“一条曲线的最高点”意谓着什么，那么人们便问自己：人们如何找到它？——以不同的方式找到的东西是某种不同的东西。人们将它定义为这条曲线上的这样的点，它比所有其它点都更高，与此同时人们又有如下想法：只是因为我们人类的弱点才阻碍了我们一个一个地走过这条曲线上的所有的点并且在它们中挑选出那个最高点。这导致了如下意见：有穷数目的点中的最高点与一条曲线的最高点本质上是同一个东西，而且在此人们恰恰是按照两种不同的方法找到同一个东西的，

① 参见：G. C. Lichtenberg, Brief an Heyne 23. 7. 1795, in, *Briefwechsel*, Bd. 4 (1793—1799), ed. U. Joost & A. Schöne, München, 1992。

正如人们以不同的方式确定有人在隔壁房间里一样：如果门锁了，而且我们太虚弱，无法打开它，我们采取的是一种方法；在我们可以走进去时我们采取另一种方法。但是，正如已经说过的，人类的弱点并不出现在这样的地方，在那里对于"我们不能执行的"行动的似是而非的描述是没有意义的。当然，如果你看到了一条曲线的最高点和一个由诸点构成的集合的最高点(在一种不同的意义上)之间存在着这种类似性，这不会带来任何损害，甚至于是非常有趣的，——只要这种类似性没有让你产生这样的偏见：根本说来在两种情形中出现的是相同的东西。

511. 正是我们的句法的这同一个错误将几何命题"这条线段可以经由一个点划分成两个部分"表现成为一个与如下命题具有相同的形式的命题："这条线段是无限可分的。"结果，表面上看人们在两种情况下都可以说："让我们假定这种可能的划分完成了。""划分成两个部分"和"无限可分"具有完全不同的语法。人们错误地像使用一个数词那样使用语词"无穷的"，因为两者在口语中都用来回答问题"多少……"。

512. "但是，最高点肯定高于这条曲线上的其它任意一个点。"不过，这条曲线肯定不是由诸点构成的，而是一条诸点所服从的规律。或者也可以说：这样一条规律，诸点可以根据它而构造出来。如果现在人们问："哪些点？"——那么我只能说："好的，比如点 P，Q，R 等等。"事情一方面是这样的：我们绝不能给出这样的点的数目，针对它们人们可以说它们是这条曲线上的全部的点。另一方面，事情是这样的：人们也不能谈论这样一种诸点的全体，只是我们人类不能列举出它们，但是它们是可以描述的，人们可以将它们称作这条曲线上的所有点的全体。——这样一个全体，对于我们人类来说它太大了。一方面，存在着一条规律；另一方面，存在着这条曲线上的诸点。——但是并不存在"这条曲线上的**所有的**点"。最高点比人们或许构造出的这条曲线上的无论哪个点都高，但是它并非比诸点的一个全体高；除非这点的标准，因而这个陈述的意义，再一次地仅仅是源自于这条曲线的规律的构造。

513. 由这个领域上的诸错误构成的织物自然是一件非常复杂的织物。此外，还有比如"种类"这个词的两种不同的意义的混淆补充进来。因为人们虽然承认，与有穷的数相比，无穷的数是另一**种类**的数，但是人们现在误解了在此不同的种类上的这种区别在于什么。也即，在此所处理的并非是诸对象根据其性质而来的区别(像当人们将红色苹果与黄色苹果区别开来时那样)，而是不同的逻辑形式。——因此，戴德金试图**描述**一个无穷的集合，他是通过如下说法来做到这点的：这个集合是这样一个集合，它类似于它自身的一个真子集合。经由这样的方式，他表面上看起来就给出了这样一个性质，一个集合为了落入概念"无穷的集合"必须具有它。(弗雷格。[①])现在，让我们想一想这个定义的应用。因此，在一个特定的情形下，我应当研究一下一个集合是有穷的还是无穷的，比如一个特定的树列是有穷的还是无穷的。因此，我按照这

① 参见：G. Frege, *Die Grundlagen der Arithmetik: Eine logisch mathematische Untersuchung über den Begriff der Zahl*, Breslau: M. & H. Marcus, 2. Auflage, 1934, § 84。

个定义取出这个树列的一个子集,研究一下它是否与整个集合相似(也即是否可以与其一一对应起来)!(在此可以说一切都已经开始变得可笑起来。)这根本就没有任何意义:因为,如果我将一个“有穷的集合”当作子集,那么欲将它与整个集合一一对应地配合起来的尝试当然必定是不能成功的;现在,假定我在一个无穷的子集上做这种尝试,——但是,这肯定更没有意义,因为,如果它是无穷的,那么我根本就不能做出这种配合的尝试。——人们在一个有穷的集合的情形中称为“它的所有的元素与其它的元素的配合”的东西完全不同于人们称为比如所有基数与所有有理数的配合的东西。这两种配合,或者人们在这两种情形中用这个词所表示的东西,属于不同的逻辑类型。“无穷的集合”并不是这样一种集合,它包含的元素比有穷的集合更多(在“更多”这个词的通常的意义上)。如果人们说一个无穷的数要大于一个有穷的数,那么这并没有使得两者成为可以比较的,因为在这个陈述中“大于”这个词**所具有的意义不同于**比如它在命题“5 大于 4”中**所具有的意义**。

514. 这也就是说,这个定义声称这种尝试——即欲将一个真子集配合给这个整个集合——的成功或者不成功表明了它是无穷的还是有穷的。然而,根本就不存在这样一个判决性的尝试。“无穷集合”和“有穷集合”是两个不同的逻辑范畴,可以有意义地表述给一个范畴的东西不能有意义地表述给另一个范畴。

515. 这个命题,即一个集合与它的一个子集是不相似的,相对于有穷集合来说不是真的,而是一个同语反复式。关于命题“k 是 K 的一个子集”中的那种一般的意蕴的一般性的语法规则包含了 K 是一个无穷集合这个命题所断言的东西。

516.（像）“根本不存在最后的基数”（es gibt keine letzte Kardinalzahl）这样一个命题损害了素朴的——且正确的——意义。如果我问“谁是这个队列的最后一个人？”并且回答是这样的“根本不存在最后一个人”？那么我的思绪便被搞乱了；“根本不存在最后一个人”这种说法究竟意味着什么？是的，如果这个问题本来是“谁是举旗的人？”那么我理解这样的回答：“根本不存在举旗的人。”的确，那种混乱的回答便是按照这样一种回答构建出来的。因为我们有如下正当的感觉：在能够谈论最后一个东西的地方，在那里便不能出现“根本没有最后一个东西”（wo von einem Letzten die Rede sein kann，da kann nicht “kein Letzter” sein）。但是，这自然意味着：命题“根本不存在最后的基数”正确说来必须写成这样：谈论一个“最后的基数”根本没有任何意义，这个表达式是非法地构建起来的。

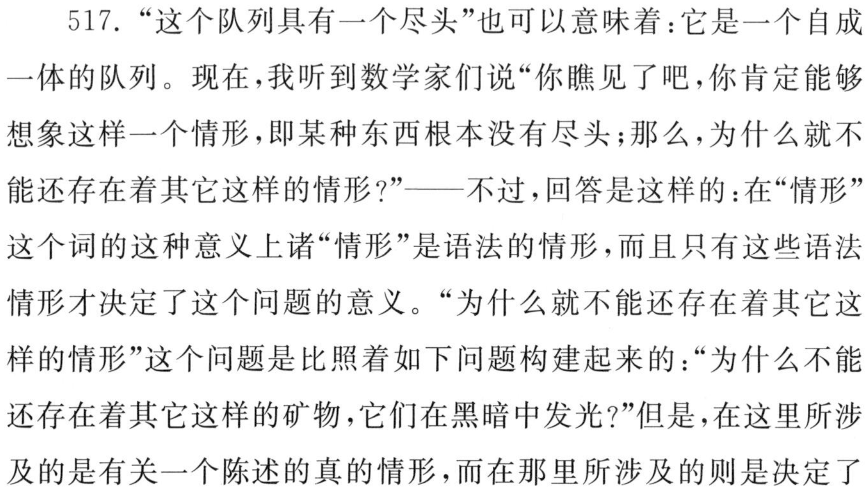

517.“这个队列具有一个尽头”也可以意味着：它是一个自成一体的队列。现在，我听到数学家们说“你瞧见了吧，你肯定能够想象这样一个情形，即某种东西根本没有尽头；那么，为什么就不能还存在着其它这样的情形？”——不过，回答是这样的：在“情形”这个词的这种意义上诸“情形”是语法的情形，而且只有这些语法情形才决定了这个问题的意义。“为什么就不能还存在着其它这样的情形”这个问题是比照着如下问题构建起来的：“为什么不能还存在着其它这样的矿物，它们在黑暗中发光？”但是，在这里所涉及的是有关一个陈述的真的情形，而在那里所涉及的则是决定了意义的情形。

518. 这种表达方式，即 M＝2n 将一个集合配合给它的一个真子集，通过引用一个误导人的类比的方式以一个悖论的形式表达了一个琐屑的意义。（人们不仅没有因为这种悖论的形式是可笑的而感到羞耻，而且还因为自以为战胜了理智的偏见而沾沾自喜。）这恰如如下情形：人们推翻了象棋的规则并且说事实表明了，我们也可以以完全不同的方式玩象棋。以这样的方式，人们更加混淆了语词“数”和像“苹果”这样一个概念词，接着谈论“数的数”。但是，人们没有看到，在这种说法中他们前后应当并非是在使用同一个语词“数”。最后，人们便将如下之点看成了一种发现：偶数的数同于奇偶数的数。

519. 相对于“M＝2n 将所有数都配合给其它的数”这种说法来说，如下说法误导效果要小一些：“M＝2n 给出了这样的可能性，即可以将每个数都与另一个数配合起来。”但是，即使在这里也必须由语法首先来告诉我们“配合的可能性”这个表达式的意义。

520.（我们几乎无法相信，一个问题如何经由一代又一代人围绕着它所设置的误导人的表达方式而被完全阻隔在数英里之外，以至于人们几乎不可能达到它那里了。）

521. 如果两个箭头指向同一方向，那么将这些方向称为“同样**长的**”（因为包含在一个箭头的方向之中的东西也包含在另一个箭头的方向之中）难道不是荒唐的吗？——M＝2n 的一般性是这样一个箭头，它沿着这个运算序列而有所指向。而且，人们可能说，这个箭头指向无穷。但是，这意味着这点吗：存在着某种这样的东西，那个无穷，它指向着它——正如它指向一个事物一样？——这个箭头可以说表示了处于其方向上的诸事物的位置的可能性。不过，“可能性”这个词是误导人的，因为可能的东西，人们会说，现在恰恰应当变成为实际的东西。此时，人们想到的也总是时间上的过程，并且**由此**推断道：数学与时间没有任何关系，在它之中可能性已然是实际了。

“基数的无穷序列”或者“基数的概念”仅仅是这样一种可能性，——正如记号“|0，ξ，ξ+1|”清清楚楚地表明的那样。这个记号本身就是一个箭头，其尾部是“0”，其尖部是“ξ+1”。谈论处于这个箭头的方向上的事物是可能的，但是将处于箭头方向上的事物的所有可能的位置说成是这个方向本身的一个对等物，这是误导人的或者是荒唐的。如果一台探照灯将光投向无穷的空间，那么它的确照亮了处于其光线的方向上的所有事物，但是人们不应该说它照亮了无穷。

522. 就数学中的一个证明来说，如果人们以比相应于该证明的已知的应用的一般性更大的一般性来做出这个证明，那么人们会对这样的做法产生极深的怀疑。人们的这种态度总是有道理的。在此总是出现这样的错误，它在数学中看到了一般的概念和特殊的情形。在集合论中我们处处都遇到这样的令人生疑的一般性。

人们总是想说：“让我们言归正传！”

那种一般的考察总是只有在人们心中想到了一个特定的应用领域的情况下才有意义。

在数学中恰恰根本不存在这样的一般性，即其在特殊的情形中的应用还是不可预见的。

正因如此，我们总是感到集合论中的一般性的讨论(如果人们不将它们看成演算的话)就是废话；如果有人指给一个人看这种考察的一种应用，那么我们会感到十分吃惊。我们感觉到在此事情有些奇怪。

523. 人们能够知道的某种一般的东西和人们所不知道的特殊的东西之间的区别，或者人们所知道的有关对象的描述和人们没有看到的对象之间的区别，也是这样一件东西，人们从物理学的世界描述中将其拿过来并放进逻辑之中。我们的理性能够认出一些问题，却认不出其答案，这点也属于这里。

524. 集合论试图以比对实数的规律的研究能够把握无穷的方式更为一般的方式把握无穷。它说，实无穷根本不能用数学的符号系统来把握，因此它只能被描述出来而不能被表现出来。这种描述或许是以类似于下面这样的方式将它把握住的：对于不能全部拿在手中的大量的东西，人们是通过将其打包放入箱子中的方式将其提起来的。于是，它们是不可见的，但是我们的确知道我们在提着它们(可以说是间接地)。针对这样的理论，人们可以说，它在不管有用与否就胡乱地购置东西。就让无穷在它的箱子里如其所愿地安顿好自己吧。

如下想法也是建立在这个基础之上的：人们可以**描述**逻辑形式。在这样一个描述中，诸结构是在这样一种包装中显现给我们的[①]，它使得我们认不出它们的形式了。而且，事情看起来是这样

① 异文："诸结构和或许起配合作用的诸关系是在一种包装了的状态中呈现出来的//显现出来的//。"

的，好像人们可以谈论一种结构，而并没有将它在语言本身中再现出来。尽管我们可以运用以这样的方式被包装起来的概念，但是我们的符号这时是经过这样的定义而具有它们的意义的，它们恰恰是以这样的方式掩盖了诸结构[①]。如果我们探究这些定义，那么这些结构就又被揭露出来了。（请比较罗素有关 R_* 的定义。[②]）

525. 当我们谈论“所有苹果”时，有多少个苹果，这可以说与逻辑毫不相干；数的情况则相反：逻辑是一个一个地对它们负责的。

526. 数学完全是由计算构成的。

527. 在数学中**一切**均是算法，**没有什么**是意义；即使在这样的地方也是一样的，在那里之所以看起来有什么东西是意义，是因为我们似乎是在用**语词谈论**数学事项。毋宁说，我们这时恰恰是在用这些词构建一种算法。

528. 在集合论中人们必须将作为演算的东西与想要作为**理论**的东西（它自然不可能是理论）分开。因此，人们必须将游戏规则与有关棋子的非本质性的陈述分开。

---

① 异文：“诸概念”。

② 假定 R 是任意一种关系，那么 xR_*y 的意义是：x 是 y 相对于 R 的一个祖先。R_* 的定义为：

$$*90\cdot01.\quad R_* = \hat{x}\hat{y}\{x \in C`R : \breve{R}``\mu \subset \mu . x \in \mu . \supset_{\mu} . y \in \mu\}\quad \mathrm{Df}$$

整个定义意味着：如果 x 属于 R 的场（field），并且 y 属于 x 所属的每个遗传类，那么 xR_*y 便成立。其中“$\breve{R}$”为 R 的逆。（参见 North Whitehead and Bertrand Russell, *Principia Mathematica*, vol. I, 2nd edn, Cambridge: Cambridge University Press, 1927, p. 549.）

529. 弗雷格将康托[①]所谓的有关"大于"、"小于"、"+"、"-"等等的定义中的这些符号替换为新的语词,以便表明根本就没有出现任何真正的定义。[②] 像弗雷格一样,我们也可以在全部数学中不使用常用的语词,特别是不使用语词"无穷"以及相近的语词,而是使用新的、迄今没有意义的表达式,以便表明演算用这些符号实际上完成了什么事情以及它没有完成什么。假定如下意见流传开来:象棋向我们提供了有关王和车的信息,那么我会建议给予棋子以新的形状和不同的名称,以便表明属于象棋的一切均必定包含在了这些规则之中。

530. 如果我们看到了一个几何命题是如何得到应用的,那么下面这些事项必定都显示出来了:一个几何学命题意谓什么,它具有什么样的一般性。因为,即使一个人可能用它意指某种无法达到的东西[③],那么这对于他来说也没有什么帮助,因为他可是只能公开地且以每个人均可理解的方式应用它。

如果某个人将象棋的王也想象成某种神秘的东西,那么我们并不关心这点,因为他可是只能在棋盘上的 8×8 个棋格上移动它。

531. 存在着这样一种感受:"在数学中不可能存在实际和可能性。一切均处于**同一**地位。而且,在某种意义上说一切均是**实**

---

① Georg Cantor(1845—1918),德国数学家,集合论的创始人。

② 参见 G. Frege,*Grundgesetze der Arithmetik*,Band II,Jena:H. Pohle,1903,§83。

③ 异文:"无法把握的东西"。

际的。”——这是正确的。因为数学是演算，而且演算并不针对任何符号说它仅仅是**可能的**；相反，它仅仅与它**实际上**借以进行运算的那些符号有关。（请比较人们通过假定一个拥有无穷的符号的可能的演算而对集合论所做的辩护。）

532. 如果集合论依据如下之点：人类不可能建立一种有关无穷的直接的符号系统，那么由此它便引入了有关它自己的演算的可以设想的最为显著的误解。自然，恰恰是这样的误解要为这种演算的发明担当责任。不过，这种演算就其自身来说自然并没有因此就被证明是某种错误的东西（而至多被证明是某种不令人感兴趣的东西）。而且，如下信念是奇怪的：数学的这个部分受到了某些哲学的（或者数学的）研究的威胁。（以同样的方式象棋也可能受到如下发现的威胁：两军之间的战争并不是像棋盘上的战斗那样进行的。）集合论必定丧失的东西毋宁说是由思想云雾构成的这样的气氛，它围绕着单纯的演算；进而是对于这样一个虚构的符号系统的指示：它构成了集合论的基础，但是并没有被运用于它的演算之上，有关它的表面上的描述实际上是胡话。（在数学中我们可以虚构一切东西，只是不能虚构我们的演算的一个部分。）

（三）实数的延展的理解

533. 正如奥古斯丁所谓的时间之谜的情形一样，连续统之谜是由如下情形决定的：我们受到语言的诱导，将一幅不适当的图像应用于它之上。集合论保留了这幅有关不连续的东西的不适当的图像，但是在想着摆脱这些偏见时却将与这幅图像相矛盾的事项表述给了它。然而，实际上我们应当指出这点：这幅图像恰恰是不适当的，尽管我们不能将其加以拉伸，而又没有撕裂它，不过，我们可以使用一幅新的、某种意义上与那幅旧的图像相似的图像。

534.“实无穷”理解中的混乱源自于无理数这个不清晰的概念。也即，源自于如下事实：逻辑上极为不同的构成物被命名为“无理数”，而这个概念的界限又是不清楚的。人们好像拥有一个固定的概念这个错觉是以如下事实为基础的：人们相信在“0.abc……以至无穷”这样的符号中拥有了一幅它们（无理数）无论如何必须符合的图像[①]。

535.“假定我在不存在有理数点（有理数）的地方切下了一条线段。”但是，人们竟然能够这样做吗？你在谈论什么样的线段？——“不过，如果我的测量工具足够精细，那么通过不断的2分，我肯定能够无限地接近某个点。”——不，因为我可是恰恰从来不能获知我的点是否是这样一种点。我的经验始终仅仅是这样的：迄今为止我还没有达到它。“但是，如果我现在用一个绝对精确的绘图仪器完成了$\sqrt{2}$的构造，并且现在通过2分来接近所得到的这个点，那么我肯定**知道**，这个过程从来不会达到这个构造出的点。”——但是，如果其中的一个构造能够以这样的方式为其它的构造可以说规定什么，那么这无论如何是奇特的！事情也的确不是这样的。事情很有可能是这样的：在“精确地”构造$\sqrt{2}$的过程中，我来到了这样一个点，这种2分在比如100步后达到了

① 异文：“标准//概念//”。

它。——不过，这时我们将说：我们的空间不是欧几里得空间。——

536. “一个无理数点上的切割”是一幅图像，而且是一幅误导人的图像。

537. 一个切割是划分成较大和较小的部分的**原则**。

538. 经由对一条线段的切割所有应当接近于这个切割点的 2 分的结果都预先被决定了吗？不是。

539. 在前面的例子中，我通过对一条线段进行 2 分的方式来不断地缩小一个区间。在此期间我让掷骰子的结果引导着。在这个例子中，我本来也完全可以让骰子的投掷来指导我写出十进位分数。以这样的方式，“在 1 和 0 之间做出选择的无穷的过程”这个描述也没有决定写出一个十进位分数过程中的任何规律。人们或许说：有关在 0 和 1 之间做出无穷的选择的规定在这种情形中可以通过“$0,\genfrac{}{}{0pt}{}{000}{111}$……以至无穷”这样一个记号来再现。但是，如果我通过如下方式来指示一条规律：“0.001001001……以至无穷”，那么我所要表明的东西并非是作为这个无穷的序列的样本的那段有穷的序列，而是可以从它那里得出的那种合规律性。从“$0,\genfrac{}{}{0pt}{}{000}{111}$……以至无穷”我根本得**不**出任何规律，而恰好是得到了一条规律的缺乏。①

① 此节手稿来源为 MS 113：85v，下文 § 572 来源为 MS 113：81r－81v。因此，此节开头的“前面的例子”当指后者中的那个线段 2 分的例子。

540.（对于如下之点存在着哪种标准：无理数是完全的？请查看一个无理数：它沿着有理数的近似值的序列奔跑着。它何时离开这个序列？从来不会。但是，它的确也从来到达不了一个尽头。

假定我们拥有了所有无理数的全体，而只缺少其中的一个。我们如何缺少这个无理数？如果它被附加上了，那么它现在如何填充上了这个空隙？——假定它是π。如果这个无理数是通过它的近似值的全体而给出的，那么直到**每个**任意的点都有一个与π的序列一致的序列。的确，对于每个这样的序列来说，都有一个分离的点。不过，这个点可能处于任意远的地方的“外面”，以至于对于每个伴随着π的序列，我都能找到一个继续伴随着它的序列。因此，如果我拥有了除π之外的无理数的全体，并且现在将π加入进来，那么我不能给出任何这样的点，在其上π现在是真正有必要的。它在**每个**点上都有这样一个伴随者，它从一开始便伴随着它。

对于“我们如何缺少π”这个问题，人们必须这样来回答：如果π是一个延展，那么我们从来不缺少它。这也就是说，我们从来不能注意到这样一个空隙，它填充于其上。如果人们问我们：“但是，你也有这样一个无穷的十进位分数吗：它在 r 位上有数字 m 并且在 s 位上有数字 n，等等？”——那么我们总是可以为他效劳。）

541.“规则地前进的无穷的十进位分数还需要经由无穷数量的不规则的无穷的十进位分数来填充。如果我们将自己**局限在规则地产生出的**十进位分数之上，那么无穷的不规则的十进位分数便‘从我们的视线中消失了’。”这样一个不规则地产生出来的无穷的十进位分数存在于哪里？我们如何能够感觉到缺少它？要由它来填充的那个空隙在哪里?

542. 如果人们通过数字 0 和 1 的有穷的组合的集合来可以说核对关于二进制分数的构建的不同的规律,情况如何?——一条规律的诸结果贯穿了诸有穷的组合,因此如果所有的有穷的组合均被贯穿了,那么诸规律就其延展来说就是完全的。

543. 当人们这样说时:如果两条规律在每个阶段上都产生相同的结果,那么它们便是相同的规律,这在我们看来像是一条完全一般的规则。但是,实际上,这个命题根据人们为如下事情提供了什么样的标准而具有不尽相同的意义:它们在每个阶段上都提供出相同的结果。(因为根本不存在所假定的普遍可应用的无穷的检验方法!)因此,我们用一种来自于某种类似性的说话方式覆盖了极为不同的意义,并且现在相信我们已经将极为不同的情形统一到了**一个**系统之中。

544.(相应于诸无理数的那些规律在如下范围内全都属于相同的类型,即它们最后必定全部都是有关十进位分数的连续生产的规定。这种共同的十进位记号系统某种意义上决定了一个共同的类型。)

人们也可以这样来说出这点:在通过不断的 2 分来接近的过程中,人们能够通过**有理**数来接近这条线段上的**每个**点。不存在任何这样的点,即人们只能通过属于一个特定的类型的无理数的步骤来接近。这自然仅仅是以不同的语词表述的如下解释:我们将无理数理解成一个无穷的十进位分数。而这个解释进一步说来又不过是一个有关十进位记号系统的大致的解释,它或许暗示了如下之点:我们区别开提供了循环的十进位分数的规律和其它的规律。

545. 经由对语词“无穷的”和“无穷的展开”在实数算术中的作用的错误的理解,人们被诱导着接受了如下意见:存在着一种有关无理数的统一的记号系统(也即恰恰那种有关无穷的延展——比如无穷的十进位分数——的记号系统)。

经由如下事实 $\sqrt{2}$ 并没有被分配到**一个**新的数类(所谓“无理数”)之中:人们证明了,对于每对有理数 x 和 y 来说,$(\frac{x}{y})^2 \neq 2$。无论如何,我必须将这个数类首先构建起来;或者说:关于这个新的数类我所知道的东西并不比**我**让人们知道的东西多。

(四) 无理数的种类 (π',P,F)

546. π'是一条有关十进位分数的生产的规则,而且π'的展开式同于π的展开式,除非在π的展开式中有一组 777 出现。这时,出现于π'中的将是一组 000,而非一组 777。我们的演算不知道任何这样一种方法,借助于它我们能够发现在π的展开式中的哪个地方我们会偶然碰到这样一个组。

P 是一条有关二进位分数的生产的规则。在展开式的第 n 位出现的是一个 1 或一个 0——取决于 n 是否是素数。

F 是一条有关二进位分数的生产的规则。在第 n 位出现的是一个 0,除非是在这样的时候:从前 100 个基数中取出的三元数组

x,y,z 解开了方程 $x^n+y^n=z^n$。

547. 人们想说,(比如π的)展开式中的单个的数字始终只是结果,成熟了的树的树皮。重要的东西,或者从其中还有某种新的东西能够生长出来的东西,处于树干的内部,而生长力恰恰就存在于那里。外表的变化根本改变不了树木。为了改变它,人们必须进入还活着的树干。

548. 我将直到 n 位的π的展开式称为"π_n"。于是,我可以说:我理解π'_{100}意谓哪个数;但是我不理解π′意谓哪个数,因为π根本就没有任何位数,因此我也不能用一个位数取代另一个位数。不过,如果我做出了如下解释,那么情况就不同了:将比如除法$a\overset{5\to3}{\div}b$解释成一条有关如下事情的规则——如何从除法和这样的替换(即将商中的每个 5 均替换成一个 3)创造出十进位分数。在此,我知道比如数$1\overset{5\to3}{\div}7$。——而且,如果我们的演算包含着这样一个方法,利用它我们可以算出一条有关π的展开式中的 777 的位置的规律,那么现在在有关π的规律中便谈到了 777,而且这条规律可以通过用 000 替换 777 的方式来加以改变。但是,这时π′便不是我上面所定义出来的东西了,它的语法不同于我所假定的那种语法。在我们的演算中根本不存在这样的问题:$\pi \gtreqless \pi'$是否成立,在其中根本不存在这样的等式或者不等式。π′与π是不可比较的。而且,人们现在不能说它们"**还**不可比较",因为假定我有朝一日构造出了某种这样的与π′相似的东西,它与π是可以比较的,那么这个东西恰恰因为如此便将不再是π′了。因为π′和π都肯定是

一种游戏的名称，而我不能说：皇后跳棋**还**将被这样来玩，即它的棋子比象棋的棋子少，因为它有朝一日肯定能够发展成一种拥有16个棋子的游戏。这时，它将不再是我们称为“皇后跳棋”的东西。(除非我根本不用这个词来表示一个游戏，而是表示比如许多游戏的一个刻画性特征。人们也可以将这个补记应用到π'和π之上。)既然一个数的主要特征之一就是与其它数的可比较性，因此问题便是：人们是否应该将π'称为一个数并且是否应该将其称为一个实数。但是，无论人们如何**称谓**它，本质之点都是这点：π'之为数的意义不同于π之为数的意义。——我肯定也可以将一个区间称为一个点，甚至于这样做有一天可能是很实用的。但是，现在，如果我忘记了在此我是在双重的意义上使用语词“点”的，那么区间现在便变得更加类似于点了吗？

在此事实清楚地表明，小数展开的可能性并没有让π'变成一个π意义上的数。有关这种展开的规则自然是单义的，正如有关π或者$\sqrt{2}$的规则是单义的一样。但是，这绝不是对于如下之点的论证：π'是一个实数——如果人们将与有理数的可比较性当作实数的一个本质特征的话。人们当然也可以不考虑有理数与无理数之间的区别，但是这种区别并非因此就消失了。π'是一条有关十进位分数的展开的单义的规则这点自然意味着π'和π或者$\sqrt{2}$之间的一种相似性，但是一个区间与一个点也具有相似性，等等。人们在数学哲学的这一篇章中所犯的所有这些错误的根源总是一再地在于如下事实：人们混淆了一种形式(作为规则清单的构成部分的规则)的内在性质和人们日常生活中称为“性质”的东西(作为这本书的性质的红色)。人们也可以这样说：这些矛盾和不清楚之点是因为如下原因而引起的,即人们有时用一个词比如“数”来指一个特定的规则清单,而另一个时间则用其指一个变动的规则清单。正如我有时将我们今天所玩的那种特定的游戏称为“象棋”,有时又将一段特定的历史发展过程的基础称为“象棋”一样。

549. “我必须将π展开到多远,以便对它有所认识?”——这自然没有任何意义。因此,在根本还没有展开它时,我们便已经知道了它。而且,在这种意义上,人们可以说:我根本不认识π′。在此事实十分清楚地表明,π′与π属于不同的系统,而且如果人们不是将两者的“展开式”加以比较,而是仅仅察看这些规律的类型,那么人们便认出了这点。

550. 两个这样的数学构成物——在我的演算中我能够将其中的一个而非另一个与每个有理数加以比较——并非在“数”这个词的同一个意义上是数。只有在如下情况下将数与数直线上的一个点加以比较才是有根据的:人们能够针对每两个数 a 和 b 说,或者 a 位于 b 的右边,或者 b 位于 a 的右边。

如下做法是不够的:人们通过缩小一个点的停留地点的方式在越来越大的程度上决定它(人们声称事情是这样的);相反,人们必须将**它**构造出来。不断地掷骰子虽然不加限制地限制了这个点的可能的停留处,但是它并没有决定任何一个点。这个点在**每次**投掷(选择)之后还是无限地不确定的——或者更为正确地说:它在每次投掷之后是无限地不确定的。我相信,在此我们受到了我们的视觉空间中的诸对象的**绝对的**量的误导;另一方面又受到了“接近一个对象”这个表达式的歧义性的误导。针对视野中的一条线段人们可以说，它通过收缩总是更加接近于一个点；也即，它变得与一个点更加相似了。与此相反，欧几里得线段通过收缩**并没有**变得与一个点更为相似，毋宁说，它与它总是**同样地**不相似，因为它的长度可以说与这个点没有任何关系。当人们针对一条欧几里得线段说它通过收缩接近一个点时，这只有在这样一个点——它的端点在接近于它——已经被表示出来了这样的范围内才是有意义的；这不可能意味着它通过收缩**产生了**一个点。接近一个点恰恰具有两种意义：这有时意味着，从空间上更为靠近它，这时它必须已经在那里了，因为在这种意义上我不能接近一个不存在的人。另一方面，这意味着"与一个点更加相似"，正如人们或许这样说一样：猿在其进化过程中接近于人的阶段，正是这种进化产生了人。

551. "如果两个实数在它们的展开式上的**所有**位数上都是一致的，那么它们便是相同的实数"这种说法只有在如下情况下才是有意义的：我已经通过使用确立这种一致的方法而将一种意义**给予了**表达式"在所有位数上都是一致的"。同样的话自然也适用于命题"如果它们在**某一个位数**上不一致，那么它们便是不一致的"。

552. 但是，难道人们不能反过来这样做吗：将π'看作初始的东西，因此将其看作首先假定了的点，并且接着对π的权利产生怀疑？——就其延展来说，它们自然具有相同的权利；但是，促使我们将π称为数直线上的一个点的东西是其与有理数的可比较性。

553. 如果我将π或者比如$\sqrt{2}$看成十进位分数的产生规则，那么我自然能够通过如下方式制造出这条规则的一种修改形式：我说，$\sqrt{2}$的展开式中的每个 7 都应当用一个 5 来替换掉。不过，这种修改形式**从本性上说**完全不同于比如通过改变被开方数或者方根的幂的方式所制造出的那种修改形式。比如，在这个修改了的规律中包括了这样一种对于展开式的数系统的指涉，它并没有出现在原来的规律$\sqrt{2}$之中。因此所造成的对这条规律的改变要比初看起来的样子更为根本。是的，如果我们心中拥有这样一幅有关无穷的延展的错误的图像，那么事情看起来的确像是这样的：好像通过将替换规则 $7\rightarrow5$ 附加给$\sqrt{2}$的方式，我们对$\sqrt{2}$所造成的变化要远远小于比如通过将其改造成$\sqrt{2.1}$的方式给其所造成的变化。因为$\overset{7\rightarrow5}{\sqrt{2}}$的展开式的形式与$\sqrt{2}$的展开式的形式非常相似，而$\sqrt{2.1}$的展开式在第二位之后便与$\sqrt{2}$的展开式完全分道扬镳了。

554. 如果我给出一条有关延展的构建的规则ρ，不过是以这样的方式给出它的：我的演算不知道任何预言这样的事项的手段，即这个延展的一个表面上的循环节最多能够重复多少次，那么ρ在这样的范围内不同于一个实数，即我在某些情形中不能将ρ－a与一个有理数加以比较，结果表达式ρ－a＝b 变成无意义的了。如果比如我所知道的ρ的展开式暂时是 3.141111……，那么针对差$\rho-3.14\dot{1}$我们不能说它大于或者小于 0。因此，在这种意义上它不能与 0 加以比较，进而不能与数轴上的一个点加以比较。人们不能在我们将这些点之一称为数这样的意义上将它和ρ称为数。

555. 我们觉得，数概念的外延，“所有”概念的外延等等是(完全)无害的。但是，一旦我们忘记了我们事实上已经改变了我们的概念这个事实，那么这样的外延便不是无害的了。

556. 就无理数来说，我的研究仅仅说出了如下之点：通过将它们作为数类而与基数和有理数对照起来的方式谈论它们是错误的(或者是误导人的)，因为人们实际上将不同的数类称为“无理数”，它们彼此不同的方式类似于有理数之不同于这些数类中的每一种的方式。

557. 对于经院哲学家来说如下问题会是一个不错的问题：“上帝能够知道π的所有位数吗？”

558. 在这些思考之中我们总是遇到这样的某种东西，人们想称为“算术实验”的东西。尽管作为结果出现的东西由给定的东西决定了，但是我不能认出它是**如何**由此决定的。7 在π的那个展开式中的出现的情况是这样的；素数也是以这样的方式作为一个实验的结果出现的。我能够让我深信 31 是一个素数，但是我看不出它(它在基数序列中的位置)与它所对应的条件之间的关联。——不过，这样的困惑仅仅是一种错误的表达的后果。我相信我没有看到的那种关联根本就不存在。——根本不存在 7 在π的那个展开式中的可以说不规则的出现这样的事情，因为根本不存在任何这样的序列，它叫作“π的**那个**展开式”。存在着π的诸展开式，也即人们已经展开的那些展开式(或许是 1000 个)，而且在这些展开式中 7 并非“无规则地”出现，因为它在它们之中的出现是可以描述出来的。——(同样的话也适用于“素数的分布”。向我们提供这种分布的规律的人为我们提供的是一个**新的**数列,**新的**数。)(我不知道的演算的规律根本就不是任何规律。)(只有我**所看到的**东西,而非我**所描述的**东西,才是规律。只有这点才阻止我用我的符号表达出比我能够理解的东西更多的东西。)

559. 说 F=0.11 没有任何意义吗?——即使在费马定理得到了证明时?(比如当我在报纸中读到有关这点的事情时。)是的,我这时会说:“因此我们现在可以写出‘F=0.11’。”这也就是说,如下做法是易于理解的:将符号“F”从以前的演算——在其中它并没有表示任何有理数——那里拿出来并放进新的演算中,现在用它来表示 0.11。

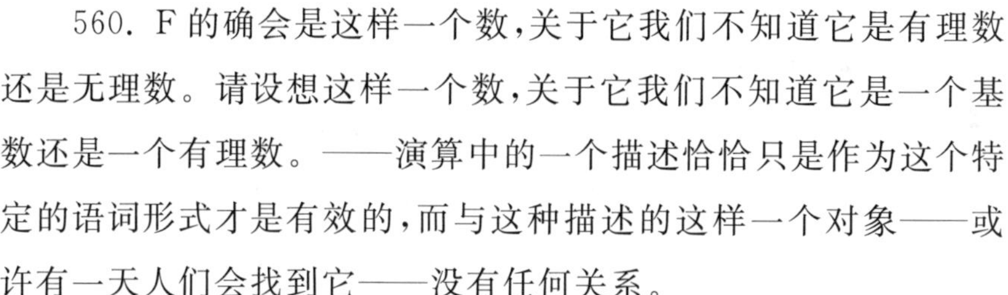

560. F 的确会是这样一个数,关于它我们不知道它是有理数还是无理数。请设想这样一个数,关于它我们不知道它是一个基数还是一个有理数。——演算中的一个描述恰恰只是作为这个特定的语词形式才是有效的,而与这种描述的这样一个对象——或许有一天人们会找到它——没有任何关系。

561. 人们也可以将我心中想到的东西用这样的话表达出来:人们不可能找到任何存在于数学或者逻辑的诸部分之间的这样的联系,它已经存在了,但是人们对此却一无所知。

562. 在数学中根本不存在任何“还没有”和任何“暂时”(除非是在如下意义上:我们能够说人们还没有将 1000 位的数彼此相乘)。

563.“这个运算产生了比如一个有理数吗?”——在我们还没有决断这个问题的任何方法的时候,我们如何能够提出这样的问题?因为无论如何这个运算只有在规定好了的演算中才**产生什么**。我的意思是:在此“产生”从本质上说来可是与时间无关的。它肯定并非意味着:“随着时间而产生”!——而是意味着:按照现在已经知道的、规定好了的规则而产生。

564.“所有素数的位置必定已经以某种方式预先得到了规定。我们只是连续地计算出它们,但是它们都已经被决定好了。上帝可以说知道它们的全部。与此同时,如下事情的确是可能的:它们并非是经由一条规律来决定的。——”——在此我们总是一再地遇到这样一幅有关语词的意义的图像:语词的意义被看作这样一个装满东西的箱子,人们已经将其内容包装在其内并且运到我们这里来,现在我们只需要研究它就行了。——那么,关于素数,我们究竟知道什么?这个概念究竟是如何给予我们的?难道不是我们自己为其做出了规定吗?如下事情是多么的奇怪:我们这时假定人们必须就它做出规定,做出还没有做出的规定!不过,这个错误是可以理解的。因为我们需要语词“素数”,而且它的语词形式类似于“基数”、“平方数”、“偶数”等等。因此,我们认为,它是类似地得到使用的,而忘记了如下事实:我们为语词“素数”提供了完全不同的——**不同类型的**——规则,因而我们现在与我们自己发生了奇怪的冲突。——但是,这是如何可能的?素数肯定是我们所熟悉的基数。——那么,这时人们为什么能够说,素数概念之为数概念的意义不同于基数概念之为数概念的意义?但是,在这里又是这样一种想象捉弄了我们:“无穷的延展”是我们所知道

的“有穷的延展”的一种类似物。“素数”这个概念自然是借助于“基数”这个概念得到解释的，但是“素数”并非是借助于“基数”得到解释的。**我们**从概念“基数”得出概念“素数”的方式本质上不同于我们从其中得出比如概念“平方数”的方式。（因此，如果概念“素数”的表现有所不同，这不可能让我们感到吃惊。）人们肯定能够设想这样一种算术，它可以说在概念“基数”上没有停下来，而是立即过渡到了平方数概念（这种算术自然不是像我们的算术那样被应用的）。但是，这时概念“平方数”并不具有它在我们的算术中所具有的那种特征，也即：它本质上是一个部分概念，平方数本质上是基数的一个部分。相反，它是一个完全的序列，拥有一种完全的算术。现在，让我们设想人们对素数做了相同的事情！这时如下之点便清楚了：素数现在之为“数”的意义不同于比如平方数之为数的意义；而且不同于基数之为“数”的意义。

565. 一个工程师的计算能够产生这样的结论吗：一个机器部件的强度在载荷均匀增加的情况下必定是按照素数序列增加的？

（五）不规则的无穷小数

566. “不规则的无穷小数。”我们的看法总是这样的：好像我们只需要将我们的口语的语词组合起来，然后这种组合由此便具有了一个意义，现在我们就必须研究它——如果对于我们来说它不是立即就十分清楚的话。好像这些语词就像是一个化合物的诸成分一样，我们将它们倾倒到一起，让它们彼此结合，现在我们就必须研究（相关的）化合物的性质。如果谁说他不理解表达式“不规则的无穷小数”，那么人们便回答他说：“这不是真的，你很好地理解它！你难道不是知道语词‘不规则的’、‘无穷的’和‘小数’意谓什么吗？！——那么，你便也理解它们的结合。”在此人们用“理解”意指的是如下事情：他知道在某些情形中如何应用这些语词并且或许还**给它们联系上一种心象**。实际上，那个将这些语词组合起来并且问“这意谓什么”的人所做的事情类似于这样的小孩所做的事情，他在一张纸上用无规则的线条胡乱地画什么，将这张纸拿给大人看并且问：“这是什么？”

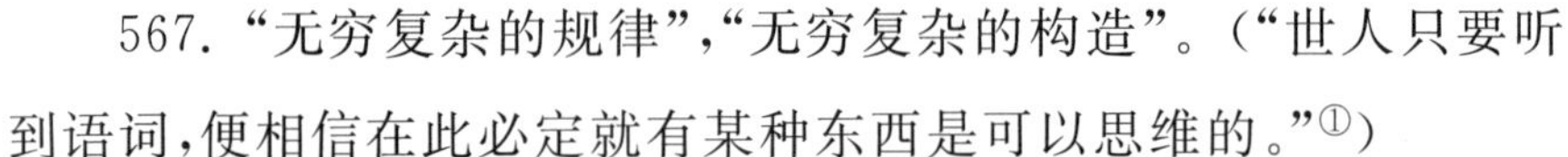

567. “无穷复杂的规律”，“无穷复杂的构造”。（“世人只要听到语词，便相信在此必定就有某种东西是可以思维的。”[①]）

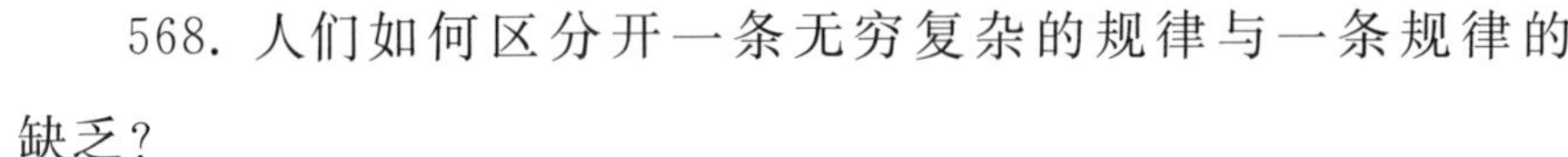

568. 人们如何区分开一条无穷复杂的规律与一条规律的缺乏？

569.（请不要忘记：数学家们有关无穷的思考毕竟全都是有穷的思考。借此我想说的是这点：它们都有一个尽头。）

570. “人们可以设想一个不规则的无穷小数是通过比如如下方式产生出来的：人们无休无止地掷骰子，每次的点数就是一个小数位数。”但是，如果人们无休无止地掷骰子，那么恰恰就不会出现任何一个最终的结果。

---

① 德文为：“Es glaubt der Mensch, wenn er nur Worte hört, es müsse sich dabei auch etwas denken lassen”。引自 J. W. von Goethe, *Faust* I, München: Wilhelm Goldmann Verlag, 1978, 2565－2566。原著的形式略有不同：“Gewöhnlich glaubt der Mensch, wenn er nur Worte hört, Es müsse sich dabei doch auch was denken lassen”。关于中译文，请参见：《歌德文集》第 1 卷，北京：人民文学出版社，1999 年，第 76 页。

571. “只是人类的理智不能把握这个，而一个更高的理智能够做到这点！”好的，那么，请你给我描述一下“更高的理智”这个表达式的语法；这样一个理智能够和不能把握什么，并且在哪种（经验的）情形中我说一个理智把握什么？然后你便看到，对于这种把握的描述就是这种把握本身。（请比较：一个数学问题的解决。）

572. 假定我们用一枚硬币抛“正反面”并且现在按照如下规则来划分一条线段$\overline{AB}$：“正面”说的是：拿来左边的那半并且按照下一次抛出的结果来加以划分。“反面”说的是：拿来右边的一半等等。

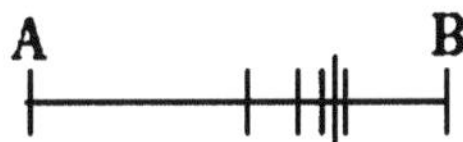

于是，通过不断的抛掷，产生了这样一个分割点，它在一个越来越小的区间内移动着。我的如下说法现在描述了一个点的位置吗：它应当是这样的点，在不断的抛掷过程中，这个切割点无限地接近于它？在此人们或许相信，这样一个点已经被决定了，它相应于一个不规则的无穷小数。但是，这种描述肯定**没有明确地**决定**任何一个**点；除非人们说，语词“这条线段上的点”也“决定了一个点”。在此我们混淆了有关抛掷的规定与数学的规定，比如有关如何产生$\sqrt{2}$的小数位的规定。这些数学规定**就是**这些点。这也就是说，在这些规定之间可以找到这样一些关系，就它们的语法来说它们类似于两条线段之间的“大于”和“小于”关系，因此它们是用这些词来表示的。有关如何算出$\sqrt{2}$的位数的规定就是这个无理数的数符号本身。我之所以在这里谈论“数”，是因为我可以用这些符号(某些有关有理数的构建的规定)像用有理数本身那样来进行计算。因此,如果我想以类似的方式说:有关按照正反面来进行无穷的半分的规定决定了一个点,一个数,那么这必定意味着:这个规定可以被用作数符号,也即可以被像其它数符号那样加以使用。但是,这自然不是实际情况。如果这个规定竟然相应于一个数符号,那么它至多(非常遥远地)像那个不确定的数词"一些",因为它所做的事情仅仅是让一个数处于未定的状态。一言以蔽之,相应于它的东西只有那个最初的区间$\overline{AB}$。

第　二　部　分

1.我们运用下面这个表达式："那些过渡经由公式……决定了。"它是**如何**被运用的？——我们或许可以谈到如下事实：人们被教育着（被训练着）这样来运用公式 $y=x^2$，以至于如果所有人都用相同的数代替 x，那么他们总是为 y 计算出相同的数。或者，我们可以说："这些人被如此加以训练，以至于他们在听到命令'+3'后在相同的阶段都做出相同的过渡。"我们可以这样来表达这点：对于这些人来说，命令"+3"完全地决定了从一个数到接下来的数的每一个过渡。（他们与另一些人形成了鲜明的对照：后者在听到这个命令后不知道他们要做什么；或者，他们虽然充满确信地对其做出反应，但是每一个人均以不同的方式对其做出反应。）

另一方面，我们可以将不同种类的公式，以及属于它们的不同种类的运用（不同种类的训练）彼此加以对照。然后，我们将一种特定种类的（以及带有其运用方式的）公式**称为**"这样的公式，对于一个给定的 x，它们决定了一个数 y"，而将另一种公式**称为**这样的公式，"它们对于一个给定的 x 没有决定数 y"。（$y=x^2+1$ 属于第一类，$y>x^2+1$，$y=x^2\pm1$，$y=x^2+z$ 属于第二类。）于是，命题"公式……决定了一个数 y"就是一个有关公式的形式的断言——而且现在我们就需要区别开一个形如"我所写下的这个公式决定了 y"或者"这里有一个决定了 y 的公式"这样的命题和一个类如"公式 $y=x^2$ 对于一个给定的 x 决定了数 y"这样的命题。于是，问题"在那里有一个决定了 y 的公式吗"与问题"在那里有一个这种类型或者那种类型的公式吗"便意味着相同的东西。但是，我们应该用“$y=x^2$ 是一个对于一个给定的 x 决定了 y 的公式吗”这个问题来做什么，这点并不是立即就清楚的。人们或许可以将这个问题指向一个学生，以便检查一下他是否理解“决定”这个词的运用；或者，它可以是这样一项数学任务，即算出是否只有一个变项出现在一个公式的右侧，像在比如如下情形中那样：$y=(x^2+z)^2-z(2x^2+z)$。

2.“这个公式是如何被意指的这点决定了应当做出哪些过渡。”什么是这个公式是如何被意指的这点的标准？肯定是我们惯常地使用它的那种方式，人们教授我们使用它的那种方式。

我们对比如一个正在使用一个我们所不熟悉的符号的人说：“如果你用‘$\overset{x}{\widetilde{2}}$’①意指 x^2，那么你将得到 y 的**这个**值，如果你用它意指 $\sqrt{x}$，那么你将得到 y 的**那个**值。”——现在，请问一下你自己：人们如何做到这点——用“$\overset{x}{\widetilde{2}}$”**意指**其中的一个或者另一个？

因此，**以这样的方式**，那种意指能够预先决定诸过渡。

3. **我如何知道**在我追踪序列+2 时我必须写

“2004，2006”

而不是写

“2004，2008”？

① 注意：“$\overset{x}{\widetilde{2}}$”不同于“$\frac{x}{2}$”。舒尔特(J. Schulte)将二者混为一谈了。(参见 *Philosophische Untersuchungen*: *Kritisch-genetische Edition*, hrsg. von J. Schulte, in Zusammenarbeit mit H. Nyman, E. von Savigny and G. H. von Wright, Frankfurt am Main: Suhrkamp, 2001, Frühfassung[=TS 221], § 169, S. 330)

——（如下问题是类似的问题："我如何知道这种颜色是'红色'？"）

"但是，你可是知道比如你必须总是写出具有**相同的**个位数的数列：2，4，6，8，0，2，4，等等。"——完全正确！这个问题必定已经出现在这个数列之中，甚至于必定已经出现在**如下数列**之中：2，2，2，2，等等。——因为我如何知道我应当在第 500 个"2"之后写出"2"？也即在这个位置上"2"是"那个相同的数字[①]"？~~是的，我竟然知道这点吗？~~而且，如果我**以前**知道了这点，那么这种知道后来对我有什么帮助？我的意思是：当真的要进行这一步时，我这时如何知道我应当用以前的那种知识做些什么？

（如果一种直觉对于＋1 这个序列的继续来说是必要的，那么它对于＋0 这个序列的继续来说就也是必要的。）

"但是，你要这样说吗：表达式'＋2'让你对如下之点产生了怀疑：在比如 2004 之后应当写什么？"——不是；我毫不犹豫地回答说："2006。"但是，正因如此，如下事情就是多余的了：这点以前已经被规定下来了。当我面对着这个问题时，我没有任何怀疑，这并非就意味着它以前已经得到了回答。

"但是，我也肯定知道，无论人们给予我哪个数，我都能够立即充满确信地给出下一个数。"——当然要排除这样的情形：在到达这点之前[②]我死了，以及许多其它的情形。不过，我如此确信我能够继续下去，这点自然是很重要的。——

4."但是，这时数学的独特的强硬性何在？"——对于它来说这

---

① 异文："数"。

② 异文："在我到达这点之前：说出下一个数"。

样的强硬性不是一个不错的例子吗:正是带着这样的强硬性,2 跟着 1,3 跟着 2,等等?——这肯定意味着:在**基数数列**中跟着;因为在不同的数列中可是由某种不同的东西跟着。而且,**这个**序列不是恰恰通过这个次序**定义的**吗?(Und ist denn *diese* Reihe nicht eben durch diese Folge *definiert*?)[①]——“因此,这应当意味着这点吗:无论一个人以何种方式计数,这都是同样正确的?每个人都可以按照他的意愿进行计数?”——如果每个人都**按照无论什么方式**一个接着一个地说出数字,那么我们或许就不会将这称为“计数”了;不过,这自然并非简单地是一个命名的问题。因为,我们称为“计数”的东西肯定构成了我们的生活活动中的一个重要的部分。计数和计算当然并非简单地是比如消磨时间之举。计数(而且这意味着:**如此**计数)是一种我们在我们的生活的极为多样的事务中天天都在运用的技术。正因如此,我们像我们事实上学习计数那样学习计数:通过无穷的练习,带着无情的精确性;正因如此,人们强硬地要求我们这样做:我们大家都在“一”后说出“二”,在“二”后说出“三”,等等。“但是,这种计数因此就仅仅是一种**习惯**吗?不是还有某个真理相应于这种次序吗?”这个真理是这样的:这种计数被证明是有效的。——“因此,你要这样说吗:‘是真的’意味着是可用的(或者有用处的)?”——不是的。相反,我要说:人们不能针对自然数数列说它是真的——正如我们不能针对我们的语言这样说一样,而是要说它是可用的,而且首先要说**它得到了运用**。

① 参见第三部分 § 84。

5."但是,难道如下结论不是具有逻辑的必然性的吗:如果你在一上数一,那么你得到二,如果你在二上数一,那么你得到三,等等;这种强硬性不就是逻辑推理的那种强硬性吗?"——当然是的!它就是那种强硬性。——"但是,这种逻辑推理难道不是相应于一种真理吗?如下之点难道不是**真的**吗:这个得自于那个?"——命题"这是真的:这个得自于那个"直接就意味着:这个得自于那个。我们如何运用这个命题?——如果我们以不同的方式进行推演,那么究竟会发生什么事情?——我们**如何**会与真理发生冲突?

如果我们的折尺不是由木头和钢制成的,而是由软软的树胶制成的,那么我们会如何与真理发生冲突?——"好的,我们将了解不到桌子的正确的尺寸。"——你的意思是:我们将不会得到(或者将不会可靠地得到)**那种**我们用我们的坚硬的尺子得到的尺寸。因此,这样做的**那个人**将是不正确的:他用可伸缩的尺子测量了这张桌子,并且断言,按照我们的通常的测量方式他测得的结果为1.80米。不过,如果他说,这张桌子按照他的测量方式测得的结果为1.80米,那么这就是正确的。——"但是,这时这无论如何根本就不是任何测量!"——它与我们的测量是相似的,而且[①]在某些情形中是合乎"实用的目的"的。(一个商人可以按照这样的方式来区别对待不同的顾客。)

因此,如果一把尺子遇到微热便极其不同寻常地剧烈膨胀起来,那么我们——在通常的情形中——便会将其说成**不可用的**。但是,我们可以设想出这样一些情况,在其中恰恰这点是所希望发

① 异文:"~~它肯定不是我们叫作'测量'的东西,但是~~"。

生的事情。我想象，我们用肉眼便知觉到了这种膨胀。这时，就温度不同的空间中的物体来说，如果当将这样的尺子——在我们的眼睛看来，它一会儿变长了，一会儿变短了——放到它们之上时，它们伸展到同样远的地方的话，那么我们便将相同的长度尺寸归属给它们。

人们这时便能够说：此处叫作“测量”和“长度”和“相同的长度”的东西不同于我们如此称谓的东西。这些词在此处的用法不同于我们的用法；不过，它是与我们的用法**有着亲缘关系的**用法，而且即便我们也是以多种方式使用这些词的。

6. 人们必须弄清楚，推理真正说来在于什么。人们或许会说，它在于从一个断言到另一个断言的过渡。但是，这意味着：推理是这样的某种东西，它发生在从一个断言到另一个断言的过渡期间，因此发生在另一个断言被说出来之前——还是意味着：推理在于让一个断言跟着另一个断言，也即，比如在说出后者之后就说出前者？在“推理”这个动词的独特的运用的误导下，我们乐于想象，推理是一种奇特的活动，一种发生于理智介质之中的过程，好像是云雾的翻腾一般，从其中接着便浮现出了结论。不过，还是让我们来查看一下在此究竟发生了什么！——在此存在着一个从一个命题经由其它命题——因此经由一个推理链条——到另一个命题的过渡。但是，我们不必谈论这个过渡，因为它的确假定了另一种过渡，也即从这个链条中的一个环节到接下来的环节的过渡。现在，在这些环节之间可能发生着一种建立过渡的过程。[①] 在这种过程

① 异文：“~~因为它肯定是由其它的过渡复合而成的，也即从一个环节到另一个环节的过渡。而且在此还存在着一种人们可以称为诸环节之间的过渡的过程。~~”

中现在并没有任何玄妙的东西发生，它就是按照一条规则将一个命题符号从另一个命题符号中得出的过程；就是将两者与某种这样的范型加以比较的过程，它对于我们来说构成了这种过渡的图式；或者诸如此类的东西。这种过程可以是在纸张上，在口头上，或者“在脑袋里”，~~也即在想象中，~~进行的。——但是，这个结论也可以是这样得出的，其中的一个命题只是在另一个命题之后被说出，在两者之间并没有发生任何建立过渡的过程；或者，这种建立过渡的过程仅仅在于，我们说出“因此”，或者“由此得出”或者诸如此类的东西。……于是，如果那个推导出来的命题事实上**可以**从诸前提得出的话，那么人们便将它称为“结论”。

7. 那么，如下说法意味着什么：一个命题**可以**借助于一条规则从另一个命题中得出？难道不是所有东西均可以借助于**某一条**规则——甚至于按照带有相应的释义的任何一条规则——从所有东西中得出吗？当我比如这样说时，这意味着什么：这个数可以通过那两个数相乘得到？这是一条规则，它说的是：只要我们**正确地**做了乘法，那么我们必定得到这个数。而这条规则我们可以通过这样的方式得到：我们将这两个数相乘，或者还通过其它的方式（尽管人们也可以将导向这个结果的每种过程都称为一种“乘法”）。现在人们说：如果我完成了乘法 265×463，那么我便做了乘法。但是，在我这样说时，我也做了乘法：“4 乘以 2 得 8”，尽管在此为了得到这个积，我没有经过任何计算过程（不过，我本来也可以**算出**它）。以这样的方式，即使在一个结论并非是算出来的情况下，我们也说我们得出了一个结论。

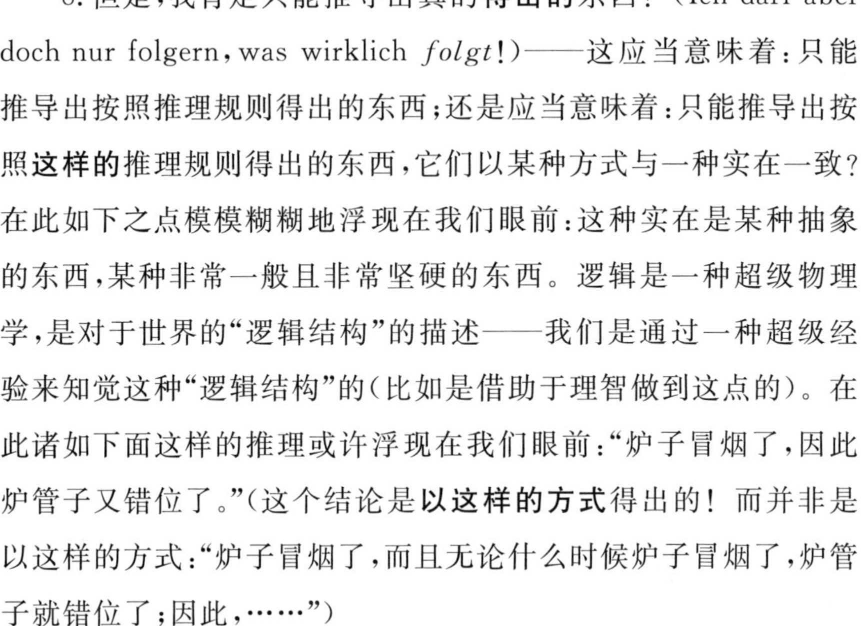

8. 但是，我肯定只能推导出真的**得出的**东西！(Ich darf aber doch nur folgern，was wirklich *folgt*!)——这应当意味着：只能推导出按照推理规则得出的东西；还是应当意味着：只能推导出按照**这样的**推理规则得出的东西，它们以某种方式与一种实在一致？在此如下之点模模糊糊地浮现在我们眼前：这种实在是某种抽象的东西，某种非常一般且非常坚硬的东西。逻辑是一种超级物理学，是对于世界的“逻辑结构”的描述——我们是通过一种超级经验来知觉这种“逻辑结构”的(比如是借助于理智做到这点的)。在此诸如下面这样的推理或许浮现在我们眼前：“炉子冒烟了，因此炉管子又错位了。”(这个结论是**以这样的方式**得出的！而并非是以这样的方式：“炉子冒烟了，而且无论什么时候炉子冒烟了，炉管子就错位了；因此，……”)

9. 我们称为“逻辑推理”的东西是表达式的一种变形。比如，将一种测量单位换算成另一种测量单位。在一把尺子的一个边缘上涂着英寸，在另一个边缘上涂着厘米。我用英寸测量桌子，接着**在这把尺子上**转到厘米。——自然，在从一种测量单位到另一种测量单位的转换中也存在着正确和错误。但是，在此正确的结果与哪种实在一致？或许与一种**约定**，或者与一种**习惯**一致，而且还或许与实际的需求一致。

10. “但是，难道比如‘fa’不是必然得自于‘(x). fx’吗？——**如果**‘(x). fx’是像我们意指它那样被意指的。”——我们意指它的**方式**如何表露自身？不是通过其使用的恒常的实践吗？而且或许还通过某些**手势**——以及类似于它们的东西。——不过，当**我们**

说出语词“所有”时，似乎还有这样的某种东西与它联系在一起，另一种用法与其不一致，即**意义**。“‘所有’无论如何意味着：**所有！**”——如果我们应当对它进行解释，那么我们便想这样说；与此同时，我们还做出某种手势和表情。

请将所有这些树都用斧子砍倒！——那么，你不理解“**所有**”意味着什么吗？（他还让**一棵**树立在那里。）他是如何学习“所有”意味着什么的？当然是通过练习。——自然，这种练习现在不仅起到了这样的作用，即他听到这个命令后**做这个**，——而且它还让大量的图像（视觉的以及其它的）环绕着这个词，而当我们听到并说出它时其中的一幅图像或另一幅图像便浮现出来。（如果我们应当解释这个词的“意义”是什么，那么我们首先从这批图像中拿出**一**幅——而如果我们看到，一会儿这幅，一会儿那幅浮现出来，而且有时任何一幅都没有浮现出来，那么我们便又将我们拿出的那幅图像当作非本质性的扔掉。）

人们通过学习如下之点的方式学习“所有”的意义：“fa”得自于“(x). fx”。——帮人们练熟这个词的这种使用的那些练习，教人们学习它的意义的那些练习，其目标始终是这样的：不能出现例外。

11. 我们究竟是如何**学习**推理的？或者我们没有学习它吗？

小孩知道这点吗：从双重否定得出一个肯定？——人们如何**深信**这点？或许是通过这样的方式：人们给他看这样一个过程（做两次翻转，做两次 180 度的旋转，以及诸如此类的东西），他现在将它作为否定的图像接受下来。

人们通过坚决要求如下之点的方式来澄清“(x). fx”的意义：

从它得出“fa”。

12.“从‘所有’可是必然得出**这个**——如果它是**以这样的方式**被意指的。”如果它是**以什么样的方式**被意指的？请思考一下你是如何意指它的？在此或许还有一幅图像浮现在你的心中——你不具有更多的东西了。——不，它不是**必然**得出的——但是，它**得出来了**：我们**做出了**这个过渡。

而且我们说：如果没有得出这个，那么它恰恰不是**所有**——而这只是表明了，在这样一种情形中我们是如何用语词做出反应的。——

13.我们觉得，如果从“(x).fx”竟然不再得出“fa”了，那么除了“所有”这个词的**用法**必定被改变了以外，还有某种其它的东西也必定被改变了；某种与这个词本身联系在一起的东西。

这不是类似于人们说出这样的话时所出现的情形吗：“如果这个人以其它的方式行动，那么他的性格必定也是不同的”？好的，这在一些情形中可能意味着什么，而在另一些情形中则没有任何意义。我们说：“从这种性格流淌出了这种行动方式”，而且以这样的方式用法从意义中流淌出来。

14.这向你表明了——人们可以说——某些手势、图像、反应是多么牢固地与一种经过长期练习了的用法联系在一起的。

“这样一幅图像将自己强加给我们……”图像将自己**强加给**我们，这点是很令人感兴趣的。如果情况不是这样的，像“What's done cannot be undone”(覆水难收)这样一个命题如何能够向我们说出什么？

15. 重要的是，在我们的语言中——在我们的自然的语言中——“所有”是个基础概念，而“除了一个以外的所有”就不那么具有根本的意义；也即，不存在**一个**关于它的语词，也不存在一个独特的手势。

16. “所有”这个词的**要义**肯定是这点：它不允许任何例外。——是的，这就是它在我们的语言中的运用的要义。不过，至于我们将哪些运用方式感觉成“要义”，这与如下事实联系在一起：这种运用在我们的整个生活中扮演了什么样的角色。

17. 对于推理究竟在于什么这个问题，我们听到比如如下回答：“如果我认出了命题……的真理性，那么我现在便有权利写出……”在什么范围内有权利？以前我就没有任何权利写出它吗？——“那些命题让我深信了那个命题的真理性。”不过，我们所处理的自然也不是这点。——“精神按照这些规律完成了这种独特的逻辑推理活动。”这肯定是有趣的并且是重要的；但是，这竟然也是真的吗？它总是按照**这些**规律进行推理吗？这种独特的推理活动在于什么？——正因如此，我们有必要查看一下在语言的实践中我们究竟是如何做出推理的；在语言游戏中推理是一种什么样的过程。

比如：在一个规定中写着：“高于 1.80 米的所有人都要加入……部门。”一个文书读出这些人的名字，还有他们的身高。另一个将它们分配到某某部门。——“某某是 1.90 米高的。”——“因此，某某是……部门的。”这就是推理。

18. 那么，在罗素或者欧几里得那里，我们将什么称作“推理”？

我应当这样说吗:证明中的从一个命题到下一个命题的过渡?但是,这种**过渡**待在什么地方?——我说,在罗素那里一个命题在这样的时候得自于另一个命题:按照这两个命题出现在一个证明中的位置以及附加给它们的符号,我们可以从后者将前者推导出来——当我们读这本书时。因为,读这本书是一个游戏,它是要被学习的。

19. 人们常常不清楚,得自(Folgen)和推导(Folgern)真正说来在于什么;它是什么样一种事态和过程。这些动词的独特的运用让我们产生了这样的想法:得自就意味着诸命题间存在这样一种结合关系,我们在进行推导时追踪着它。这点[①]在罗素的叙述中(《数学原理》)以一种很有教育意义的方式表现出来了。一个命题 ⊢ q 得自于另一个命题 ⊢ p ⊃q . p,这点在此就是一条基本的逻辑规律:

⊢ p ⊃q . p . ⊃. ⊢ q。[②]

现在这条规律据说让我们有权利从 ⊢ p ⊃q . p 推演出(schließen) ⊢ q。但是,这种“推理”(Schließen),这种我们有权利进行的程序,究竟在于什么?肯定是在于:作为断言在另一个命题之后说出、写下一个命题(在某个语言游戏之中),以及诸如此类的东西。那条基本规律如何能够让我有权利**这样做**?[③]

① 异文:“这种不清楚”。

② 参见:North Whitehead and Bertrand Russell, *Principia Mathematica*, vol. I, 2nd edn, Cambridge: Cambridge University Press, 1927, ∗9.12, p. 132。

③ 在 TS 222:18 中间本节内容的左侧空白处纵向手写有如下文字:“表面的运用和语言游戏中的运用。”

20. 罗素肯定要说:“我将**以这样的方式**进行推理,而且它是**正确的**。”因此,他有一天将告诉我们他要如何进行推理:这是经由一条推理的**规则**而进行的。这条规则具有什么样的形式?它是这样的吗:这个命题蕴涵了那个命题?——它肯定是这样的:在这本书的证明中,这样一个命题应当跟在这样一个命题之后。——不过,这点可应当是一条基本的逻辑规律:以这样的方式进行推理,这是**正确的**!——这样,那条基本的规律必须具有这样的形式:“从……推演出……是正确的。”这条基本规律现在肯定应当是自明的——但是,这时这条规则本身恰恰就让我们明白了它的正确性或者有权利性。“不过,这条规则处理的肯定是一本书中的诸命题,而这点肯定不属于逻辑!”——完全正确。这条规则真正说来仅仅是这样一则信息:在这本书中只使用了从一个命题到另一个命题的**这种**过渡(可以说这构成了一个索引中的一则信息)。因为这种过渡的正确性在人们做出它时就必须是自明的。这时,这条“基本的逻辑规律”的表达便是**这些命题的序列**本身。

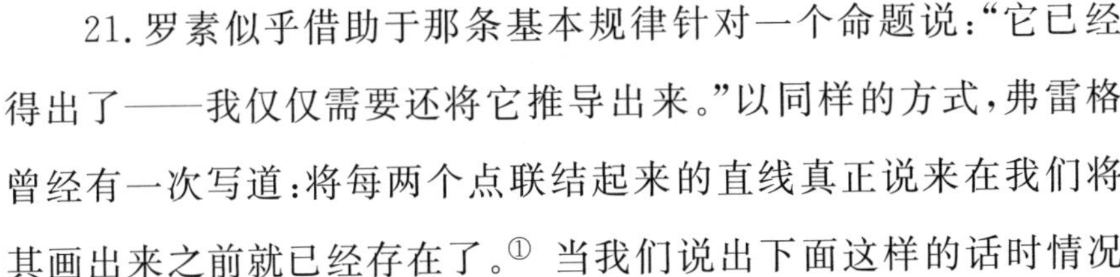

21. 罗素似乎借助于那条基本规律针对一个命题说:“它已经得出了——我仅仅需要还将它推导出来。”以同样的方式,弗雷格曾经有一次写道:将每两个点联结起来的直线真正说来在我们将其画出来之前就已经存在了。[1] 当我们说出下面这样的话时情况

[1] 参见:G. Frege,*Die Grundlagen der Arithmetik: Eine logisch mathematische Untersuchung über den Begriff der Zahl*, Breslau: M. & H. Marcus, 2. Auflage, 1934, S. 106, 112; *Grundgesetze der Arithmetik*, Band I, Jena: H. Pohle, 1893, S. 88。

也是一样的：比如序列＋2 中的诸过渡真正说来在我们口头上或者书面上将其做出来（可以说是在用铅笔将其描粗）之前就已经被做出了。

22. 对于说出这样的话的一个人我们可以这样来回答他：你在此是在运用一幅图像。我们**能够**通过如下方式来**决定**一个人在一个序列中应当做出的诸过渡：我们给他示范它们。比如通过如下方式：将他应当写出的那个序列用另一种记号系统写出来，他只是还需要将其翻译出来，或者通过如下方式：我们实际上将它很纤细地写出来，他必须将其描粗。在第一种情形中我们也可以说，我们并没有写出他应该写出的**那个**序列，因此我们自己并没有做出这个序列的诸过渡；但是，在第二种情形中我们肯定会说，他应当写出的那个序列已经存在了。在下面这样的情况下我们也会这样说：我们给他**口授**他应当写出的东西，尽管这时我们给出的是一串声音，而他给出的则是一列书写符号。无论如何，如下做法都是**决定**一个人应当做出的过渡的一种可靠的方式：在某种意义上已经将它们给他示范性地做出。——因此，如果我们在一种完全不同的意义上来决定这些过渡，也即通过如下方式：让我们的学生接受一种训练，比如像孩子们在学习两数乘法表和乘法时所接受的那种训练，以至接受这样的训练的所有人现在都以相同的方式完成任何一个他们在学习时未曾做过的乘法，并且均得到了彼此一致的结果，——因此，如果一个人应当按照命令"＋2"做出的过渡通过训练以如此的方式被决定了，以至我们能够充满确信地预言，他将如何走下去，即使当他迄今为止还从来没有做出**这个**过渡，——那么对于我们来说如下做法便可能是自然而然的了，即将如下情

形用作上述情形的图像：这些过渡已经悉数做出了，他只是在将它们写出来而已。[人们常常谈到这样的观点：可能性是实际的苍白的影子。]

23. 推导的语言游戏。①

“但是，我们之所以从那个命题推导出这个命题，这可是因为它事实上得出来了！我们可是深信这点：它得出来了。”——我们深信这点：写在这里的东西得自于写在那里的东西。而这个命题是**联系着时间**使用的。

24. 请将一致的感受（手势）与你借助于证明**所做的**事情分开！②

25. 但是，假定我深信如下之点，如何：这些线条的图式

❙❙❙❙❙❙ (a)

与下面这些角点的图式具有相同的数（我故意让这些图式具有了一种容易记忆的形式）：

(b)

我是通过做出如下配合的方式达到这种深信的：

① 这句话写在单独一张纸上（TS 222：22）。接下来的一个纸条上打印有下面的内容。

② 在此（TS 222：24）手写有如下内容：“请参见 172 页：这样进行计算的人……”相应内容见下文 § 144。

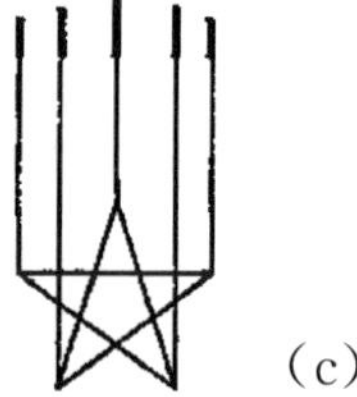

(c)

现在，当我看到这个图形时，我究竟深信了什么？我看到的是一个带有线状突出物的星形。——

26.不过，我可以这样来使用这个图形：五个人站在五角形上(以这样的方式排队)；形如(a)中的线条的棍子靠墙立着；我看着图形(c)并且说："我可以给这些人中的每个人一根棍子。"

我可以将图形(c)看作这样的情形的简略的**图像**：我给这五个人每个人一根棍子。

27.因为如果我首先画出一个随便的多角形，

并且接着画出一个随便的线条序列，

| | | | | | | | | | | | | | | | | | | | | | | | | | | | | | | |

那么，现在我可以通过配合来查明上面的角的数目是否同于下面的线条的数目。(我不知道结果会是什么样的。)因此，我也可以说，我已经通过画出投影线的方式让自己深信了如下之点：在图形(c)的上部的线条的数目同于下面星形的角的数目。(从时间上说！)这种理解中的这个图形不同于一个数学证明(正如这种情形不是一个数学证明一样：我给一组人分配一袋子苹果，发现每个人

恰好能够分得**一个**苹果)。

不过,我可以将图形(c)看成数学证明。让我们给予图式(a)和(b)中的形状以名称!形状(a)叫作“手”(简称 H),形状(b)叫作“五角星形”(简称 D)[①]。我已经证明,H 的线条的数目同于 D 的角的数目。这个命题又是非时间性的。

28. 我可以说,一个证明是这样**一个**图形,在它的一端写着某些命题,在它的另一端写着一个命题(我们将其称作那个“被证明的”命题)。

作为对这样一个图形的描述,人们可以说:在它之中命题……得自于……。这是一个关于这样一个**图案**的描述的形式,它也可以是比如一个装饰物(墙纸图案)。因此,我可以说:“在写在这个牌子上的这个证明中,命题 p 得自于 q 和 r”,而这不过就是一个对于在那里所能看到的东西的描述。不过,它不是那个数学命题:p 得自于 q 和 r。这个命题具有一种不同的应用。它说的是(人们可以这样来表达它):谈论这样一个证明(图案)是有意义的,在其中 p 得自于 q 和 r。正如人们可以这样说一样:命题“白色比黑色亮”断言了,谈论这样两个对象是有意义的,其中的较亮的对象是白色的,另一个是黑色的;但是,谈论这样两个对象是没有意义的,其中的较亮的对象是黑色的,而另一个是白色的。

29. 请设想我们以一个白黑斑点的形式给出了“较亮”和“较暗”的范型,而且现在我们可以说借助于它来做出如下推导:红色

① “五角星形”德文为“Drudenfuß”,特指一笔画成的用作护身符的五角星形。“手”德文为“Hand”。

比白色暗。

30. 经由(c)所证明的那个命题现在用作借以断定数相同的新的规定：如果人们将一个对象的集合排列成手的形状并且将另一个对象的集合排列成一个五角星形的诸角，那么我们便说这两个集合具有相同的数。

31. “但是，这难道不仅仅是因为我们已经有一次将 H 和 D 加以排列并且看到它们具有相同的数目吗？”——是的，不过，如果它们在**一种**情形中曾经是这样的——我如何知道，它们现在又将是这样的？——“因为 H 和 D 的**本质**便包含着这点：它们具有相同的数目。”——但是，你如何能够经由这种配合来查明**这点**？（我曾经认为，计数或者配合只是产生这样的结果：我现在面对着的这两组对象具有相同的数目，或者不具有相同的数目。）

——“但是，如果他现在有一个由诸事物组成的 H 和一个由诸事物组成的 D，而且他现在事实上将它们彼此配合起来，那么如下事情肯定是不**可能的**：他得到的结果不是它们具有相同的数目。——我肯定从这个证明便看到了这点：这是不可能的。”——不过，这竟然**是**不可能的吗？假定他比如（像其他人会说的那样）**忘记了**画配合线之一。但是，我承认，他在绝大多数情形中总是得到相同的结果，而如果他没有得到这样的结果，那么我们会认为他以某种方式受到了干扰。如果情况不是这样的，那么这个整个证明便失去了依据。因为，我们决定不使用诸组之间的配合，而是使用这幅证明的图像；我们**不**对它们进行配合，而是**相反**，将这些组与这个证明的组进行比较（在其中，这两个组的确是彼此配合在了一起的)。(正如我们决定使用如下归纳证明一样:$\begin{array}{l}\underline{1}\div 3=0.3\\ \ \underline{1}\end{array}$。欧几里得证明中的三角形。)[①]

32.作为这个证明的结果我也可以这样说:“一个 H 和一个 D 从现在起叫作‘具有相同的数目’。”

或者:这个证明并不**探究**这两个图形的本质,而是说出我从现在起算作这些图形的本质的东西。——我将属于本质的东西放在语言的范型之下。

数学家创造**本质**。

33.当我这样说时:“这个命题得自于那个命题”,这是对于一条规则的承认。这种承认是**根据**一个证明而发生的。也即,我可以将这个链条(这个图形)作为**证明**接受下来。——“但是,我竟然可以不这样做吗?我不是**必须**将它接受下来吗?”——你为什么说你必须这样做?这当然是因为你在这个证明的最后比如这样说:“是的——我必须承认这个结论。”不过,这可仅仅是你的无条件的承认的表达。

这也就是说,我相信:“我必须承认这个”这句话是在**两类情形**中被使用的:当我们已经得到了一个证明时——但是也联系着这个证明的个别的步骤本身加以使用。

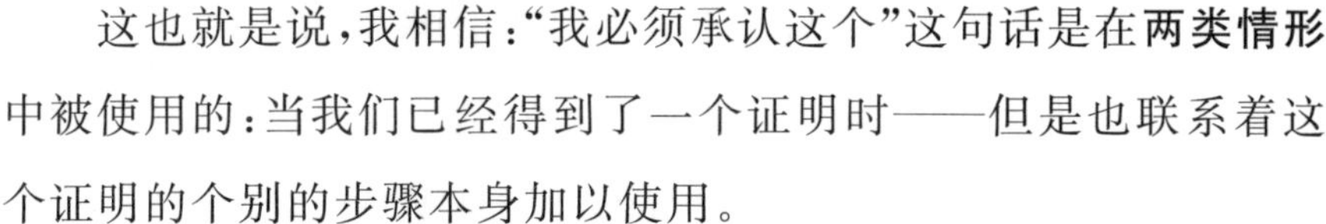

34.这个证明**强制**我这点究竟在何处表露自身?当然是表露在这样的事实之中:我接着以如此这般的方式采取行动,我

① 括号内的评论为手写补入内容(载于 TS 222:28)。

拒绝走另一条路。作为反对不愿这样走的人的最后的论证我仅仅还要说:“是的,你难道没有看到……!”——这肯定不是任何**论证**。

35.“但是,如果你是正确的,那么事情如何是这样的:所有人(或者无论如何所有正常的人)都承认这些图形是这些命题的证明?”——是的,在此存在着一种巨大的——而且令人感兴趣的——一致。

36.请设想你面前有一列弹子球,你用阿拉伯数字给它们编了号,编号从1一直到100。然后,你将每10个球之间的距离拉大,并且又让每10个一组的一排正中间(5和5之间)有一点儿距离,以便人们可以综览这10个球。现在,你把这些每10个球构成的诸排一个放在另一个的**下面**,并且使队列的正中间(也即5排和5排之间)的距离稍微大一些。现在,你将这些排从1到10编上号。——可以说,人们在用弹子球操练。我可以说,我们已经摊开了这100个球的性质。——不过,现在请设想,这整个过程,用这100个球所做的这个实验,被拍下来了。现在,我在屏幕上看到的当然并非是一个实验,因为一个实验的图像本身肯定不是一个实验。——不过,即使在投影中我现在也看到了这个过程的“数学上说的本质之处”!因为在那里出现的首先是100个斑点,然后它们被分成10个一组的诸排,等等,等等。

因此,我可以说:这个证明对我来说并非是用作为实验,而是用作为一个实验的图像。

37.我将2个苹果放在空空的桌面上,看到没有任何人来到它旁边并且桌子也没有晃动。现在，我又将 2 个苹果放上去，接着数一下放在那里的苹果。你做了一个实验，计数的结果很有可能是 4 个。（我们会这样来表现这个结果：如果人们在某某情况下先是在桌子上放上 2 个苹果，然后又放上 2 个，大多数情况下没有任何一个苹果消失，也并非又多了一个。）人们可以用各种各样的固体来做类似的实验，结果会是一样的。——在我们这里，孩子们的确就是以这样的方式学习计算的，因为我们让他们先将 3 个菜豆放在那里，又将 3 个放在那里，然后让他们数一下那里有多少菜豆。如果在此期间一会儿结果为 5，一会儿结果为 7（或许是因为如下原因：一会儿一个自动地添加进来，一会儿一个自动地消失不见了——**像我们现在会说的那样**），那么我们首先会解释说，菜豆不适于在计算课上使用。但是，如果同样的事情也发生在棍子上、手指上、线条上和大多数其它事物之上，那么计算便因此而终结了。

"但是，这时 2+2 难道不是还是等于 4 吗？"——这个小小的命题由此就变成不可用的了。——

如果我们将钱放在一个抽屉里，后来发现它不在那里了，我们便说："它不会自行消失的。"（这是一个重要的物理学命题。）

38."你可是只需要看一下如下图形便能看到 2+2=4。"

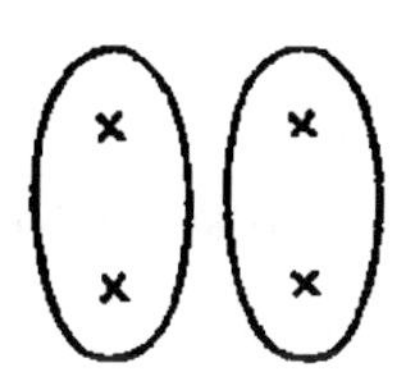

——于是,我只需要看一下如下图形便能看到 2+2+2=4。

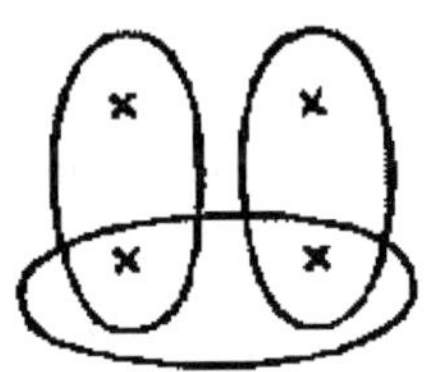

39. 我让这样一个人深信什么,他在用 100 个球追踪着有关那个实验的影片中的那个投影?

人们可以说:我让他深信这个过程就是这样发生的。——不过,这不是任何数学的深信。——但是,我难道不能这样说吗:**我让他铭记一个过程**? 这个过程是对一列 100 个事物的重组(它们被分成 10 排,每排有 10 个事物)。这个过程**事实上**可以总是一再地进行。对此,他是有根据深信的。

40. 以这样的方式经由投影线的画出证明(25)让我们铭记了一个过程,即将 H 和 D 一一对应地配合起来的过程。——"但是,它不是也让我**深信**这点了吗:这种[1]配合是**可能的**?"——如果这当意味着:你总是能够做出这个配合,那么这完全不是真的。不过,投影线的画出让我们深信了这点:上面的线条数同于下面的角数;而且它提供了这样一个模型,据此我们可以将这些图形彼此配合起来。——"但是,这个模型由此表明的难道不是这点吗:它是可行的? 它表明的并不是这点:这次它是可行的! ——在这样的意义上:当出现在上面的图形不是 ııııı,而是||||||时,它是不可行的。"为何如此? 在此它难道不可行吗? 比如**以这样的方式**:

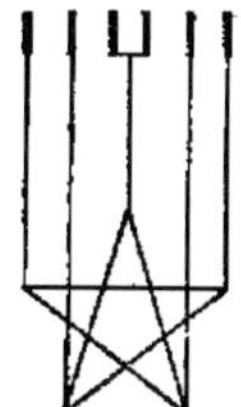

这个图形当然也可以用作对于什么东西的证明！而且是为了表明如下之点：人们**不**能将这些形式的诸组 1—1 对应地配合起来。

“一种 1—1 对应的配合在此是不可能的”比如意味着：这些图形和 1—1 对应的配合不匹配。

我或许将尝试根据这个图形做出其中的一种配合而不做出另一种配合，而且我将说那种配合是不可能的。①

“我并不是这样意指它的！”——那么，请指给我看你是如何意指它的，并且我将做出它。

但是，难道我不能这样说吗：这个图形表明了这样一种配合是**如何**可能的——而且它不是因此就必然也表明了**这点**吗：它是可能的？——

[1]在此“这种配合”意味着这个证明的图形本身的配合吗？它不能同时既是量具又是所测量的东西。②

41. 我们曾经建议，给 5 条平行的线条和五角星形这些形式赋

① 前面三句话出现在 MS 222 第 34 页中间，是修改时手写进来的。其中第三句话纵向写在左侧空白处。

② 这个评论手写于 MS 222 第 34 页的顶部空白处，维特根斯坦用线条将其联系到这小节中的“这种”之上。

予名称。这样的做法的意义究竟是什么？它们得到了名称这个事实促成了什么？借此人们暗示了有关这些图形的使用方式的某种东西。也即：人们一眼就看出它们是某某东西。为此，人们不去计数它们的线条或者诸角，对于我们来说，它们就是形状类型，正如刀叉一样，也如字母和数字一样。

因此，听到命令："请画出 H！"(比如)——我便立即复制出这种形式。——现在，这种证明教给了我这两种形式之间的一种配合。(我想说，在这个证明中不仅这些个别的图形被配合起来了，而且这些**形式本身**也被配合起来了。不过，这当然只是意味着：我很好地记住了那些形式，作为范型将其记住了。)现在，如果我想将形式 H 和 D 彼此配合起来，我就不会陷入困难之中吗？——比如因为下面多出了一个角，或者上面多出了一条线？——"但是，肯定不会，如果你真的再一次地将 H 和 D 画出来了！——而且这点肯定是可以得到证明的。看一下这个图形就行了！"

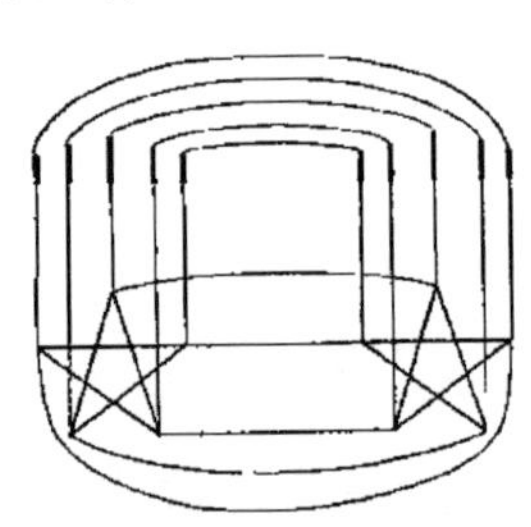

——这个图形教给了我一种新的核对如下之点的方式：我真的在那里画出了相同的图形。但是，尽管如此，当我现在要按照这个模型行事时，我就不会陷入困难之中吗？不过，我说：我确信，通常说来我将不会陷入任何困难之中。

42. 存在着这样一种耐心游戏，它是这样的：从给定的拼块组合出一种特定的图形，比如一个长方形。这个图形的划分是这样的：我们难于找到这些部分的正确的编组。它比如是这个划分：

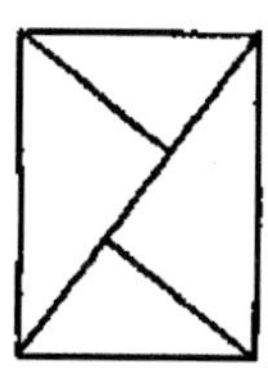

成功地编组起这个图形的人找到了什么？——他找到了：一个位置——他以前未曾想到过的位置。——好的；但是，人们就不能这样说吗：他让自己深信了这点，即人们能够以这样的方式组合起这些三角形？——不过，“这些三角形”：它们是出现在上面的长方形中的那些三角形吗？或者是这些三角形，它们还有待以这样的方式组合起来？

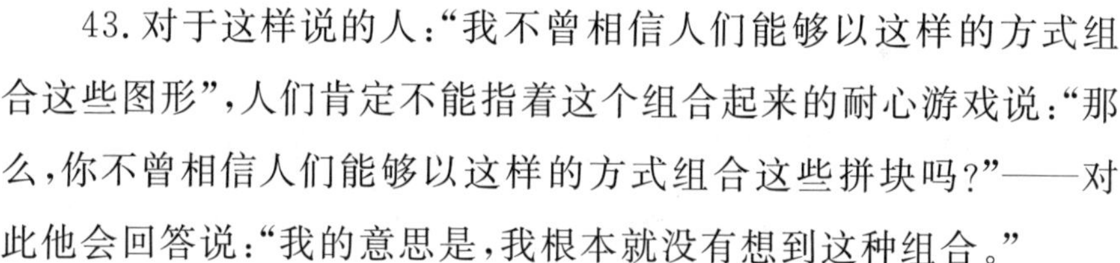

43. 对于这样说的人：“我不曾相信人们能够以这样的方式组合这些图形”，人们肯定不能指着这个组合起来的耐心游戏说：“那么，你不曾相信人们能够以这样的方式组合这些拼块吗？”——对此他会回答说：“我的意思是，我根本就没有想到这种组合。”

44. 让我们以这样的方式来设想耐心游戏的诸部分的物理性质，以至于它们不能进入所欲求的位置。但是，事情并非是这样的：当人们想要把它们放进这个位置时人们感觉到了一种阻力；而是这样的：人们直接做出了所有其它的尝试，只是没有做出**这个尝试**，而且这些拼块也没有偶然地进入这个位置。可以说这个位置被排除出于这个空间之外了。好像在此有一个“盲点”，比如在我们的大脑中。——在如下情形中，事情难道不**就是**这样的吗：我相信，我已经尝试了所有**可能的**排列，但是却总是错过了这种排列，好像是中了邪一样？

人们不能这样说吗：给你显示了解决办法的那个图形消除了一个盲点；或者还有，它改变了你的几何？它可以说给你显示了一个新的空间维度。（正如当人们给一只苍蝇指出那条飞出捕蝇杯的路时一样。）

45. 一个魔鬼给这个位置环绕上了一种魔力，将其排除于我们的空间之外。

46. 这个新位置像是从虚无中产生。那里以前本来没有任何东西，现在突然有了某种东西。

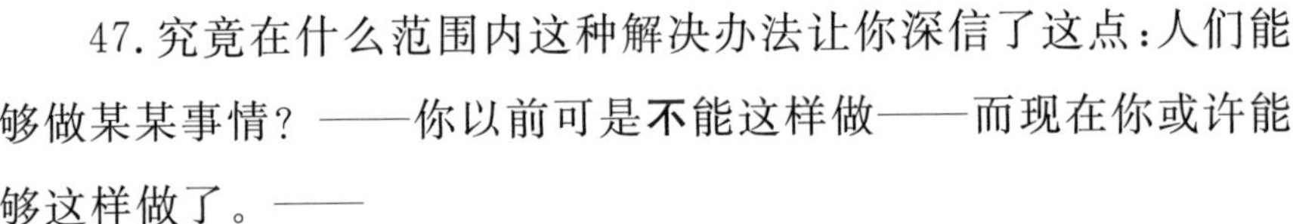

47. 究竟在什么范围内这种解决办法让你深信了这点：人们能够做某某事情？——你以前可是**不**能这样做——而现在你或许能够这样做了。——

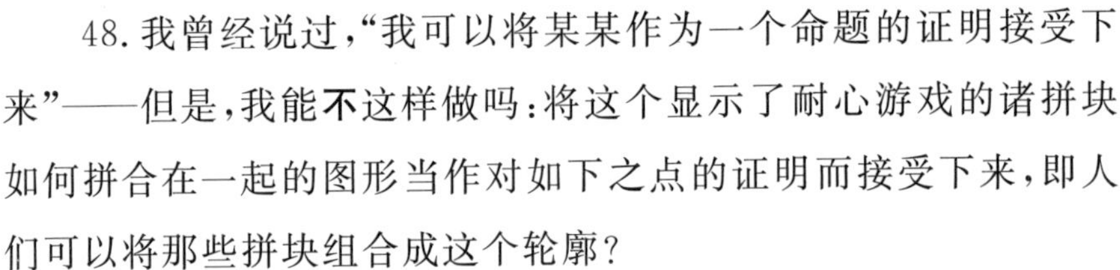

48. 我曾经说过，“我可以将某某作为一个命题的证明接受下来”——但是，我能**不**这样做吗：将这个显示了耐心游戏的诸拼块如何拼合在一起的图形当作对如下之点的证明而接受下来，即人们可以将那些拼块组合成这个轮廓？

49. 但是，现在请设想，这些拼块之一如此放置着，它成了这个模型的相应的部分的**镜中像**。他现在要按照这个模型组合起这个图形，看到这必定可行，但是却没有想到要将这个拼块翻转过来，因此发现他不能成功地给出这个组合。

50. 人们可以从两个平行四边形和两个三角形组合出一个长方形。证明：

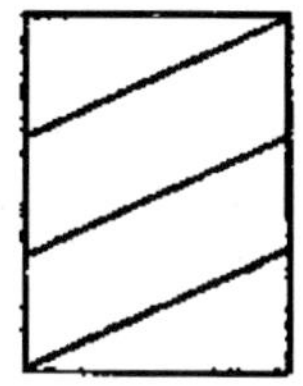

一个小孩会难于猜中这点:这些构成部分竟然组合成了一个长方形。他会很吃惊地发现,这些平行四边形的两边会处于一条直线上,而在那里这些四边形肯定是倾斜的。——他可能觉得,这个长方形是经由魔术而从这些图形中生成出来的。是的,我们必须承认,它们现在构建起了一个长方形,但是它们是通过一个诡计,通过一种纷乱的排列,以非常不自然的方式构建起它的。

我可以设想,当这个小孩将这两个平行四边形以**这样的**方式放在一起的时候,如果他看到它们**如此**相配,他便不相信他的眼睛。“**它们看起来并非**是如此相配的。”我可以设想,人们这样说:只是因为一种幻觉我们才觉得**它们**似乎给出了这样的长方形——实际上,它们已经改变了它们的本性,它们不再是平行四边形了。

51.“你承认**这点**——那么你必须承认**这点**。”——他**必须**承认它——而且与此同时如下事情便是可能的:他不承认它!~~或者你要这样说吗:“他能说出它,但是他不能**思维**它。”?~~你要说:“如果他**进行思维**,那么他就必须承认它。”

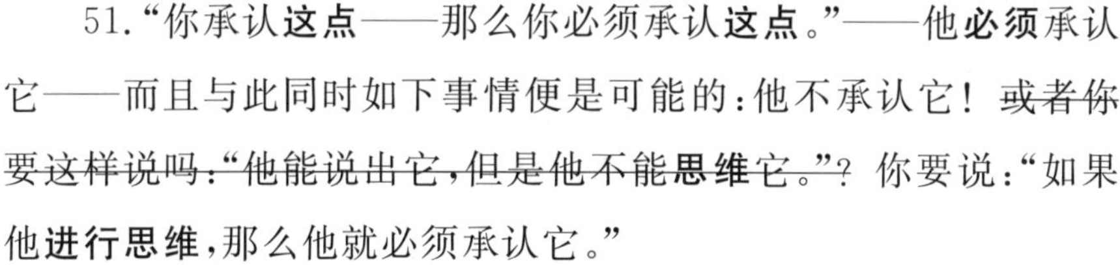

“我将向你表明,为什么你必须承认它。”——我将向你展示这样一种情形,如果你思考了它,那么它就使得你以这样的方式做出判断。

52.这个证明的操作究竟如何能够让他承认某种东西?

53.“你肯定会承认这点:5是由3和2构成的。”

只有在如下情况下我才承认它:借此我没有承认任何东西。除非——我愿意运用**这幅图像**。

54.人们可以将比如图形

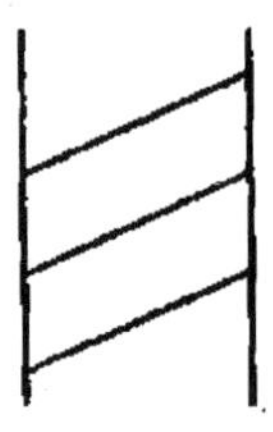

当作对如下之点的证明:100个平行四边形以如此的方式组合在一起必定给出一个笔直的带状物。于是,如果人们真的将100个平行四边形拼合在一起,那么人们现在将得到比如一个稍微有点儿弯曲的带状物。——但是,这个证明已经决定了我们要使用这幅图像和这种表达方式:如果它们没有给出任何笔直的带状物,那么它们便是不精确地制作出来的。

55.务请思考一下你给我看的那幅图像(或者那个过程)如何能够让我现在有义务总是以如此这般的方式做出判断!

是的,假定在此有一个实验,那么它肯定是**一个**如此不足道的实验,以至于它不会要求我做出任何判断。

56.那个正在给出证明的人说:“请看一下这个图形!我们想要对此说些什么?难道不是这点吗:一个长方形是由……构成的?——”

或者还有:“你肯定将这个称为‘平行四边形’并将这个称为‘三角形’,而且,当一个图形是由其它的图形构成的时,事情看起来肯定是**这样的**。——”

57.“是的,你已经让我深信了:一个长方形总是由……构成的。”——我也会这样说吗:“是的,你已经让我深信了:**这个**长方形(这个证明的长方形)是由……构成的”?这个命题肯定是比较适度的命题。即使一个人或许还不承认那个一般的命题,他还是会承认这个命题。但是,令人奇怪的是,承认**这点**的那个人似乎并非是在承认那个较适度的几何命题;相反,他根本就不是在承认任何几何命题。自然了,——因为就这个证明的这个长方形来说,他的确并没有让我深信有关它的任何东西。(关于这个图形,当我以前看到它时,我可是没有产生过任何怀疑。)我已经自愿地承认了有关这个图形的任何东西。他仅仅是**借助于**它让我产生深信的。——但是,另一方面,如果他甚至于都没有让我深信有关**这个**长方形的任何东西,那么他如何让我深信其它的长方形的某种性质?

58.“是的,这个形式看起来不是这样的,它好像是由两个倾斜的部分构成的。”

什么让你吃惊?肯定不是这点:你现在在你面前看到这个图形!是这个图形**中**的某种东西让我吃惊。——但是,在这个图形中可是没有发生任何事情!

让我吃惊的是斜的东西与直的东西的这种组合。可以说我觉得有点儿眩晕了。

59. 但是，我真的这样说："我让我深信了如下之点：人们能够从这些部分摆放出这个图形"——也即，当我比如看到了有关这种耐心游戏的解决办法的图片后。

如果我现在向一个人这样说了，那么这肯定应当意味着："尝试就行了！这些拼块正确地摆放后真的给出这种图形。"我要鼓励他做什么事情，并且预言他会成功的。而这种预言是以这样的事实所涉及的那种轻易性为基础的：只要人们知道了**如何**从这些拼块组合出这个图形，那么人们便能轻而易举地做到这点。

60. 你说，你对这个证明向你表明的东西感到惊讶。但是，你对这点感到惊讶吗：这些线条是可以画出来的？不。只有在如下情形中你才会感到惊讶：你向自己说，两个这样的拼块**给出**这种形式。因此，当你设想自己处于这样的情形中时：你本来在期待某种不同的东西，现在你看到了这个结果。

61. "**这个**强硬地得自于**那个**。"——是的，在这个证明中这个是从那个产生的。

一个证明对于承认它是一个证明的人来说是一个证明。**不**承认它的人，不将它看作证明而追随它的人，还在到达语言之前便与我们分道扬镳了。

62. 请看下图：

在此我们拥有了某种这样的东西，某种看起来强硬无比的东西。

当然了：只是在它的后果中它才是“强硬的”！因为，否则，它就仅仅是一幅图像。这个图式的那种远距作用——像人们可能称谓的那样——究竟在于什么？

63. 我读到一个证明——现在我产生了深信。——假定我立即将这种深信忘掉了！

因为这是一个独特的程序：我**前前后后看过了**这个证明，然后接受了它的结果。——我的意思是：我恰恰就是这样**做事**的。这就是我们这里的习俗，或者我们的自然史的一个事实。

64. “如果我有**五**，那么我便有**三**并且有**二**。”——但是，我从哪里知道我有五？——好的，如果它看起来是这样的：|||||。——如下之点也是肯定的吗：如果它看起来是**这样的**，我就能够总是将它分解成**这些**组？

这是一个事实：我们能够玩下面这种游戏：我教给一个人两个线条的组、三个线条的组、四个线条的组、五个线条的组看起来是什么样的，并且教给他如何将诸线条彼此一一对应地配合起来。然后，我让他执行如下命令（每个命令总是执行两次）：“画出一个五个线条的组”——然后让他执行“将这两个组彼此配合起来”这个命令。在此事实表明，他几乎**总是**一个不剩地将诸线条彼此配合起来。

或者还有：这是一个事实：我在将我作为五个线条的组所画出的东西一一对应地配合起来的过程中**几乎总是**没有遇到困难。

65. 我应当拼合起耐心游戏，我来来回回地尝试，怀疑我是否会将其拼出来。现在，有人给我看了一下解决办法的图像。我说——毫不怀疑地——“现在我会了!”——如下之点竟然是**确实的**吗:我现在就要将其拼出来?——但是,事实是:我对此没有怀疑。

如果现在有人问:“那幅图像的这种远距作用在于什么?”——在于这点:我在应用它。

66. **在**一个证明**中**我们与某个人**取得一致**。如果我们没有就此达成一致,那么在到达借助于语言而进行的交流之前我们便分道扬镳了。

如下之点肯定不是本质性的:其中的一个人用这个证明说服了另一个人。两个人可能都看到了(读到了)它,并且都承认它。

67.“你可是看到了这点——这点肯定不容置疑:一个像 A 那样的组本质上是由一个像 B 那样的组和一个像 C 那样的组构成的。”

——我也说——也即我也这样来表达自己——:你所画出的这个组是由两个较小的组构成的。但是,我不知道,是否每个这样的组——我将其称为属于第一个组的类型(形状)的组——都将是无条件地由两个属于那些较小的组的类型的组构成的。——不过,我相信,事情很可能总是这样的(我的经验或许教给了我这点)。正因如此,我将这点作为规则接受下来:我将一个组称为一个形如 A 的组,当且仅当它可以分解成两个像 B 和 C 那样的组。

68. 图样(50)也是以这样的方式作为证明而起作用的。“这肯定没有错！两个平行四边形组合成了这个形式！”(这很像是当我这样说时一样:“这肯定是真的！一条曲线可能是由一些笔直的线段构成的。”)——我本来没有想到过这点。是的——我没有想到过:这个图形的这些部分产生这个图形。这肯定没有任何意义。——相反,只有在如下情形中我才会感到吃惊:我设想,我是在毫无所知地将上面的平行四边形放到下面的平行四边形之上并且现在看到了这个结果。

69. 人们可能这样说:这个证明让我深信了——也可能让我吃惊的**东西**。

70. 因为为什么我说那个图形(50)让我深信了某种东西,而如下图形则没有也以同样的方式让我深信某种东西:

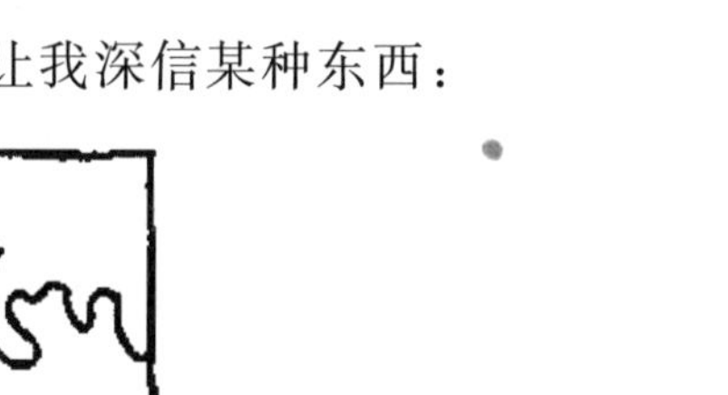

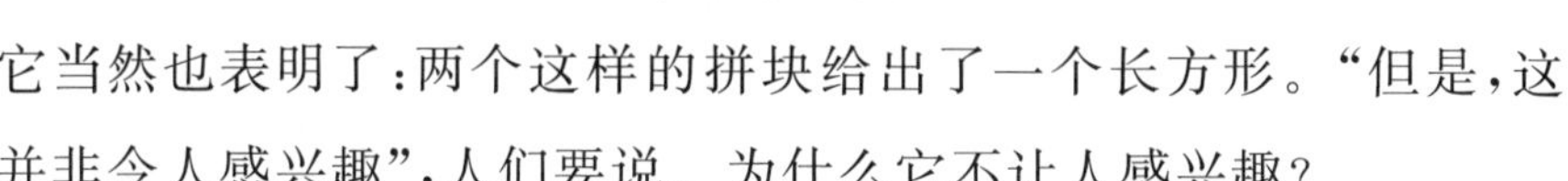

它当然也表明了:两个这样的拼块给出了一个长方形。“但是,这并非令人感兴趣”,人们要说。为什么它不让人感兴趣?

71. 当人们这样说时:“这个形式是由这些形式构成的”——人们将这个形式设想成一个精致的图样,设想成这样一个具有这样的形式的精致的支架,具有这样的形式的事物可以说紧绷绷地放在其上。(请比较:柏拉图将诸性质看成一个事物的诸成分的观点。)

如下事实与此相关：我上面写道："……一个线条组**本质上**是由……构成的。"

究竟什么时候一个线条组"**本质上**"由……构成？这自然与我给予这个组的**名称**的运用方式联系在一起。——我的手尽管有5个手指头，但是我并没有说：我的手指头本质上是由3和2构成的。

好的，"如果它不**可能**是其它样子的"，那么它就是本质性的；如果这个带有其划分的条线组被用作了范型，那么它就不可能是其它样子的。

本质的特征是表现方式的一个特征。

72. "这个形式是由这些形式构成的。你指给我看了这个形式的一个本质性的特征。"——你指给我看了一幅新的**图像**。

好像是**上帝**如此将它们组合起来的。——**因此，我们在使用一个比喻**。那个**形式**变成了具有该形式的以太状的存在物。好像它是一劳永逸地如此组合而成的(是由这样的人如此组合而成的：正是他将这些本质性质放进了这些事物之内)。因为，如果这个形式变成了由诸部分构成的事物，那么创作这个形式的工匠就是这样的人：他还创作了明亮和黑暗，颜色和硬度，等等。(请设想有人问："这个形式……是由这些部分组合而成的；是谁将它们组合起来的？是你吗？")

人们用"存在"(Sein)这个词指一种崇高化的、以太状的实存(eine sublimierte, ätherische Art des Existierens)。现在，请看一下比如这个命题："红色**存在**。"自然，从来没有人使用它。但是，如果我应当给它发明一种用法，那么它可以是这样的：作为有关这样的陈述——它们接着应当使用语词“红色”——的引导性的惯用语。在说出这个惯用语的过程中我瞥了一眼红色的样品。

当人们聚精会神地察看红颜色时,人们便试图说出像“红色**存在**”这样一个命题。——因此,是在与如下情形相同的**情形**中:在其中人们断定了一个事物(比如一只像树叶一样的昆虫)的实存。

而且,我要说:当人们使用如下说法时:“这个证明教给了我——让我深信了——如下之点:事情是这样的”,人们肯定还总是处于那种比喻之中。

73. 我本来也可以说:“本质性的”从来不是对象的性质,而是概念的标志。

74. “如果这个线条组的形状是相同的,那么它必定具有相同的面相,相同的划分可能性。如果它具有不同的面相,不同的划分可能性,那么它便不是相同的形状。这时,它或许以某种方式给你造成了相同的印象,但是,只有在你能够以相同的方式划分它时,它才是**相同的形状**。”

这的确好像是说出了这种形状的本质(das Wesen der Gestalt)。——但是,我可是要说:谈论这个**本质**的人——,只是断定了一种约定。这时,人们肯定想反对说:没有比一个有关这个本质的深度的命题与一个——有关单纯的约定的——命题更为不同的东西了。不过,如果我这样回答,如何:对于这种约定的**深度的**需求对应于这种本质的**深度**。

因此,当我说“这个命题好像是说出了这种形状的**本质**”时,我的意思是:这个命题的确像是说出了**形状**这个存在物的一种性质

(eine Eigenshaft des Wesens *Gestalt*)！——而且，人们可以说：这样的存在物，即这个命题将一种性质表述给它，而且在此我将其称为存在物“形状”，是这样一幅图像，即在我听到“形状”这个词时我不能不给我绘制它。

75.但是，你展现了或者展示了100个弹子球的什么样的性质？[①] ——好的，你展现了或展示了这点：人们可以用它们做这些事情。——但是，哪些事情？你意指的是这点吗：你能够这样移动它们，它们没有牢固地粘在桌面上？——与其说是这点，不如说是这样的：这些造形是从它们那里产生出来的，而且与此同时它们中的任何一个均没有消失不见，而且没有新的添加进来。——因此，你表明的是这列弹子球的物理性质。但是，你为什么使用“展现”这个表达式？你可是没有说过，当你向人表明一根铁棒在如此高温度时便熔化了这点时你在展现它的性质。你不是能够同样好地这样说吗：你展现了我们有关数的记忆的性质，正如你展现了比如这列弹子球的性质一样？真正说来，你**所展现的**肯定是这列弹子球。——你表明了，就一列弹子球来说，如果它看起来是如此这般的，或者以如此这般的方式用罗马数字编了号，那么它便能够以一种简单的方式，既没有多了一个又没有少了一个地，被放进另一种易于记住的形式。不过，这也可能同样好地是这样一种心理学实验，它表明了，你**现在**发现某些形式是易于记住的，而这100个斑点经由简单的推移被放进它们之中。

“我表明了可以用这100个弹子球做什么。”——你表明了，**这**

---

① 请参见前文§36。

100 个弹子球(或者放在那里的这些球)能够以这样的方式展现出来。这个实验是一个展现实验(与比如一个燃烧实验相对照)。

这个心理学实验能够表明比如人们是多么易于自我欺骗:也即,你没有注意到,人们什么时候将球私自地运进或运出这列弹子球。人们也肯定可以**这样**说:我表明了,通过表面上的推移我们能够用一列(100 个)斑点做什么,——通过表面上的推移可以做出哪些图形,通过表面上的推移哪些图形可以从它们之中产生出来。——但是,在这种情形中我展现了什么?

76. 设想人们这样说:我们通过这样的方式来展现一个多角形的性质,即我们将它的每 3 个边都用一条对角线集中起来。于是,它被证明是一个 24 角形。我要这样说吗:我展现了 24 角形的一种性质?不会。我要这样说:我展现了这个(画在这里的)多角形的一个性质。我现在知道了在此有一个 24 角形。而以前我不知道这点。

这是一个实验吗?它向我表明了比如现在这里有一个什么样的多角形。人们可以将我所做的事情称为计数实验。

是的,但是,假定我在一个我本来已经能够综览的五角形上做这样一个实验,如何?——现在,假定有这样一个瞬间,当其时我们不能综览它,——比如当它变得太大了时,情况会是什么样?这时,画出一条对角线将是让我们深信这点的一种手段:这是一个五角形。我又一次可以这样说了:我展现了画在那里的这个多角形的性质。——如果我现在能够综览它了,那么**有关它的**任何东西也肯定不会被改变。或许,展现这个性质是多余的,正如计数放在我面前的两个苹果是多余的一样。

现在，我应该这样说吗："这又是一个计数实验，但是我对结果有确信"？但是，在此什么是结果？什么是这个实验的结果？不过，我确信这个结果的方式同于我确信对一些水的电解的结果的方式吗？不是；相反，二者是不同的！如果对这种液体的电解的结果不是……那么我会认为我有点儿傻，或者我会说我现在根本不再知道我应当说什么了。①

设想我这样说："是的，这里有一个四角形，——但是还是让我们看一下，它是否经由一条对角线被分解成了两个三角形！"于是，我画出这条对角线并且说："是的，在此我们有了两个三角形。"这时人们会问我：难道你竟然没有**看到**这点吗，即它可以被分解成两个三角形？你只是现在才深信这里有一个四角形吗？那么，为什么你现在要比以前更相信你的眼睛？

77. 任务：音的数——一首曲子的内在性质；叶子的数——一棵树的外在性质。这点如何与概念的同一性联系起来？（兰姆西。）

78. 这样的人向我们表明了什么：他将 4 个球分成 2 个和 2 个，又将它们移到一起，又将它们分开，等等？他让我们铭记了一张脸，并且是这张脸的一种典型的变化。

79. 请想一下一个四肢可动的玩偶的可能的姿势。或者，请设想你有一个拥有比如 10 个环节的链条，并且你表明了人们可以用

---

① 这段话后一部分出现在 TS 222：57[221]。在该页顶部空白处写有如下评论："如果我指着一个线条说'一个'，这时我还在研究那里有多少个线条吗？（因此，人们在计数。）"

它摆出什么样的独特的(也即容易记住的)图形。这些环节被编了号。由此,它们将变成一个易于记住的结构,即便它们现在处于一种笔直的排列之中。

因此,我让你记住这个链条的独特的位置和运动。

如果现在我说:"瞧,人们也可以从它做出**这个**"并且展示了它,那么这时我便向你显示了一个实验吗?——它可以是一个实验。我表明了比如:人们可以使得它具有这种形式。但是,对此你没有任何怀疑。让你感兴趣的东西并不是涉及这个个别的链条的东西。——但是,我所展示出来的东西不是表明了这个链条的一种性质吗?肯定的;不过,我只是展示了这些运动,这些变形,它们均属于容易记忆的类型。而让你感兴趣的东西是**学习**这些变形。但是,这点之所以让你感兴趣,是因为总是在不同的对象上做出这些变形是非常容易的。

80."瞧,我能够从它做出什么——"这句话的确是这样的话,在如下情形中我也会使用它:我向你表明了我能够从比如一块陶土制作出什么形状。比如,我足够灵巧,从这块陶土制作出了这些东西。在另一种情形中,我向你表明了这点:这块材料可以**如此**加以处理。在此人们几乎不会说:"我让你注意到这点",即我能够做出这个,或者这块材料承受住了这个,——而在链条的情形中人们会说:我让你注意到这个可以用它做出来。——因为你本来也能够**想象**它。但是,你自然不能通过想象来认出这种材料的任何性质。

在人们将这个过程单纯地看作一幅容易记住的图像时,具有实验性质的方面便消失不见了。

81. 人们可以说，我所展现的东西是“100”在我们的计算系统中所扮演的**角色**。

82.（我曾经写出这样的话：“在数学中过程和结果是彼此等价的。”①）

83. 我的确感觉到，如下之点是“100”的一个性质：它是如此产生的，或者能够如此产生。但是，如下之点究竟如何可能是“100”这个结构的一种性质：它是如此产生的——如果它比如根本就不是这样地产生的？——如果根本没有人这样做乘法？肯定只有在如下情况下这点才是“100”这个结构的一种性质：人们能够说是这条规则的对象这点是这个符号的一种性质。比如，是规则“3+2=5”的对象这点是“5”的性质。因为只有作为这条规则的对象这个数才是那些其它的数的加法的**那个**结果。

但是，假定我现在这样说：是按照规则……将……相加的结果这点构成了数……的性质，如何？——因此，如下之点是一个数的一种性质：在将这条规则应用到这些数之上时，它便产生出来。问题是：如果这个数**不**是那个结果，那么我们还将这称为“这条规则的应用”吗？这个问题同于如下问题：“你如何理解‘这条规则的应用’：是你或许用它所做的事情（而且你或许一会儿这样应用它，一会儿那样应用它）吗？抑或，‘它的应用’是以不同的方式得到解释的？”

84.“这个过程导致这个数这点是这个数的一个性质。”——但

① 参见《战时笔记》，§413；《逻辑哲学论》，6.1261。

是，从数学上说，任何过程都未导致它；相反，它是一个过程的终点（还属于这个过程）。

85. 但是，为什么我感觉到这列弹子球的一个性质被展现出来了，被展示出来了？——因为我交替地将所显示出来的东西看作本质性的和非本质性的——相对于这列弹子球来说。或者：因为我交替地将这些性质看作外在的和内在的。因为我交替地将某种东西接受为自明的和发现它是值得注意的。

86. “在你表明能够从 100 个弹子球做出什么的过程中你当然展现了它们的性质。”——**如何**能够做出它？因为，肯定没有人怀疑过这点：这个**能够**从它们做出来，因此，问题是这个从它们那里产生出来的**那种方式**。但是，请看一下这种方式！看一下它是否比如已经预设了这个结果。——

因为请设想一下：以**这样的方式**一会儿产生的是这个，一会儿产生的是另一个结果。那么，你接受这个吗？你不是会这样说吗：“我必定弄错了；以**这同一种**方式，所产生的东西必定总是同一个东西。”这表明了，你将这种变形的结果已经纳入这种变形的方式之中。

87. 任务：我应当将如下事实称作经验事实吗：**这张**脸通过**这样的**改变变成了**那张**脸？（“**这张**脸”、“**这样的**改变”必须如何来解释，以便……？）

88. 人们说：这种划分**让人看清了**在此出现的是一个什么样的弹子球的列。它让人看清的是这点：在这种划分之前在那里**曾经出现**的是什么样的列，还是这点：现在什么样的列出现在那里？

89.“我一眼便看出有多少个了。”好的，有多少个？回答是这样的吗：“**那么**多个？”——(与此同时人们指向这些对象组。)但是，这个回答的具体形式如何？它们有“50”个，或者“100”个，等等。

90.“这个划分让我看清了在此出现的是什么样的列。”好的，什么样的列出现在那里？回答是这样的吗：“**这个**”？——~~自然这必定意味着：“一个100个球的列”，“一个可由3划分的列”，或者诸如此类的东西。~~一个有意义的回答具有什么样的形式？

91.在我展示另一个同样地构建起来的链条的诸变形的过程中，我当然也展现了这个链条的几何性质。不过，借此我肯定没有表明我事实上能够用这个链条所做的事情——如果这个链条事实上被证明是不可弯曲的，或者以任何其它方式从物理上说是不适合的。

因此，无论如何我不能说：我展现了**这个链条的诸性质**。

92.人们能够展现这个链条根本不具有的性质吗？

93.我在测量一张桌子，它是1米长的。——现在我将一把尺子放在另一把尺子上。我因此就测量了它吗？我发现那第二把尺子是1米长的吗？我在做相同的测量实验吗？——区别仅仅在于如下之点：我对结果充满确信？

94.是的，如果我将尺子靠在桌子上，那么我总是在测量桌子。我不是有时也核对尺子吗？这两种程序之间的区别何在？

95.除了其它事情以外，有关一列弹子球的展现的实验可以向我们表明这个列是由多少个球构成的，或者另一方面，我们可以如此这般地移动这(比如)100 个球。

但是,有关这种展现的计算向我们表明了我们称为“经由单纯的展现而进行的变形”的东西。

96. 请检验这个命题[①]:如下事实绝不是**经验事实**:一条视觉曲线的切线与这条曲线一起走了一段路;而如果一个图形显示了这点,那么它并非是将其作为一个实验的结果这样显示它的。

人们也可以这样说:你在此看到了,一条连续的视觉曲线的诸小段是直的。——不过,我不是应当这样说吗:——“无论如何你将这个称为‘曲线’。——你现在将这些小段线称为‘弯的’还是‘直的’? ——你肯定将这个称作‘直线’,而这条曲线包含着这段线。”

但是,人们为什么不应当用一个新名称来称呼一条曲线的这样的视觉线段,它们本身并没有显示出任何曲率?

“画出这些线的实验的确表明了,它们并没有接触到一个**点**。”——是**它们**没有接触到一个点吗? **“它们”**如何定义? 或者:你能够指给我看一幅有关如下情形的图像吗:当它们“接触到一个点”时情况所显现出的样子? 因为,为何我不能直接地说:这个实验得到了这样的结果,即它们——一条曲线和一条直线——彼此**发生接触**? 因为,这**不**就是我称为这样的线条的“接触”的东西吗?

① 异文:“我曾经写道:”。

97. 假定我们画出这样一个圆圈,它是由黑色的小段和白色的小段构成的,并且这些黑白小段变得越来越小。

“你觉得这些小段中的哪一段——从左到右——已经是直的了?”在此我在做一个实验。

98. 假定有人说:“经验教给你这点:下面这条线是弯的”,如何?

——这时我们应该这样说:在此语词“这条线”意谓画在纸上的这个**线条**。人们事实上的确可以做这样的实验,将这个线条拿给不同的人看,并且问:“你看到了什么:一条直线,还是一条曲线?”——①

但是,如果有人说:“我现在想象了一条曲线”,对此我们向他说:“因此,这时你看到了这条线是一条曲线”——这种说法会有什么样的意义?

但是,现在人们也可能说:“我想象这样一个圆圈,它是由黑白小段构成的,其中的一段是长的,弯曲的,接下来的诸小段则变得越来越短,而第六小段则已经是直的了。”在此实验存在于何处?

---

① 在 TS 222:72[198]上此段话的左侧空白处写有如下文字:“关于同一性的评论。”

在想象中我可以进行计算，但是不能进行实验。

99. 什么是作为**计算**的推导过程的独特的运用——与该过程作为实验的运用相对？

我们将这种算出看作诸结构的一种**内在性质**（其**本质**的一种性质）的演示。但是，这意味着什么？

下面这个图式可以充当“内在性质”的原型：

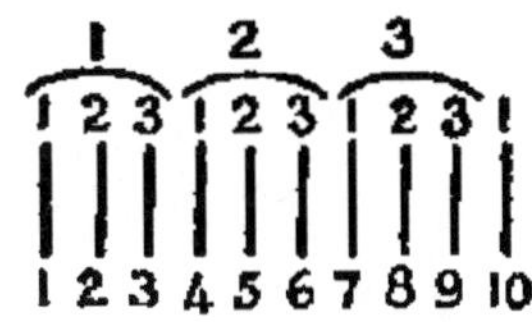

10＝3×3＋1

现在，当我这样说时：10 个线条必然是由 3 乘以 3 个线条和一个线条构成的——这当然并非意味着：当那里有 10 个线条时，总是有那些数字和弧线环绕着它们。——不过，如果我将它们附加给这些线条，那么我便说，我只是演示了那个线条组的本质。——但是，你确信如下之点吗：在你给这个组附写上那些符号时它没有发生变化？——“我不知道。但是，**一个**确定数目的线条出现在那里。如果它不是 10，那么它便是另一个数，于是它恰恰具有不同的性质。——”

100. 人们说：这个计算“展现了”100 的性质。——说 100 是由 50 和 50 构成的，真正说来这意味着什么？人们说：这个箱子的内容是由 50 个苹果和 50 个梨构成的。但是，如果一个人说：“这个箱子的内容是由 50 个苹果和 50 个苹果构成的”——，那么我们首先不知道他在意指什么。——如果人们说：“这个箱子的内容是由 2 乘以 50 个苹果构成的”，那么这或者意味着：在那里有两个小格子，每个里面有 50 个苹果；或者，这里或许涉及一次分配，每个人应该得到 50 个苹果，而且我现在听说，人们可以将这个箱子里的东西分给两个人。

101.“这个箱子里的 100 个苹果是由 50 个和 50 个构成的”——在此重要的是“构成”的非时间特征。因为它并非意味着：它们**现在**是由 50 个和 50 个构成的，也并非意味着某些时间内它们是这样构成的。

102. 究竟什么是“内在性质”的刻画性特征？它是这样的吗：诸内在性质总是恒定不变地完整存在着（相对于它们所构成的那个整体而言），好像是独立于所有外界发生的事情？正如当一部机器本身屈服于外力时，纸上的这部机器的构造并没有破损一样。——或者，我想要说：它们不像事物的物理的方面那样受到大风和天气的影响；相反，它们像图式一样无可攻击。

103. 当我们这样说时：“这个命题得自于那个命题”，在此“得自”又是**在非时间意义上**被使用的。（这表明，这个命题并非是在说出一个实验的结果。）

104. 请比较：“白色比黑色亮。”这个表达式也是非时间性的，它也说出了一种**内在**关系的存在。

105. “Diese Relation *besteht* aber eben”（但是，这个关系恰恰是**存在的**）——人们想要说。不过，问题是：这个命题有一个用法吗——而且有哪种用法？因为暂时我只是知道在此一幅图像浮现在我心中（但是这没有为我提供这种运用的保证）并且这些词构成了一个德语命题。不过，你注意到，这些词在此的使用方式不同于它们在一个有用的陈述的日常的情形中的使用方式。(正如比如一个制作车轮的人可能注意到，他通常做出的有关圆形的东西和直的东西的陈述与出现在欧几里得几何中的陈述不属一类一样。)因为我们说：这个**对象**比那个**对象**亮，或者这个事物的颜色比那个事物的颜色亮，并且在这种情形中某种东西现在较亮，而稍后可能变得较暗了。

如下感觉来自于何处："白色比黑色亮"这个命题说出了有关这两种颜色的**本质**的一些事情？——

但是，这个问题竟然是以正确的方式提出的吗？我们究竟用白色或者黑色的"本质"来意指什么？我们或许想到"内部"、"构成"，但是在此这可是没有产生任何意义。我们或许也说："如下之点包含在白色之中：它比……亮。"

事情不是这样的吗：一个黑色的斑点的图像和一个白色的斑点的图像在我们这里**同时**用作我们理解为"较亮"和"较暗"的东西的范型和"白色"和"黑色"的范型。

现在，在"暗"和"黑色"**两者**均被表述给这个斑点**这样的**范围内，暗便"包含在"黑色之中。这个斑点是暗的这点**源自于如下事实**：它是黑色的。——不过，更为正确的说法是：它**叫作**"黑色"，因此在我们的语言中它也叫作"暗的"。那种结合，诸范型与诸名称之间的结合，是在我们的语言中建立起来的。我们的命题是非时间性的，因为它只是说出了语词"白色"、"黑色"和"比……亮"与一个范型之间的那种结合。

人们可以通过做出这样的解释的方式来避免误解，即说如下说法是胡话："这个物体的颜色比那个物体的颜色亮。"人们必须这样说："这个物体比那个物体亮。"这也就是说，人们将前一种表达形式排除出于语言之外。

我们向谁说"白色比黑色亮"？这告诉了他什么信息？

106. 但是，就一个几何命题来说，即使没有证明，我不是也能够相信它吗？比如根据另一个人的担保。——当一个命题丧失了其证明时，它丧失了什么？——在此我肯定应当问："我能够用它做什么？"因为事情取决于这点。根据另一个人的担保**接受**这个命题——这如何表现出来？我可以在比如进一步的计算运算中运用它，或者我可以在判断一个物理学的事实时运用它。如果某个人向我担保比如 13 乘 13 等于 196，并且我相信他，那么我现在会对如下事情感到吃惊：我不能将 196 个坚果摆成 13 列，每列 13 个坚果。这时，我或许假定，坚果自动地增多了。

但是，我感到我很想这样说：人们不能**相信** 13×13＝196，人们只能机械地从其他人那里**接受**这个数。不过，为什么我不能说我相信它？难道相信它是这样一种神秘的行为，它可以说秘密地与那种正确的计算联系在一起吗？我可是无论如何**能够**说："我相信它"，并且现在据此而行动。

人们想问："相信 13×13＝196 的人做什么？"回答可以是这样的：好的，这将取决于如下事情：他比如是否是自己做出这个计算的并且与此同时将它写错了，——或者是否尽管是另一个人做出它的，但是他的确知道人们是如何做这样一个计算的，——或者是否尽管他不能做乘法，但是他知道这个积是站成这样的队列的人的数目：共有 13 列，每列有 13 人。简言之，这将取决于他究竟能够用等式 13×13＝196 做什么。因为检验这个等式就意味着用它做什么。

107. 因为，如果人们将这个算术等式看成一种内在关系的表达，那么人们便想说："他根本不可能相信 13×13 得出了**这个**，因为这可绝不是 13 与 13 的乘法，或者，如果 196 出现在最后的话，这可绝不是**得出**。"但是，这意味着，人们不愿将语词"相信"用在一个计算及其结果的情形之上，——或者只在面对着正确的计算时人们才愿意这样用这个词。

108. "相信 13×13 是 196 的人在相信什么？"——通过他的相信，在多深的程度上他闯入了——人们可以这样说——这些数的关系之中？因为他不能闯入到底部——人们要说，或者，他不能相信它。

但是，什么时候他闯入这些数的关系之中？恰恰是在他这样说时吗：他相信……？你不会坚持这点——因为不难看到，这种假象仅仅是我们的语法的表面形式（像人们可以说的那样）造成的。

109. 因为我要说："人们只能**看到** 13×13＝169，人们也不能**相信**这点。而且，人们能够——或多或少盲目地——接受一条规则。"当我这样说时，我在做什么？我做了一次切割：在一个带有其结果的**计算**（也即一幅特定的图像，一个特定的模型）与一个带有其结果的实验之间。

110. 我想说："如果我相信 a×b＝c——而且的确发生了这样

的事情：我相信这样的某种东西——我说我相信它——那么，我所相信的并非是这个数学命题，因为它出现在一个证明的终点，是一个证明的结束；相反，我相信的是：这个是这样的公式，它出现在某某地方，我将以如此这般的方式得到它，以及诸如此类的东西。”——这听起来好像是我闯入了对这样一个命题的相信过程的内部。然而，我只是——以不太灵活的方式——指向了一个算术命题和一个经验命题的角色上的那种**根本的**区别（尽管它们看上去不无相似之处）。

因为我在某些情况下恰恰这样**说**：“我相信 a×b=c。”我借此**意指的**是什么？——我**所说出的**东西！——但是，这个问题肯定是令人感兴趣的：在什么样的情形中我这样说，它们的刻画性特征是什么——与这样一个陈述的情形相对：“我相信天会下雨”？因为，我们所关注的的确就是这个对比。我们渴望得到一幅有关数学命题的运用以及形如“我相信……”这样的命题（在此一个数学命题构成了相信的对象）的运用的图像。

111.“你肯定不相信数学命题。”——这意味着：“数学命题”对于我来说表示这样一个命题角色，这样一种功能，在其中相信不出现。

请比较：“当你这样说时：‘我相信王车易位是如此这般地进行的’，那么你并非是在相信这条象棋规则；相反，你所相信的是：象棋的一条规则具有**如此这般的**形式。”

112.“人们不能**相信**乘法 13×13 提供了 169，因为这个结果属于这个计算。”我将什么称为“乘法 13×13”？只是这样的正确的乘法图像吗，在其最后出现的是169？或者还有“错误的乘法”？

如何确定这点：哪幅图像是乘法13×13？——难道不是经由乘法规则来**确定**吗？——但是，假定今天当你使用这些规则做乘法时你所得到的结果不同于所有计算书中的结果，情况如何？难道这不是可能的吗？——“不可能，如果你像**他们**那样应用这些规则！”——自然不能！但是，这肯定是一个赘语。在哪里写着我们应该如何应用它们——而且，如果这点写在什么地方：那么，又在哪里写着我们应该如何应用**这个**？这不仅仅意味着：在哪本书中写着这点，而且意味着在哪个**脑袋**中写着这点？——因此，什么是乘法13×13——或者，在我做乘法时我应当根据什么行事：是根据这些规则，还是根据出现在计算书中的乘法——也即，当这两者不一致的时候？——好的，事实上从来没有发生这样的事情：学习过计算的人在做这个乘法时总是顽固地得出这样的结果，它不同于出现于计算书中的东西。但是，假定竟然发生了这样的事情，那么我们便将他解释成不正常的，并且不再关注他的计算。

113.“但是，我因此在一串推理中并非是被强制着像我现在所做的那样进行下去吗？”——被强制着？我当然完全可以如我所愿地那样进行下去！——“不过，如果你仍然想与这些规则保持一致，那么你**必须**这样进行下去。”——完全不是这样的；我将**这个**称为“一致”。——“于是，你改变了‘一致’这个词的意义，或者改变了这条规则的意义。”——不是；——在此，由谁来说出“改变”意味着什么，“保持不变”意味着什么？

无论你给我提供了多少规则——我都将给你提供这样一条规则，它辩护了**我**对你的规则所做的那种运用。

114. 我们也可能这样说：如果我们**在遵守**推理规律（推理规则），那么在一次遵守中总是还包含着一种释义。

115. “你现在当然不能突然地以不同的方式应用这条规律!”——如果我对此回答说：“啊，是这样的，我是**这样**应用它的!”或者：“啊，我应当**这样**来应用它——!”那么我便在与大家一起玩游戏。但是，如果我回答说：“以不同的方式？——这可不**是**不同的方式!”——你要做什么？这也就说，真正说来，一个人也可能带有理解的标志地这样行动，以至于我们会将其行动称为稀奇古怪的。[1]

116. “因此，按照你的理解，每个人都可以如他所愿地将这个序列继续下去；因此，也可以依**任何**一种方式进行推理。”我们这时将不会把它称为“将这个序列继续下去”，也肯定不会将它称为“推理”。对于我们来说，思维和推理（还有计数）自然不是通过一个任意的定义得到规定的，而是通过相应于这样的东西——我们可以称为思维和推理在我们的生活中所扮演的角色——的身体的自然的界线得到规定的。

因为我们大家都一致地认为，推理规则并非是像铁轨强制火车那样强制他说出或者写出某某的。而且，如果你说他尽管能够**说出**它，但是他不能**思维**它，那么我只是说，这并非意味着：尽管可以说他做出了一切努力，但是他还是不能思维它，而是意味着：对

① 这个评论出现在 TS 222：86—87 上。最后一句话为手写补入。按照 MS124：150—151 上的指示（写于 1944 年 3 月 18 日），这句话要修改成这样：“也即，他可以像一个明智的人那样做出回答，但是并没有与我们大家一起玩这个游戏。”

于我们来说，如下之点本质上属于“思维”：他在说话、写字等等时做出**这样的**过渡。进而，我说：我们还会称为“思维”的东西和我们将不再如此称谓的东西之间的界线并非清楚地划出来了，正如我们还会称为“合规律性”的东西和我们将不再如此称谓的东西之间的界线并非是清楚地划出的一样。

尽管如此，人们还是可以说：推理规律强制我们——也即在人类社会的其它规律强制我们这样的意义上。像(17)中那样进行推理的那个文书**必须**这样做；如果他以其它方式进行推理，那么他就会受到惩罚。以不同的方式进行推理的人的确陷入冲突之中：比如与社会；但是他也会面对其它的实际的后果。

而且即使人们的**如下说法**也不无意义：他不能**思维**它。人们或许要说：他不能给它填充上个人性的内容：他不能真的**一同前往**——带着他的理智、他的人格。正如当人们这样说时一样：这个声音序列给不出任何意义，我不能富有表情地唱出它。我不能**与其发生共振**。或者，也可以这样说(结果是一样的)：我没有与其发生共振。

“人们可能说，当他说出它时，他只能没有思想地说出它。”在此，我们只需提醒大家注意如下之点：“无思想的”言说与其它的言说有时的确通过如下事项区别开来：在说话时发生在说话者之内的事项——与心象、感觉等等有关的东西。但是，这样的伴随物并不是构成“思维”的东西，而且其缺失也并非构成了“无思想性”。

117. 在什么范围内逻辑论证是一种强制？——“你肯定承认**这个**，——还有**这个**；那么，你就必须也承认**这个**！”这是强制某个人的方式。也即，我们事实上可以这样来强制人们承认某种东西。——这与如下情形并非有什么不同：我们可以通过如下方式强制一个人比如向那边走，即以下命令的样子用手指头指向那边。

请设想在这样一种情形中我用两个手指头同时指向两个不同的方向，借此让另一个人自由选择他愿意走的那个方向——另一次，我只是指向**一个**方向。因此，人们也可以这样来表达这点：我的第一个命令没有强制他按照**一个**方向走，而第二个命令则肯定强制他这样走了。不过，这是这样一个陈述，它应当说明了我的命令是属于什么种类的；但并没有说明它是以什么样的方式起作用的，它是否事实上强制了某某人，也即他是否服从它们。

118. 事情看起来好像是这样的：首先，这些思考当是表明了，"看起来像是一种逻辑强制的东西实际上仅仅是一种心理学的强制"——在此当然便有了这样的问题：因此，我知道两类强制吗?! ——

请设想人们使用了如下表达式："第……条法律以死刑来惩处杀人犯。"这肯定只能意味着：这条法律的内容是这样的：如此这般。但是，那种表达形式会强加给我们，因为如果犯罪的人得到了惩罚，那么法律便是手段。——现在，我们联系着那些惩罚某个人的人来谈论"强硬性"。在此我们可能会想到说："这条法律是**强硬的**——人可以放走罪犯，而这条法律则处决了他。"（甚至于还会说："这条法律**总是**处决他。"）——人们为什么要使用这样一种表达形式？——首先，这个命题的确只是说了如下事情：在法律中有某某条文，而人们有时并非按照其行事。但是，接着它的确给出了有关**一个**强硬的——和许多不讲原则的法官的图像。正因如此，它被用来表达人们对法律的尊重。但是，最后，人们也可能这样来使用这个表达形式：如果一条法律没有预见到赦免的可能性，那么它便被称作“强硬的”；而在相反的情形中，它或许被称作“通情达理的”。①

现在，我们谈论逻辑的“强硬性”，并且认为逻辑规律是强硬的，甚至于比自然规律还要强硬。现在，我们将注意力引向这点：“强硬的”这个词是如何以多种多样的方式被应用的。日常经验的非常一般的事实对应于我们的逻辑规律。正是这些事实使得如下做法成为可能：我们总是一再地以简单的方式证明那些规律（比如用墨水在纸上这样做）。它们可以与这样的事实加以比较：那些使得借助于米尺进行测量的程序成为易于完成的且有用的事实。这点导致了对于恰恰这些推理规律的使用，而且现在**我们**在应用这些规律时是强硬的。因为我们“**进行测量**”；而所有人都得到了相同的数值这点属于测量。不过，此外，人们可以区分开强硬的（也即**单义的**）推理规则与非单义的推理规则——我指的是这样的推理规则：它们让我们自由地选择另外的选项。

119.“我当然只能推导出真的得出的东西。”——这也就是说：逻辑机器真的产生的东西。逻辑机器，这是一种穿透一切的以太机制。——人们必须提防这幅图像。

请设想有这样一种材料，它比任何其它材料都要坚硬、牢固。但是，当人们将一根从这种材料制成的棒由水平放置改成垂直放

① 在 TS 222：92[183]上此段话的左侧空白处写有如下文字：“评论：……语言的波浪，参见《评论》XIII 卷结尾处。”在此，相关指示当作：“参见《评论》XV 卷”，即 MS 119：36—40。相关评论即下文§125的内容。

置时，它便收缩在一起；或者，当人们将其直立起来时，它就变弯了，但是与此同时它又非常坚硬，以至于人们不能以任何其它的方式使其变弯。——(用这样的材料制造出的一个机制，比如一个曲柄、联杆和滑块。滑块的其它的运动方式。)

或者：有这样一根棍子，当某种质量靠近它时，它便变弯了；但是，对我们施加给它的所有力来说，它却是完全坚硬的。设想当曲柄靠近滑块的导轨时，导轨便变弯了；而当曲柄远离导轨时，导轨又伸直了。不过，我假定，为了产生这样的结果，任何种类的特别的外力都是不必要的。导轨的这种行为让人感觉像是一个生物的行为。

当我们这样说时："如果这个机制的诸部件是完全刚性的，那么它们会如此这般地运动"，什么是它是完全刚性的这点的标准？是这点：它们抗拒某些力？还是这点：它们如此这般地运动？

设想我这样说："如果曲柄和联杆的长度没有改变的话，那么这就是滑块的运动规律(比如它的位置与曲柄的位置的配合)。"这肯定意味着：如果曲柄的位置和滑块的位置彼此处于这样的关系中，那么我便说联杆的长度保持不变。

120."如果诸部件是完全刚性的，那么它们会以这样的方式运动"：这是一个假设吗？看起来不是。因为，如果我们说："运动学在这样的预设的前提下描述这种机制的运动：它的诸部件是完全刚性的"，那么我们一方面承认，这个预设在实际中从来没有实现过，另一方面，不容置疑的是：完全刚性的部件将以这样的方式运动。但是，这种确信来自于何处？在此所涉及的肯定不是确信，而是我们所做出的一种规定。我们不**知道**这点：如果物体是刚性的

（按照某某标准），那么它们将会以这样的方式运动；但是，（在某些情形中）我们肯定将如此运动的部件称为“刚性的”——在这样一种情形中请总是考虑到这点：当几何（或者运动学）谈论相同的长度或者一个长度的不变性时，它并没有详细说明任何测量的方法。

因此，当我们将运动学称为比如有关完全刚性的机器部件的运动的学说时，在此一方面包含着一种有关这种（数学的）方法的暗示：我们将某些距离规定为没有发生变化的机器部件的长度；另一方面在此还包含着有关这种演算的应用的一种**暗示**。

121. 逻辑的必须的坚硬性。假定人们这样说，如何：运动学的必须比因果的必须坚硬得多，后者强制一部机器**以这样的方式**运转——当另一部机器**以这样的方式**运转时？——

设想我们通过电影画面、一部动画片来表现一部“完全刚性的”机器的运转方式。假定人们这样说，如何：这个画面是**完全坚硬的**，并且借此所要表达的意思是这样的：我们已经将这个画面用作表现方式，——无论事实如何，无论一部实际的机器的诸部件如何弯曲，或者如何拉长。——这就如同如下情况：人们认为，米尺的长度是无限坚硬的：因为无论诸物件的长度如何改变，它都保持不变，因为它不受那些拉长和压紧诸物件的力的影响。

122. 作为其工作方式的记号的机器（其构造）：首先，我可能说，一部机器似乎已经内在地拥有它的工作方式。这点意味着什么？

如果我们知道了这部机器，那么所有其它的事情，即它将进行的运转，似乎便已经完全决定了。

“我们这样说，好像这些部件只**能**这样运动，好像它们不能做其它任何事情。”

事情怎么会这样——；因此，我们忘记了它们之弯曲、之断裂、之熔化等等的可能性？是的，在**许多**情况下我们根本想不到这些可能性。我们将一部机器或一部机器的图像用作一种特定的工作方式的记号。我们将这幅图像告诉比如某个人，并且假定，他将这些部件的运动现象从它推导出来。（正如我们可以通过如下方式告诉某个人一个数一样：我们说，它是 1，4，9，16，……这个序列中的第 25 个数。）

“一部机器似乎已经内在地拥有它的工作方式”意味着：你倾向于，将机器的将来的运转就其确定性方面与这样的对象加以比较，它们已经放在抽屉内，现在我们要将其取出来。

——但是，当我们所要做的事情是预言一部机器的实际的行为时，我们不这样说话。这时，我们一般不会忘记诸部件变形的可能性，等等。

不过，当我们对如下事情感到惊奇时，我们的确会这样说话：我们如何竟然能够将一部机器用作一种运转方式的记号，——因为它当然也能够以完全**不同的**方式运转。

现在，我们可以说，一部机器，或者其图像，是一个由这样的图像形成的序列的初始项，它们是我们学会从这幅图像中推导出来的。

但是，当我们考虑到一部机器本来也可以以其它的方式运转时，事情看起来似乎很可能是这样的：机器的运转方式之包含在一部作为记号的机器中的方式好像必定比其包含在一部实际的机器中的方式更为确定。在那里,这些之为经验上预先决定的运转这点还不够,而且它们必须已经真正地**出现**了——在一种神秘的意义上。这点当然是真的:机器记号的运转之预先得到决定的方式不同于一部给定的实际的机器的运转预先得到决定的方式。

123. “好像我们能够一下子把握这个词的全部运用。”——像比如**什么**? ——难道人们不**能**——某种意义上说——一下子把握它吗? 而且,在**哪一种**意义上你不能做到这点? ——事情恰恰好像是这样的:我们似乎能够在一种更为直接得多的意义上“一下子把握”它。但是,对此你有一个范例吗? 没有。自动地向我们提供出来的仅仅是这种表达方式。作为交叉的比喻的结果。

124. 你绝没有这个超级的事实的范例,但是你却被诱导着使用一个**超级-表达式**。

125. 人们究竟什么时候想到:一部机器已经以某种神秘的方式内在地包含着其可能的运转? ——好的,当人们做哲学时。什么诱导我们想到这点? 我们谈论机器的那种方式。比如,我们说,这部机器**具有(拥有)**这些运转可能性;我们谈论理想的刚性机器,它只**能**以如此这般的方式运转。——运转**可能性**,它是什么? 它不是**运转**,但是它似乎也不是运转的单纯的物理条件——比如,这样的条件:在轴承和轴颈之间留有一个活动空间,轴颈没有过紧地嵌入轴承内。因为这点虽然**从经验上说**构成了运转的条件,但是人们也可以想象事情是其它样子的。一个运转的可能性应当更像这个运转本身的影子。但是,你知道这样的影子吗? 我并非将影子理解成关于这个运转的任意一幅图像,——因为这幅图像肯定不必是恰恰**这个**运转的图像。但是，这个运转的可能性则必定是恰恰这个运转的可能性。（瞧，在这里语言的波浪冲得有多么高！）

只要我们向自己提出如下问题，那么波浪便消退了：当我们谈论机器时，我们究竟是如何使用"运转的可能性"这个词的？——那么，这些奇怪的想法从何而来？好的，我通过比如一幅运转的**图像**来向你说明运转的可能性："因此，可能性是某种类似于实际的东西。"我们说："它还没有运转起来，但是它已经具有了运转起来的可能性，"——"因此，这种可能性是某种与实际非常接近的东西"。尽管我们可能怀疑，是否是如此这般的物理条件使得这种运转成为可能的，但是我们从来不讨论，**这个**是否**是**这个或者那个运转的可能性："因此，一个运转的可能性与这个运转本身处于一种独一无二的关系之中；这种关系要比一幅图像与其对象之间的关系密切得多"，因为人们可以怀疑，这个是否是这个对象或者那个对象的图像[①]。我们说"经验将告诉我们，是否是这个给予了这个轴颈以这种运转的可能性"，但是我们不说"经验将告诉我们，这个是否是这个运转的可能性"："因此，如下之点不是一个经验事实：这个可能性是恰恰这种运转的可能性"。

我们关注着我们自己关于这些事物的表达方式，但是没有理解它们，而是曲解了它们。当我们做哲学时，我们就如同野蛮人，如同原始人，他们听到了文明人的表达方式，曲解了它们，于是从这种释义中抽取出至为奇怪的结论。

设想一个人不理解我们的过去时形式："er ist hier gewesen"

① 异文："因为人们可能问：这幅图像是什么的图像？"

（他曾经在这里。）——他说："'er *ist*'，这是现在，因此这个命题说的是：过去某种意义上就发生在现在（daß die Vergangenheit in einem gewissen Sinne gegenwärtig ist）。"

126. "但是，我的意思并非是：我现在（在把握它时）所做的事情**从因果上**和经验上决定了将来的运用，而是：以一种**奇特的**方式，这种运用本身在某种意义上就发生在现在。"——但是，"在**某**种意义上"它的确就发生在现在！（我们的确也这样说："对于我来说，过去的年代的事情就发生在现在。"[①]）真正说来，在你所说的话中只有"以一种奇特的方式"这个表达式是错误的。其余的部分是正确的；这个命题只有在如下情况下才显得是奇特的，即当人们为它想象这样一种语言游戏，它不同于我们事实上在其中运用它的那种语言游戏。（某个人[②]曾经向我说，他小时候曾经惊异于裁缝师"**缝制一件衣服**"的方式——他那时认为这意味着，一件衣服是经由**单纯的缝**而制作出来的；方式是，人们将一根线缝在另一根线上。）

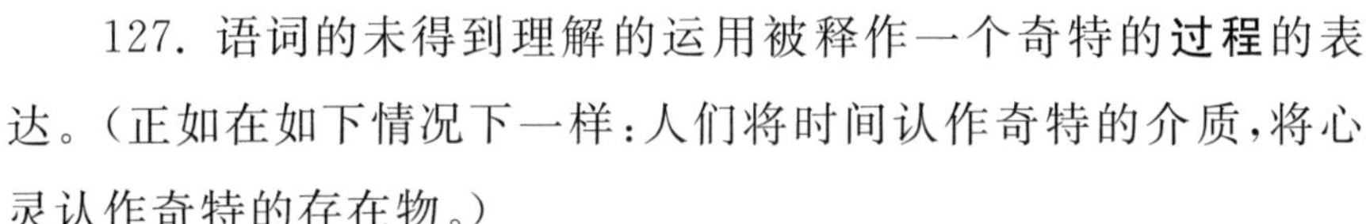

127. 语词的未得到理解的运用被释作一个奇特的**过程**的表达。（正如在如下情况下一样：人们将时间认作奇特的介质，将心灵认作奇特的存在物。）

但是，在此在所有情形中困难均是因"是"和"叫作"的混淆而造成的。

128. 就一种结合来说，如果它不是任何因果的、经验的结合，

---

① 引号中的话德文为："die Ereignisse der vergangen Jahre sind mir gegenwärtig"，引申意为：我能够回忆起来过去的年代的事情。

② 异文："一个朋友"。

而应当是一种更为严格的、更为坚硬的结合，甚至于如此牢固，以至于以某种方式其中的一个已经**是**另一个，那么它就始终是一种语法中的结合。

129. 我从哪里知道，这幅图像是我关于**太阳**的心象？——我将它**命名**为关于太阳的心象。我将它**运用**为关于**太阳**的图像。

130. “好像我们能够一下子把握这个词的全部运用。”——我们的确说我们做这件事。也即，我们有时的确用这些词来描述我们所做的事情。但是，在所发生的事情中并没有任何令人吃惊的东西，任何奇特的东西。如果我们被引导着认为：将来的发展必定已经以某种方式现身于那种把握的行为之中，但是它事实上又没有现身于其中，那么事情便变得奇特了。——因为我们说，毫无疑问，我们理解……这个词，另一方面，它的意义又在于它的运用。毫无疑问，我现在想玩**象棋**；但是，象棋游戏是经由**其所有的规则**而成为这种游戏的(等等)。因此，在我**已经**玩了之前，我就不知道我那时想玩的东西吗？或者，事情也可以是这样的吗：所有的规则都包含在我的意图行为之中了？那么，是经验教给我如下事实的吗：通常这种玩法跟随着这种意图行为？因此，我可是不能确信如下之点吗：我那时意图做什么？如果这是胡话，——那么在意图行为和被意图的东西之间存在着什么样的超级－坚固的结合？——存在于“来玩一局棋吧！”这句话的意义和该游戏的所有规则之间的那种结合是在哪里做成的？——好了，是在该游戏的规则清单之中，在象棋课程之中，在每天玩这种游戏的实践之中做成的。

131. 逻辑规律的确是“思维习惯”(Denkgewohnheiten)的表

达,但是也是习惯于**思维**(Gewohnheit *zu denken*)的表达。这也就是说,人们可以说,它们表明了:人们是如何进行思维的而且人们将什么称之为"思维"。

132. 弗雷格将如下之点称为"一条有关人类将什么当作真这件事的规律":"对于人来说……如下事情是不可能的:将一个对象认作与其本身不同的对象。"①——当我认为这是不可能的时,我认为我**在试图**这样做。因此,我看着我的台灯说:"这个台灯不同于它本身。"(但是,这时,一切均未被扰动。)我并没有看到比如这是错误的,而是我根本不能用它做任何事情。(除非台灯在日光下闪烁,这样的话我便能够完好地通过这个命题来表达这点。)但是,人们也可以使自己处于这样一种思维痉挛中,在其中人们**装作**好像是在试图思维不可能的事项并且没有成功。正如人们也可能**装作**好像是在试图(徒劳地)通过单纯的意欲便将一个对象从远处拉到自己的身边一样。(与此同时人们或许让脸部具有某些样子,以至于人们好像想要通过面部表情暗示这个东西应当到这里来。)

133. 逻辑的命题是"思维规律","因为它们表达了人类思维的本质"——但是,更为正确的说法当为:因为它们表达了或者显示了思维的本质、思维的技术。它们表明了思维是什么,还有思维的种类。

134. 逻辑——人们可以说——表明了我们如何理解"命题"和

① 参见:G. Frege, *Grundgesetze der Arithmetik*, Band I, Jena: H. Pohle, 1893, Vorwort, S. XVII。

“语言”。

135.请设想这样的奇特的可能性：我们迄今为止在做乘法12×12时总是算错。是的，难以理解，这如何能够发生，但是这还是发生了。因此，人们如此计算出的一切均是假的！——但是，这有什么关系吗？这的确根本没有什么关系！——于是，在我们有关算术命题的真和假的观念中必定包含着某种错误之处。

136.但是，难道如下事情是不可能的吗：我在计算中出错了？像在如下情况下那样：一个魔鬼让我出错了，以至于无论我多么经常地逐步复算，我总是一再地忽略某种东西。结果，当我从中魔状态中醒来时，我会说：“是的，我竟然眼瞎了吗！”——但是，如果我“接受”这点，这有什么影响吗？这时，我可能这样说：“是的，是的，这个计算肯定是错的——但是我就这样计算。我现在就将这个称为加法，将这个数称为‘这两个数的和’。”

137.请设想某个人如此中魔了，以至于他这样计算：

因此，4×3+2=10。现在，他应当应用他的计算。他四次拿起3个坚果，又拿了2个，并且将它们分给10个人。每个人都得到了**一个**坚果。因为他按照这个计算上的弧线分配坚果，每当他给一个人第二个坚果时，它便消失了。

138.人们也可以说：你在这个证明中从一个命题前进到另一个命题。但是，你也接受一个有关如下事项的核对吗：你做的是正确的？——或者，你只是说，“这**必定**是对的”并且用你所得到的这个命题来衡量所有其它命题。

139. 因为，如果事情是**这样的**，那么你仅仅是从一幅图像前进到了另一幅图像。

140. 用一把具有这样的性质的尺子进行测量可能是方便的：当人们将它从这个地方拿到那个地方时，它就比如收缩成它的长度的一半。在其它情况下，这样一种性质会使它不适于充当尺子。

在某些情况下，在计数一个集合时遗漏某些数字可能是方便的：这样来计数它们：1，2，4，5，7，8，10。

141. 假定一个人试图将一个图形与其镜中像通过在一个平面上进行推移的方式叠合起来，但是他没有成功地做到这点。这时发生了什么事情？他以不同的方式将它们一个放在另一个上面，看着彼此没有叠合在一起的部分，感到不甚满意，或许说：“**必定**是可以的”，接着又一次以不同的方式将这两个图形放在一起。

假定一个人试图举起一个重物，他没有成功，因为这个重物太重了。在此发生了什么事情？他摆好某某姿势，抓住这个重物，绷紧肌肉，然后他放下了重物，表现出比如不满意的样子。

第一项任务的那种几何的、逻辑的不可能性表现在什么地方？

“好的，他本来肯定可以在一幅图像上或者通过其它的方式表明他在第二项尝试中所努力做到的事情看起来是什么样的。”——但是，他断言，即使在第一种情形中他也能够通过如下方式做到这点：将两个相同的、**全等的**图形彼此叠合在一起。——现在，我们应当说什么？这样说吗：这两种情形恰恰是不同的？但是，在第二种情形中图像和实际肯定也是不同的。

142. 我们所提供的真正说来是有关人类的自然史的评论；不过，它们不是稀奇古怪的论断，而是这样的事实断言，没有人怀疑过它们，而人们之所以没有注意到它们，仅仅是因为它们始终在我们眼前闲荡[①]。

143. 我们教给某个人一种分配坚果的方法。这种方法的一个部分是十进制中的两数乘法。

我们教某个人建一所房子。在此期间我们也教他如何购置足够的材料（比如板材），为此还教给他一项计算技术。计算技术构成了建房技术的一个部分。

人们买卖木柴。人们用一把尺子测量木柴堆，将其长度、宽度、高度的测量值相乘，其间得到的结果就是他们所要求和给出的格罗森[②]的数目。他们不知道，“为什么”事情是这样发生的；相反，他们只是这样做而已：事情就是这样做的。——这些人就没有进行计算吗？

144. 这样进行计算的人必定是在说出一个“算术**命题**”吗？我们自然是这样教小孩的：让他们将两数乘法以**短小的命题**的形式写出来，但是这具有本质的意义吗？为什么他们不能直接地**学习计算**？如果他们能这样做，他们就没有学习算术吗？

145. 但是，这时**为**一个计算过程**提供根据的过程**与这个计算

---

① 异文：“仅仅是因为它们始终处在我们眼前”。

② 德文为“Groschen”，奥地利原用最小硬币单位。

本身处于什么样的关系之中?

146.“是的,我理解这点:这个命题得自于这个命题。”——我理解的是这点:它**为什么**得出来了,还是仅仅**这点**:它得出来了?

147.假定我这样说了,如何:那些人**根据计算**来支付木柴钱。他们将这种计算当作如下之点的证明接受下来:他们需要支付那么多钱。——好的,这只是对于他们的做法(行为)的一种描述。

148.那些人——我们会说——按照立方单位卖木材——但是,他们这样做对吗?如下做法不是更为正确吗:按照重量卖木材——或者按照砍木材所花费的工作时间——或者按照砍木材的费劲程度,根据砍木材的人的年龄和力气?为什么他们不能用一个价钱提供木材,而这个价钱独立于一切:每个买家均支付同样的价钱,无论他拿走了多少木材(我们或许发现人们是可以这样生活的)。我们可以说出什么来反对这样的做法:人们干脆把木材赠送给他人?

149.好的。但是,如果事情是这样的,如何:他们将木材堆成任意不同的高度的木材堆,然后以与诸堆的底面面积成比例的价钱卖掉它们?

假定他们甚至于用这样的话为这种做法提供根据,如何:“是的,买更多木材的人也必须支付更多的钱”?

150.现在,我如何向他们说明如下之点:像我会说的那样——买了一堆具有更大的底面面积的木材的人并非就真的买了更多的木材?——我会选取比如一小堆木材(按照他们的概念),通过重新摆放这些木柴的方式将其转变成一"大"堆木材。这**可能**让他们产生了深信——但是,他们或许说:"是的,现在有了**许多**木材,花费就更多了"——由此事情便结束了。——在这种情形中我们肯定说:他们用"许多木材"和"很少木材"所意指的东西与我们用其所意指的东西干脆就是不一样的;他们拥有一个与我们完全不同的支付系统。

151.(一个如此行事的社会或许会让我们想起童话中的"聪明人"。)

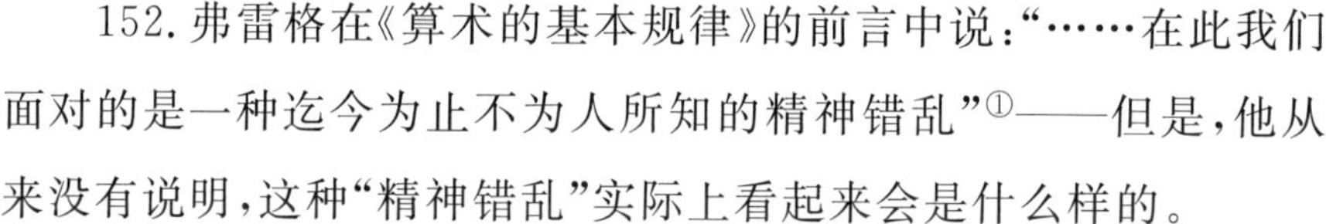

152.弗雷格在《算术的基本规律》的前言中说:"……在此我们面对的是一种迄今为止不为人所知的精神错乱"[①]——但是,他从来没有说明,这种"精神错乱"实际上看起来会是什么样的。

153.人们在将一个结构承认为证明这件事上的一致在于什么?在于这点吗:他们将语词用作**语言**?用作我们称为"语言"的东西。

请设想这样的人,他们在交往中使用金钱,即这样的硬币,它们看起来像我们的硬币,是由黄金或者白银压制成的,而且,他们也将它们提供出来以换取物品——但是,每个人都仅仅根据自己的喜好提供相应的钱数以换取物品,而商人并非根据顾客所支付的钱数来提供更多或更少的物品。简言之,这样的金钱,或者说看起来像金钱的东西,在他们那里所扮演的角色完全不同于其在我

① G. Frege, *Grundgesetze der Arithmetik*, Band I, Jena: H. Pohle, 1893, Vorwort, S. XVI。

们这里所扮演的角色。我们会感到，与这样的人比较起来——他们根本不知道金钱为何物，而是从事一种原始的易货交易，上面这些人与我们更不亲近。——“但是，这些人的硬币当然还是具有一个目的的！”——人们所做的所有事情终究都有一个目的吗？比如宗教活动的目的何在？——

在此，如下事情便已然是可能的了：我们倾向于将如此行动的人称作精神错乱的人。但是，我们肯定并非将所有这样的人都称为精神错乱之人，他们在我们的文化形式中以类似的方式行动并且“无目的地”运用语词。（请想一下国王加冕仪式。）

154. 可综览性属于证明。如果我借以得到这个结果的程序不是可以综览的，那么，尽管我能够注意到这个结果：这个数作为结果出现了——但是哪个事实应当为我确证了它？我不知道：“什么**应该**作为结果出现。”

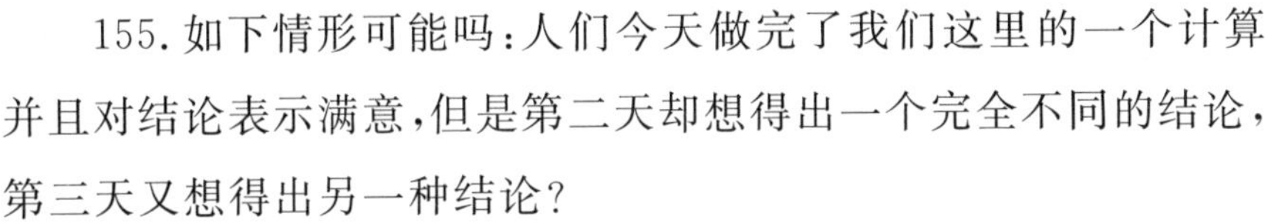

155. 如下情形可能吗：人们今天做完了我们这里的一个计算并且对结论表示满意，但是第二天却想得出一个完全不同的结论，第三天又想得出另一种结论？

是的，人们就不能这样设想吗：这种事情是**有规律地**发生的？以至于当他有一次做出了**这个**过渡时，**“正因如此”**他下一次便做出另一种过渡，而且正因如此（比如）再下一次又做出了第一种过渡？（类似于如下情形：在一个语言中，有一次被称作“红色”的颜色，正因如此，下一次将被称作不同的东西，而再下一次则又被称作“红色”了，等等。而对于人来说这点可以是非常自然的。人们可以将这称为对于变换的需求。）

我们的推理规律是永恒的且不可变更的吗?[①]

156.事情不是这样的吗:只要人们认为事情不可能是其它样子的,人们就在抽引出逻辑结论。

这或许就意味着:只要**某某还没有被加以置疑**。

人们还没有加以置疑的步骤是逻辑的结论。但是,人们之所以**没有**置疑它们,这并非是因为它们"符合于真理"——或者诸如此类的东西。——而是因为:这恰恰就是人们称为"思维"、"讲话"、"进行推理"、"做出论证"的东西。在此处理的根本就不是所说出的话与实在的某种符合;毋宁说,逻辑是**先于**这样一种符合的;也即在这样的意义上:测量方法的确立**先于**长度陈述的正确或者错误。

157.现在,人们是从实验上确定如下之点的吗:一个命题是否可以从另一个命题推导出来?——看起来是这样的!因为我写出某些符号串,与此同时根据某些范型行事——在此期间,如下之点的确具有本质的意义:我没有忽略任何一个符号,或者它没有以其它任何方式丢失——而且针对在这个过程中出现的东西,我说它得出来了。——反对这点的一个论证是这样的:如果2个苹果和2个苹果只给出了3个苹果,也即如果在我将两个苹果放在那里,又将2个苹果放在那里之后出现在那里的是3个苹果,那么我现在不说:"因此,2+2的确并非总是4",而是说:"必定有一个苹果不见了"。

---

① 这句话纵向手写于TS 222:122左侧空白处。正文即此节上面的段落。

158. 但是，如果我只是**在遵守着**已经写出的证明，那么在什么范围内我在做一个实验？人们可能说："如果你看到了这个诸变形的链条，——那么**你不是也觉得它们好像**与这些范型**是一致的**吗？"

159. 因此，如果这应当被称作一个实验，那么它或许是一个心理学的实验。——一致的印象的确可以建立在一种感官错觉基础之上。当我们计算错了时，情况有时也是这样的。

人们也说："对于我来说，这个作为结果出现了。"自然很有可能是一个实验表明了这点：**对于我来说**，这个作为结果出现了。

160. 人们可以这样说：这个实验的结果是这样的：最后，在达到这个证明的结果时，我深信地说："是的，这是对的。"

161. 一个计算是一个实验吗？——当我每天早晨从床上爬起来时，这是一个实验吗？不过，这难道不能是这样一个实验吗：它应当表明了，我在睡了如此多的钟头后是否还有力量坐起来？

为了成为实验，这种活动还缺少什么？仅仅还缺少这点：它并不是为了这个目的，也即不是联系着这样一种研究而做出来的。某种东西是经由人们对其所做的使用而成为**实验**的。

我们借以观察自由落体的加速度的实验是一个物理学实验还是这样一个心理学实验，它表明了人们在这些情形中看到了什么？——它不能是两者吗？这难道不是取决于它的**环境**吗：取决于我们借此所做的事情，我们就此所说的话？

162. 如果人们将一个证明看成实验，那么这个实验的结果无论如何不是人们称为这个证明的结果的东西。这个计算的结果是这个命题，它就是以它结束的。这个实验的结果是：我从这些命题开始，通过这些规则，被引领到这个命题这里。

163. 但是，我们的兴趣不是附着在如下事实之上吗：某某（或者所有）人如此受到这些规则的引导（或者如此行走着）；我们认为如下之点是自明的：这些人——“如果他们能够正确地思维的话”——**如此**行走。不过，我们现在得到了一条**路**，可以说是经由已经这样行走过的人的脚印。现在，交通在这条路上进行着——为了到达不同的目的地。

164. 自然，经验教给了我这个计算的结果是什么；但是，借此我还没有接受它。

165. 经验教给我如下之点：这一次这个作为结果出现了，通常它均作为结果出现；但是，数学命题说的是这个吗？经验教给了我如下之点：我走过这条路。但是，**这**就是数学陈述吗？——不过，它说了什么？它与这些经验命题处于什么样的关系之中？数学命题具有一条规则的威严。

这点就是如下说法中的真理成分：数学就是逻辑：它在我们的语言的规则之中活动。这点给予了它以它的独特的牢固性，它的与世隔绝的且无可攻击的地位。

（存放在标准量器中的数学。）

166. 但是，如何——，它在这些规则中**来回**打转吗？——它总是创造新而又新的规则：总是构建新的交通道路——通过扩建旧的交通路网的方式。

167. 但是，为此它难道不是需要一种认可吗？它竟然可以**随**

意地扩展路网吗？好的，我肯定可以这样说：数学家总是发明新的表现形式。其中的一些表现形式是受到实际的需求的刺激而被发明的，另一些是受到美学的需求而被发明的，——还有许多其它种类的表现形式。在此请设想有这样一个园林建造师，他在给一个公园设计道路。我们完全可以设想，他仅仅是将它们作为绘图板的装饰带而画出的，根本就没有想到有人有一天会走在其上。

168. 数学家是发明者而非发现者。

169. 经验教给我们，在清点什么时，如果我们使用一只手的手指头或者使用随便一组看起来像是|||||的事物，并且这样数它们：我，你，我，你，等等，那么第一个词就是最后一个词。“但是，事情难道不是**必定**是这样的吗？”——如下情形是根本不可想象的吗：一个人将线条组|||||看成这样的线条组||‖||，在其中两个中间的线条熔化在一起了，相应地，人们将中间的线条数了两次？（的确，通常的情况不是这样的。）

170. 但是，假定情况是这样的，如何：我让一个人首次注意到，这种清点的结果被开始部分预先决定下来了，他现在理解了这点并且说：“是的，自然是这样的，——事实肯定如此。”这是一种什么样的认识？——他比如记下了如下图式：

我你我你我

| | | | |

他的推理过程比如是这样的：“当我清点时，事情肯定是**这样的**。——因此必定……”

171. 难道我不能这样说吗：两个词——我们将其写作“non”和“ne”——具有相同的意义，它们两个都是否定符号——但是，

non non p＝p

并且

ne ne p＝ne p？

（在语词语言中一个双重否定常常意谓一个否定。）——但是，为什么我将两者都称为“否定”？它们彼此共同具有什么？好的，显然，它们的用法[①]的很大一部分为它们所共同具有。但是，这还是没有解决我们的问题。因为我们可是想说：即使双重否定等于肯定这点对于两者也必定都是对的——我们只要对双重使用做出相应的理解就行了。不过，**如何**理解？好的，是这样：像比如它可以经由括号加以表达的那样。

（ne ne）p＝ne p，ne（ne p）＝p

我们立刻想到了几何中的一个类似的情形：“两次旋转半圈相叠加彼此抵消”，“两次旋转半圈相叠加等于旋转半圈”。

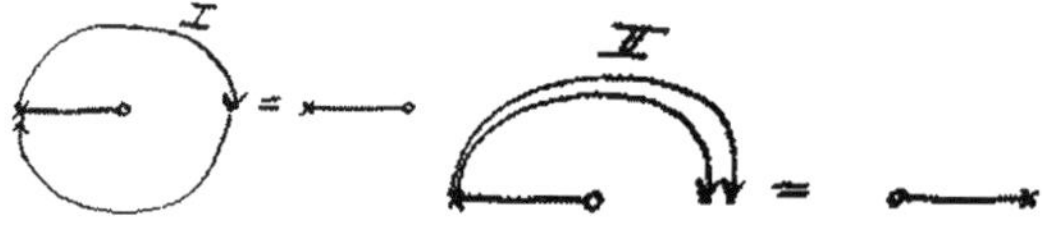

这恰恰取决于我们如何叠加它们。我可以同样好地将如下两种程序都称为“叠加它们”：像示图Ⅰ所显示的那样两次旋转一个对象；或者也可以一次将其旋转180度，然后好像是为了加强这次旋转一样，将它放回到最初的位置，再将其在第一种意义上旋转一次（见

① 异文：“运用”。

示图Ⅱ)。(取决于它们是并联在一起的,还是将串联在一起的。)

172.(在此我们遇到了哲学研究中的一个令人惊奇的[且刻画性的]现象:困难——我可以说——并不是找到解决办法,而是将看起来仅仅像是解决办法的预备阶段的某种东西承认为解决办法。“我们已经说出了一切。——并非是由此得出的某种东西,相反,恰恰**这个东西**是解决办法!”

我相信,这与如下事实联系在一起:我们错误地等待一种解释;然而,一种描述就是这种困难的解决办法——当我们将它正确地安排进我们的考察之中时。当我们停留在它那里,而不是企图从它那里走出去时。)

(在此,困难是:停下来。)

173. 正如如下格言所说的那样:“这已经是可以就此说出的一切了。”

174. 将“non non p”**看成**被否定的命题的否定,这在特殊的情形中就好比说是:给出这样一种解释“non non p=non(non p)”。

175.“如果‘ne’是一个否定,那么‘ne ne p’——只要人们正确地理解了它——必定同于 p。”

“如果人们将‘ne ne p’当作 p 的否定,那么人们必定是以不同的方式理解这个双重的使用的。”

人们想说,“‘双重使用’这时**意味着**某种不同的东西,**正因如此**,它现在给出了一个否定”,因此:它现在给出了一个否定这点是它的另一个本质[①]的后果。“我现在将它意指成加强”,人们会说。

① 异文:~~“另一个意义”~~。

我们用意指的表达来取代意指[①]。

176. 在我说出双重否定时，我将其意指为加强，这点可能在于什么？在于我使用这个表达式的那些情形，在于与此同时浮现在我心中的那幅图像[②]或者我所应用的那幅图像，在于我的话语的声调（正如我也可以通过声调复制“ne(ne p)”中的括号一样）。于是，将这种双重的使用意指为加强相应于这样的事情[③]：将它作为加强而说出。将这种双重的使用意指为取消这种活动就是比如放上括号。——“是的，不过，这些括号本身可是可以扮演不同的角色的；因为谁又说过，人们要以通常的意义将出现于‘non(non p)’中的它们理解成括号，而不是比如将第一个括号理解成两个‘non’之间的划分线，而将第二个括号理解成这个命题的句号？”——没有人这样说。你现在甚至于又使用语词取代了你的理解。至于括号意谓的是什么，这点将显示在其使用之中，而且在另一种意义上，它或许在于“non(non p)”的视觉印象的节奏[④]。

177. 现在我应该这样说吗：“non”和“ne”的意义是**有些**不同的？它们是否定的不同的亚种吗？——没有人会这样说。因为，人们会反对说，如果我们确立了这样的规则：“不不”应当用作否定，那么“不要走进这间房子”这时难道不是与通常情况下[⑤]大概意味着恰恰相同的东西吗？——但是，对此人们想反对说：“如果

---

① 异文：“请将你的目光引向意指的表达”。

② 异文：“那个心象”。

③ 异文：“属于这样种类的事情”。

④ 异文：“视觉印象的~~面相（所看到的~~节奏~~）~~”。

⑤ 在 TS 222：138 中，“与通常情况下”为手写补入文字。

'ne p'和' non p'这两个命题说出了完全相同的东西,那么这时'ne ne'如何可能与'non non'意谓不同的东西?"但是,在此我们恰恰预先假定了这样一个符号系统——也即将这样一个符号系统当作了范例,在其中人们从"ne p=non p"得出如下结论:"ne"和"non"[①]在所有情形中都是被以相同的方式运用的。

旋转180度和否定在一种特殊的情形中事实上是相同的,而且命题"non non p=p"的应用属于一种特定的几何的应用种类。

178. 当人们这样说时,他们意指的是什么:即使按照约定"ne ne p"意谓着"ne p",它也**可以**被用作抵消的否定?——人们想说:"'ne',在我们给予它的那种意义上,可以自我取消——只要我们对其做出了正确的应用。"人们借此在意指什么?(向同一个方向两次旋转半圈可以彼此抵消——如果这两次旋转被以相应的方式组合在一起的话。)"'ne'这种否定的**活动**能够取消自身。"但是,这种活动是在哪里进行的?人们自然想要谈论一种精神的否定活动,而对于其执行来说,符号"ne"仅仅是给出了一个信号而已。

179. 我们可以轻而易举地设想这样的人们,他们具有这样一种"较为原始的"逻辑,在其中仅仅对于特定的命题来说才有相应于我们的否定的东西;比如对于这样的命题,即它们还不包含任何否定。于是,在这些人的这个语言中,人们可以否定一个像"他走进了这间房子"这样的命题;但是,他们将否定的双重使用理解成单纯的重复,而从来不将其理解成否定的取消。

① 异文:"这两个语词"。

180. 对于这些人来说否定是否具有其对于我们来说所具有的那种意义这个问题类似于这样的问题：对于其数列终止于 5 的人们来说数字“2”是否意谓其在我们这里所意谓的东西？

181. 设想我提出如下问题：事实向我们清楚地表明了如下之点了吗：当我们说出命题“这根棍子有 1 米长”和“1 个士兵站在这里”时，我们用“1”意指不同的东西，因为“1”具有不同的意义？——事实根本没有向我们表明这点。当我们说出这样一个命题时，情况尤其如此：“每隔 1 米站着 1 个士兵，每隔 2 米站着 2 个士兵，等等。”如果人们问“你用两个 1 意指的是同一个东西吗？”，人们或许会回答说：“我当然意指同一个东西：——1！”（与此同时人们或许将 1 个手指高高举起。）

182. 将“～～p＝p”（或者还有～～p≡p）称为一个“必然的逻辑命题”（而非一个有关我们所采用的表现方式的规定）的人也倾向于说这个命题来自于否定的意义。当在一种方言的说话方式中人们将双重的否定用作否定时，像在“er hat nirgends nichts gefunden”（他处处都没有发现什么）这个命题中那样，我们便倾向于说：**真正说来**这意味着 er habe überall etwas gefunden（他处处都发现了某种东西）。请思考这个“真正说来”意味着什么！——

183. 假定我们有两个长度测量系统；在两个系统中一个长度均通过一个数字来表达，有一个语词跟着这个数字，它给出了基本度量衡单位制。其中的一个系统将一个长度表示为“n 英尺”，而英尺是一个通常意义上的长度单位；而在另一个系统中一个长度则是用“n W”来表示的，而且 1 英尺＝1W。但是，2W＝4 英尺，

3W=9英尺，等等。——因此，命题“这根棍子1W长”与“这根棍子1英尺长”说出了相同的东西吗？请问：在这两个命题中“W”和“英尺”具有相同的意义吗？这个问题应当表述成这样：“W=英尺吗？”现在，我们说：是的。

184. 这个问题提的不对。如果我们用一个等式来表达意义同一性的话，那么人们便看出这点了。这时，这个问题只能具有这样的形式：“W是否=英尺？”——在这种考察方式中包含着这些符号的那些命题消失不见了。——正如人们自然也不能通过这样的术语提出如下问题一样：“是”与“是”是否意谓相同的东西；不过，人们可以问“ε”是否与同一性符号意谓相同的东西。好的，我们的确说：1英尺=1W；——但是，英尺≠W。

185. 现在，“ne”与“non”具有相同的意义吗？——我可以用“ne”取代“non”吗？——“好的，在某些位置肯定可以，而在另一些位置则不可以。”——不过，我追问的并不是这个。我的问题是：人们可以不加限制地使用“ne”而非“non”吗？——不可以。

186. “在**这种**情形下‘ne’和‘non’就意味着完全相同的东西。”更确切地说，**什么**？“好的，人们**不**应当做某某事情。”但是，借此你只是说了：在这种情形下ne p=non p，而我们并不否认这点。

当你解释说ne ne p=ne p，non non p=p时，你恰恰是以不同的方式使用这两个词的；而且，如果人们这时坚持这样的观点，即它们在某些组合中所给出的东西“取决于”它们的意义，而它们是随身带着这样的意义的，那么人们因此就必须说，它们必定具有不同的意义——如果它们以相同的方式组合起来却能够给出不同的结果。

187. 人们或许想谈论这个语词在这个命题中的**功能**、活动、~~效果~~、作用方式，正如人们谈论一个操纵杆在一部机器中的功能一样。但是，这种功能在于什么？它如何显露出来？因为可是没有什么被隐藏起来了！我们可是看到了整个命题。这种功能[①]必定在演算进程中显示自身。

但是，人们要说："'non'对'p'**所做的**事情就是'ne'对它**所做的事情**，——它翻转了它。"但是，这只不过是"non p＝ne p"的另一种说法~~(这只有在"p"本身不是一个被否定了的命题的情况下才成立)~~。[②] 人们总是产生这样的想法：我们从符号所看到的东西仅仅是一个内部的外表，意指的真实的操作[③]则在这个内部之内进行着。

188. 但是，如果一个符号的用法是其意义，那么现在如下之点不是令人惊奇的吗：我说"是"这个词被在两种不同的意义上加以使用(用作"ε"并且用作"＝")，而不乐意说它的意义就在于它作为系词和作为同一性符号的用法[④]？

人们想说，这两种使用方式并非给出了**一个**意义；同一个词兼有多种职能是非本质性的，是纯粹的偶然情况[⑤]。

---

① 异文："效果"。

② 在 TS 222：143 左侧空白处写有如下评论："'ne non p'和'non ne p'意谓什么？"

③ 异文："(命题和语词的)意义的真实的过程//意谓和意义的真实的过程//"。

④ 异文："在于它作为'ε'和作为'＝'的用法"？

⑤ 异文："一个非本质的偶然情况"。

189. 但是，我如何能够决定哪个事项是一个记号系统的一个本质的特征，哪个事项是其非本质的、偶然的特征？在一个记号系统之后竟然有这样一种实在吗：其语法要视它的情况而定？

我们来设想游戏中的一种类似的情形：在皇后跳棋中皇后是通过如下方式标记出来的，即人们将两个棋子摞在一起。现在，人们不是会这样说吗：对于皇后跳棋来说，一个皇后是如此标记出来的这点是非本质性的？[①]

190. 假定我们说：一个石子（棋子）的意义就是其在游戏中的角色。——现在，在每一局棋开始之前都由抽签来决定哪一个玩棋的人执白子。为此，一个玩棋的人在每一只攥紧的手中都握有一个王，另一个人则凭运气来选择两只手之一。现在，人们要将这点算作王在象棋中的角色吗：它以这样的方式被用来作抽签决定之用？

191. 因此，我倾向于在游戏中也区分出本质性的和非本质性的规则。我想说，游戏不仅具有规则，而且也具有一个要义。

192. 为了什么目的要使用同一个词？在一个演算之中我们可决没有使用这种同一性！——为什么对两者使用相同的石子？——但是，在此“使用同一性”意味着什么？当我们恰恰使用同一个词时，难道这恰恰不是一种用法吗？

193. 在此，现在同一个词、同一个石子的使用似乎具有了一

① 异文：“对于这个游戏来说，一个皇后由两个棋子构成这点是非本质性的？”

个**目的**——如果这种同一性不是偶然的、非本质性的。好像这个目的是：人们能够再次认出这个石子，能够知道人们要如何玩棋。——在此谈论的是一种物理的可能性，还是一种逻辑的可能性？如果是后者，那么石子的同一性恰恰属于这个游戏。

194. 游戏可是应当经由规则确定下来的！因此，如果一条游戏规则规定王要被用来作一局棋开始之前的抽签决定之用，那么这点本质上就属于游戏。人们能够用什么来反对这点？——这样：人们看不到这条规则的要义。或许有如人们也没有看到这样一条规则的要义一样：按照它，在人们移动其之前，每一个石子都要旋转三圈。如果我们在一个棋类游戏中发现这条规则，那么我们会感到奇怪，并且会猜测这样一条规则的来源、目的。（“这个规定应当是为了阻止人们未加思考就走棋吗？”）

195. “如果我正确地理解了这种游戏的特征，”我可能说，“那么这点并非本质地属于它。”

196. 但是，请将两种职能集于一身设想成一种古老的习俗。

197. 人们说：相同的语词的使用**在此**是非本质性的，因为字形的同一性在此并非是用来搭建一个过道的①。不过，借此人们只是描述了人们所要玩的那个游戏的特征。

198. “命题‘F(a)’中的词‘a’意谓什么”？

“你刚刚说出的那个命题F(a)中的语词a意谓什么？”

① 异文：“因为这种同一性并没有在过道上架起任何桥梁”。

第 三 部 分

1. 证明给诸命题排序。

它们给其以关联。

2. 有关一种形式检验的概念预设了有关一条变形的规则的概念，进而预设了有关一种技术的概念。

3. 因为只是通过一种技术我们才能够**掌握**一种规则性。

4. 这种技术存在于证明的图像之外。人们能够精确地查看一个证明，但是却没有将其理解成按照这些规则而进行的变形。

5. 人们肯定会将如下过程称作对于数字的一种形式检验：为了看清……这些数是否给出 1000，将它们相加一下。但是，当然**只是**在加法是一种实用的技术的情况下人们才这样做。因为，否则，这个过程究竟如何能够被称为某一种检验？

6. 只有在一种变形**技术**之内这个证明才是一种形式检验。

7. 如果你问你有什么理由说出这条规则，那么回答就是这个证明。

8. 你有什么理由说出这个？你有**什么**理由说出这个？

9. 你如何检验这个主题的对位性质？你按照**这条**规则将其加以变换，**以这样的方式**将其与另一个主题联系在一起，以及诸如此类的东西。你以这样方式得到了一个特定的结果。你得到了它，正如你也通过一个实验得到了它一样。在这样的范围内，你所做的事情也可以是一个实验。在此“得到”这个词是被联系着时间使用的，你 3 点钟得到了这个结果。——而在我接着构成的那个数学命题中动词(“得到”、“给出”)是以非时间的方式被使用的。

这种检验的活动得出了某某结果。因此，这种检验迄今为止可以说是实验性的。现在，它被看成证明。而这个证明是一个检验的**图像**。

10. 一个证明站在一个命题的背景中，正如应用一样。它也与应用关联在一起。

11. 证明是检验的路径。

12. 只有在如下范围内一个检验才是一种形式检验，即我们将这个结果看成一个形式命题的结果。

13. 如果这幅图像辩护了这个预言——也即，如果你只需查看它并且深信一个过程将按照如此这般的方式进行下去——那么这幅图像自然也辩护了这条规则。在这种情形中这个证明作为辩护了这条规则的图像站在其后。

14. 究竟为什么这幅有关这种机制的运转的图像辩护了这样的信念：**这种**机制将总是做出这样的运转？——它给予我们的信念以特定的方向。

15. 如果处于应用中的一个命题看起来是不对的，那么这个证明必须向我表明，为什么它**必定**是对的而且它如何**必定**是对的，也即，我必须如何让它与经验达成和解。

16. 因此，这个证明必定也是一条有关如何利用这条规则的指示。

17. 这个证明如何辩护这条规则？——它表明了它如何能够被利用，因此它为什么能够被利用。

18. 王的象向我们表明了这点：8×9 **如何**给出 72——但是，在此这条计数的规则并没有被承认为规则。

王的象向我们表明了**这点**：8×9 给出 72——现在我们承认了这条规则。

19. 或者，我应当这样说：王的象向我表明了这点：8×9 如何**能够**给出 72，也即，它给我指出了**一种**方式。

20. 这个过程给我指出了给出的一种方式。

21. 在 8×9＝72 是一条规则这样的范围内，如下说法自然没有任何意义：某个人向我表明了 8×9 **如何**等于 72。除非这意味着：某个人指给我看这样一个过程，通过查看这个过程人们被引导到这条规则。

22. 那么，历经任何一个证明不就是这样一个过程吗？

23. 如下说法有什么意义吗："我将向你表明，8×9 第一次是如何给出 72 的"？

24. 奇特之处肯定是这点：图像而非实际应当能够证明一个命题！好像在此图像自身承担了实际的角色。——但是，事情当然不是这样的：因为从图像我只能得出一条规则。这条规则与图像的关系并非同于经验命题与实际的关系。——图像自然没有表明某某事情发生了。它只是表明了这点:可以**这样**来看所发生的事情。

25.证明表明了,人们如何按照规则行事而没有触犯什么。

26.因此,人们也可以说:这个过程,这个证明,向我表明了在什么范围内 8×9=72。

27.图像自然没有向我表明某个事情发生了,而只是表明了这点:无论发生了什么事情,它都可以这样来看待。

28.我们被领到这里:在这种情形中要运用这种技术。我被领到这里——而且在**这样的范围内**深信某种东西。

29.瞧,以这样的方式 3 和 2 给出 5。请记住这个过程。"与此同时你也立刻记住了这条规则。"

30.欧几里得有关素数序列的无穷性的证明[①]可以这样来进行,以至对于 p 和 p! +1 之间的数的研究是在一个例子或者许多个例子之上进行的,并且以这样的方式人们教给了我们一种研究技术。于是,这个证明的力量自然不在于如下之点:在**这个**例子中

① 欧几里得关于有无穷多素数的证明是这样的:考虑任何一个有穷的素数序列 $p_1, p_2, \cdots\cdots, p_n$。令 $P=p_1 \cdot p_2 \cdot \cdots\cdots \cdot p_n$,进而令 $Q=P+1$。那么,Q 或者是素数或者不是素数。如果 Q 是素数,那么在已有的素数之外又有了一个素数。如果 Q 不是素数,那么按照算术基本定理,存在着这样一个素因子 p,它整除 Q。这个因子 p 不出现在给定的素数序列之中,因为,否则,它便整除 P;但是,我们知道,它整除 $P+1=Q$。于是,p 将不得不整除这两个数的差即 $(P+1)-P$,或者 1。但是,没有任何素数整除 1,因此,便产生了矛盾。因此,p 不可能是 $p_1, p_2, \cdots\cdots, p_n$ 中的任何一个。这意味着在任意给定的素数序列之外总是至少存在着另外一个素数。因此,存在着无穷多个素数。(参见 *Euclid's Elements*,Book IX,Prop. 20)

人们找到了一个大于 p 的素数。初看起来，这是奇特的。

人们现在会说，代数证明要比经由例子给出的证明更严格，因为它可以说构成了这些例子的有效的原则的提取物。但是，代数证明可是也包含着**一种**着装。人们必须理解——我可以说——两者！

31. 这个证明教给了我们一种找到 p 和 p! +1 之间的一个素数的技术。人们让我们深信这种技术必定总是通向一个大于 p 的素数。——或者，如果它没有做到这点，那么我们便计算错了。

32. 现在在此人们要倾向于这样说吗：这个证明向我们表明了，**如何**存在着一个无穷的素数序列？好的，人们可以这样说。无论如何，它向我们表明了："在什么意义上存在着无穷多的素数。"人们的确也可以设想，我们具有这样一个证明，它尽管决定了我们说存在着无穷多的素数，但是并没有教给我们如何找到一个大于 p 的素数。

现在，人们或许会说："于是，尽管这一切，这两个证明还是证明了同一个命题，同一个数学事实。"这样说可能有根据，也可能没有根据。

33. 一个旁观者看到了这整个令人印象深刻的过程。而且他深信了某种东西，因为这可是他所得到的那种独特的印象。他看完了表演，深信了某种东西。他深信：他用其它的数（比如）将达到相同的终点。他已经准备好了将他所深信的东西以如此这般的方式说出来。他深信了什么？一个心理学事实吗？

34. 他将说，他已经从他所看到的东西抽引出了一个结论。——不过,**不是**像从一个实验抽引出结论那样。(请想一下循环除法。)

35. 他能这样说吗:“我所看到的东西令人印象颇为深刻。我已经从其中抽引出了一个结论。我在将来将……”?

(比如:我在将来将总是**这样**进行计算。)

他讲述道:“我已经看到了事情必须是这样的。”

36. “我已经看到了,事情必须是这样的”——他将这样报道。

37. 现在他或许将在精神中历经这个证明过程。

38. 但是,他不说:我已经看到**这个**发生了。而是说:事情必须是这样的。这个“必须”表明了,他从这个场景中抽引出了哪种学说。

这个“必须”表明了他已经在原地打转。

39. 我决定**以这样的方式**来看待诸事物。因此,也决定了以如此这般的方式行动。

40. 我想,看到了这个过程的人自己从它那里获得了一个教训。

41. “事情必须是这样的”意谓的是:这个结果被解释成对于这个程序来说具有本质的意义。

42. 这种必须表明了,他已经假定了一个概念。

43. 这种必须意谓的是:他在原地打转。

44. 他从这个过程中读出的不是一个自然科学命题,而是一个概念规定。

在此,概念意味着方法。与方法的应用相对。

45. 瞧,50 和 50 **以这样的方式**给出 100。人们或许将 10 连续加五次,得到了 50。人们追踪着数的增加,直到它变成 100。在此,被观察到的过程自然就是以某种方式(比如在算盘上)进行的计算过程,是一个证明。

46. 这个"**以这样方式**"的意义自然不是:命题"50+50=100"说的是这点:这个是在什么地方进行的。因此情况并非像当我这样说时一样:"你瞧,一匹马是**以这样的方式**奔跑的"——并且给他看一幅图像。

47. 但是,人们可能说:"你瞧,**正因如此**我说'50+50=100'。"

48. 或者"你瞧,人们**以这样的方式**得到 50+50=100。"

49. 但是,如果我现在说:"瞧,3+2 **以这样的方式**给出 5"并且与此同时将 3 个苹果放在桌子上,然后加上 2 个苹果,那么我比如便想说:3 个苹果和 2 个苹果给出 5 个苹果——如果没有任何一个消失不见了,或者没有任何一个又放上来了。——或者人们也可以向一个人说:如果你(像我现在一样)先是将 3 个苹果,然后将 2 个苹果放到桌子上,那么几乎总是发生你现在所看到的事情,并且现在那里放着 5 个苹果。

我或许要向你表明,3 个苹果和 2 个苹果并非是像它们可能给出 6 个苹果**那样**(比如通过这样的方式:一个苹果突然出现了)给出 5 个苹果。真正说来,这是一个解释,一个有关加法运算的定义。以这样的方式，人们的确真的能够用算盘解释加法。

50.“如果我们将 3 个物件放在 2 个物件上，那么这可能给出不同的物件数目。但是，我们将如下过程看成**规范**：3 个物件和 2 个物件给出 5 个物件。你瞧，当它们给出 5 个物件时，事情看起来是**这样的**。”

51.人们难道不能向一个小孩这样说吗：“请让我看一下 3 和 2 如何给出 5”？这个小孩必须接着在算盘上计算 3+2。

52.当人们在计算课上这样问一个小孩时：“3+2 如何给出 5？”——这时他应当显示什么？好的，显然，他应当将 3 个球推移到 2 个球边上并且计数这些球（或者诸如此类的东西）。

53.人们不是可能这样说吗：“请让我看一下这个主题如何给出一首卡农曲”？被这样提问的人现在必须证明存在着一首卡农曲。——我们将向这样的人提出“**如何**”的问题，即我们想让他表明他无论如何是理解这里所谈论的东西的。

54.而且，如果这个小孩现在表明了 3 和 2 如何给出 5，那么他便表明了这样一个过程，它可以被看作“2+3=5”这条规则的根据。

55.但是，假定人们这样问这个学生，如何：“请让我看一下如何存在着无穷多个素数”？——在此语法是令人怀疑的！但是，这样说是行得通的：“请让我看一下在什么范围内人们可以说存在着无穷多个素数。”

56.如果人们说：“请让我看一下这点：……”，那么**是否**……这个问题已经提出了，人们只需要还说出“是”或者“否”就行了。如果人们说“请让我看一下，**如何**……”，那么在此这个语言游戏还首先需要得到解释。无论如何，人们还没有关于如下事情的任何**清晰的**概念：究竟应当如何对待这个断言。（人们可以说是在问：“这样一个断言究竟如何能够得到辩护？”）

57. 现在，对于“请让我看一下，**如何**……”和“请让我看一下这点：……”这两个问题，我应当给出不同的回答吗？

58. 你从证明中抽引出了一个学说。如果你从一个证明抽引出了一个学说，那么该学说的意义必定是独立于该证明的。因为，否则，它便从来没有能够与这个证明分离开来。

类似地，我可以从一个图样中去掉构造线，而让其余的东西均保留下来。

59. 因此，好像一个证明并没有决定被证明的命题的意义；但是，它似乎又决定了它。

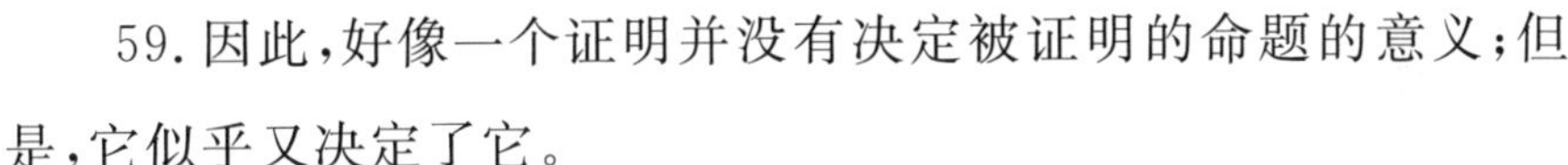

60. 但是，每一个命题的证实的情况不都是这样的吗？

61. 我相信：只有在一个广大的关联之中最终说来人们才能说存在着无穷多个素数。这也就是说：为此就必须已经存在着一种延展开来的、使用基数的计算技术。只有在这样的技术之内这个命题才是有意义的。一个命题的证明给予了它在整个计算系统中的位置。这个位置现在可以通过不止一种方式来加以描述，在此处于背景中的这整个复杂的系统**无论如何**肯定是被预先假定下来了。

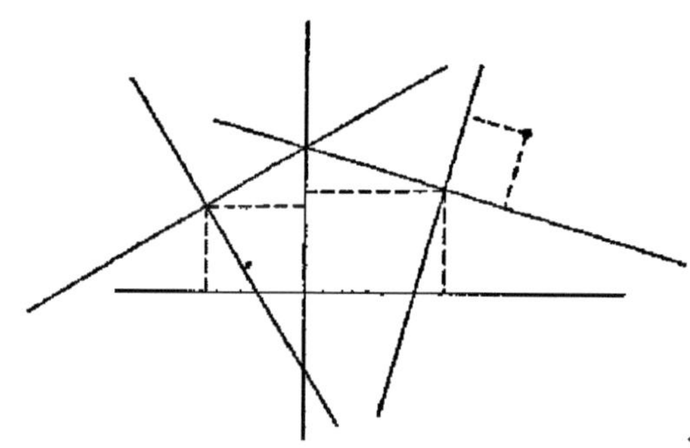

比如,如果 3 个坐标系彼此被以某种方式配合起来了,那么我现在便能够通过如下方式确定一个点相对于所有坐标系的位置:我给出它相对于任何一个坐标系的位置。

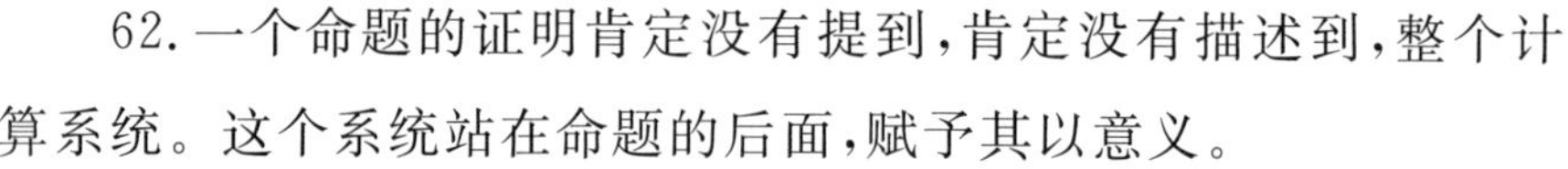

62. 一个命题的证明肯定没有提到,肯定没有描述到,整个计算系统。这个系统站在命题的后面,赋予其以意义。

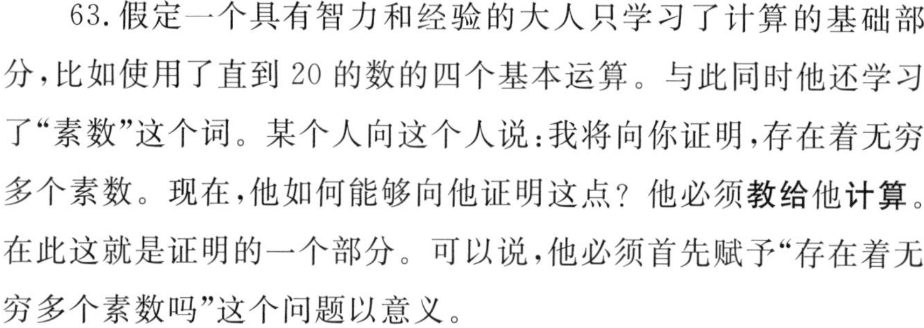

63. 假定一个具有智力和经验的大人只学习了计算的基础部分,比如使用了直到 20 的数的四个基本运算。与此同时他还学习了“素数”这个词。某个人向这个人说:我将向你证明,存在着无穷多个素数。现在,他如何能够向他证明这点?他必须**教给**他**计算**。在此这就是证明的一个部分。可以说,他必须首先赋予“存在着无穷多个素数吗”这个问题以意义。

64. 哲学必须深入分析处于知识的**这个**阶段上的误解的企图。(在其它的阶段上又有新的误解的企图。)但是,这并没有使得哲学研究变得更加容易!

65. 现在,如下说法不是荒唐的吗:人们不理解费马定理的意义?——现在,人们可以回答说:数学家们在面对着这个命题时肯定并非**完全**是不知所措的。无论如何,他们试着使用了某些证明方法;而且,**在**他们试用了这些方法的**范围内**,他们是理解这个命题的。——但是,这是正确的吗?他们不是像人们竟然可能理解它那样完全地**理解**它吗?

66. 好的,让我们假定,与数学家们的期待完全相反,人们证明了它的反面。因此,人们现在表明了,事情根本不**可能**是这样的。

67. 但是,为了知道一个像费马定理那样的命题说了什么,我难道不是必须知道了什么是有关如下事项的标准吗:这个命题是真的?我自然知道**类似的**命题的真理的标准,但是我绝不知道这个命题的真理的标准。

68.“理解”,一个模糊的概念!

69. 首先,存在着诸如这样的事情:**相信**理解一个命题。

如果理解是一种心理过程——为什么它竟然能够让我们如此感兴趣?除非它从经验上说与使用命题的能力联系在一起。

70.“请让我看一下,如何……”意味着:请让我看一下,你在什么关联中使用这个命题(这个机器部件)。

71.“我将让你看一下如何存在着无穷多个素数”,这预设了这样一种状态,在其中存在着无穷多个素数这个命题对于另一个人来说没有任何意义,或者仅仅具有极为模糊的意义。对于他来说,它或许仅仅是一句玩笑或者一个悖论。

72. 如果这个过程让你深信了这点,那么它必定是一个让人印象深刻的过程。——但是,它是这样的吗?——并非特别如此。为什么它并非**在更大程度上**是这样的?我相信,只有人们从根本上解释了它时，它才是让人印象深刻的。——如果人们比如不是仅仅写下 p! +1，而是事先对其做出了解释而且用例子对其做出了具体的说明。因此，如果不是将这些技术作为自明的东西预先假定下来，而是表现出它。

73.【如图所示】我们总是转着圈向右从最后写出的那个符号“2”复写它。

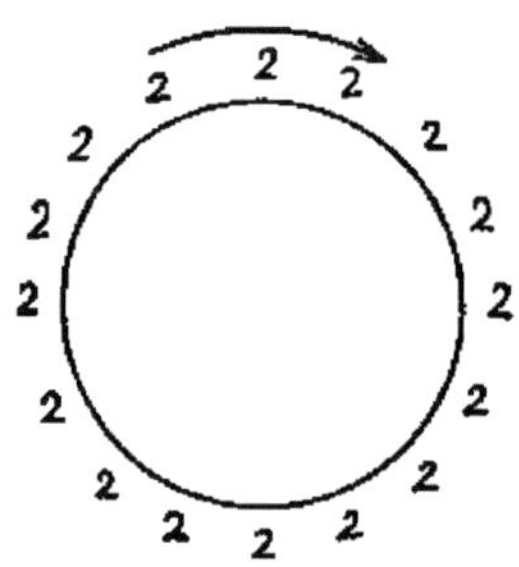

如果我们正确地复写下去，那么最后的符号将又是第一个符号的复制品。

74. 一个语言游戏：

一个人(A)向另一个人(B)预言了这个结果。另一个人紧张地追随着诸箭头，可以说对它们将如何带领他这点非常好奇。这点让他非常兴奋：它们如何将他最后领到了所预言的结果。他对此的反应比如类似于人们对一个笑话的反应。

A 或许是事先构造出这个结果的，或者仅仅是猜测到它的。B 对此毫无所知，而且他对此也不感兴趣。

75. 即使他知道这条规则，他可是也从来没有**这样**来遵守它。他现在**做出了**某种**崭新的**事情。但是，即使人们已经走过这条路，还是存在着一种令人好奇和惊奇之处。以这样的方式，如下事情就是可能的了：人们一遍又一遍地阅读了一个故事，甚至于熟知了它，但是还是总是一再地对一个特定的转折感到惊奇。

76. 在我以如下方式跟随这两个箭头之前：

我不知道这条路或者这个合量看起来是什么样的。我不知道我将得到的那张面孔。我不知道它这点很独特吗？我究竟应该如何知道它？我从来没有看到过它！我知道了这条规则，掌握了它，看到了这个箭头簇。

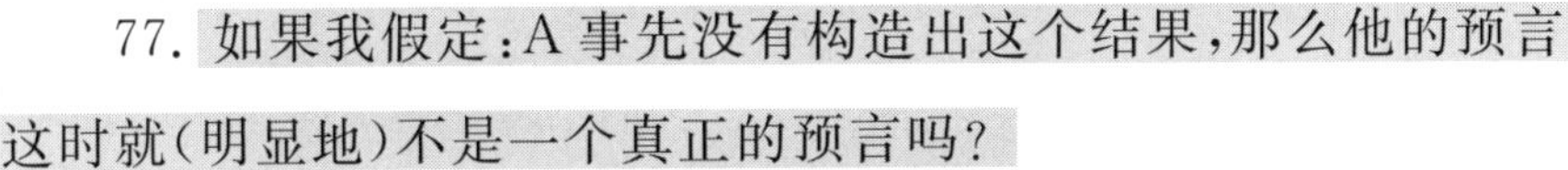

77. 如果我假定：A 事先没有构造出这个结果，那么他的预言这时就（明显地）不是一个真正的预言吗？

但是，这时，为什么如下说法不是任何真正的预言："如果你要遵守这条规则，那么你将创造出这个"？然而下面的说法肯定是一个真正的预言："如果你要按照你的良知和良心遵守这条规则，那么你将……"回答是这样的：第一种说法之所以不是预言，是因为我也可以这样说："如果你要遵守这条规则，那么你**必须**创造出这个。"于是，如果**遵守**这条规则这个概念是这样被规定出来的，以至于这个结果就是这条规则得到了遵守这点的标准，那么第一种说

法就不是预言。

78. A 说:“如果你在遵守这条规则,那么你将得到**这个**”,并~~且画出那个作为结果出现的箭头~~。或者他直接说:“你将得到这个。”与此同时他画上那个作为结果出现的箭头。

79.那么,在这个游戏中 A 说出的话是一个预言吗?倒霉的是,某种意义上说:是的!如果我们假定这个预言是**假的**,这点不是特别清楚了吗?只有在这个**条件**让这个命题成为赘语时,它才不是一个预言。

80. A 本来可以这样说:“如果你同意你的每个步骤,那么你将来到**这里**。”

81.假定在 B 画出这个多角形时,这个箭头簇中的箭头稍微改变了方向。B 总是平行地画出一个箭头,正如它在这一刻的样子。他恰好像在前面的游戏中一样感到惊奇和紧张,尽管在此这个结果并不是一个计算的结果。因此,他像看待第二个游戏一样来看待第一个游戏。

82.“如果你要遵守这条规则,那么你将到达那里”不是任何一个预言,因为这个命题直接说出了如下之点:“这个计算的这个结果是……”——而这是一个真的或者假的数学命题。对将来和你的影射仅仅是着装而已。

83. A 竟然必定对如下之点有一个清楚的概念吗:他的预言是以数学的方式还是以其它的方式被意指的?!他只是说了:“如果你在遵守这条规则,那么……将作为结果出现”并且这个游戏让他感到兴奋。如果比如所预言的事情没有出现，那么他也不继续加以深究。

84. — — —这个序列是通过一条规则定义的。或者还是通过有关如何做出如下行动的训练定义的：按照这条规则行事。那个强硬的命题是这样的：根据这条规则，这个数跟着那个数出现。①

85. 而且，这个命题绝不是经验命题。但是，为什么不是？一条规则肯定是这样的某种东西，我们按照它行事并且将一个数字从另一个数字产生出来。因此，它不就是这样的经验吗：这条规则将某个人从这里带领到那里？

86. 如果+1这条规则一次将他从4带到5，那么或许另一次它将他从4带到7。为什么这是不可能的？

87. 问题是：我们将什么当作按照这条规则行事的标准。它比如是一种伴随着按照这条规则行事这种行为的满足感吗？或者，是这样一种直觉(灵感)，它告诉我我做得对？或者，决定了我是否真的遵守了这条规则的东西是这样行事的某些实践的后果？——这样，如下事情便是可能的了：4+1有时得出5，有时得出某种其它的结果。这是可以设想的，这意味着：一种实验研究将表明4+1是否总是得出5。

① 前面的短线"- - -"当指前文第二部分 § 4 第四句话："而且，**这个**序列不是恰恰通过这个次序**定义的**吗？"在 MS 124：200[19.4.44]中，维特根斯坦写道："- - - 而且，**这个**序列不是恰恰通过这个次序**定义的**吗？——不是通过这个次序定义的，而是通过一条规则定义的，——或者是通过有关如何使用这条规则的训练定义的。"

88. 如果如下命题应当不是任何经验命题：这条规则从 4 通向 5，那么**这个东西**，这种结果，必定是被当作了如下事情的标准：人们是按照这条规则行事的。

89. 因此，4＋1 给出 5 这个命题的真可以说是**过度决定了的**。它是经由如下事实过度决定的：这个运算的这个结果被解释为这个运算得到了执行这点的标准。

90. 现在，这个命题又支撑在一条多余的腿之上，以至于不可能是一个经验命题。它变成了有关如下概念的一个规定："将运算＋1 应用到 4 上。"因为我们现在可以在一种新的意义上判断某个人是否遵守了这条规则。

91. 因此，4＋1＝5 现在本身就是一条规则，按照它我们来判断诸过程。

这条规则是这样一种过程的结果，在判断其它过程时我们承认它的**决定性作用**。这个为这条规则提供根据的过程就是这条规则的证明。

92. 人们如何描述一条规则的学习的过程？——每当 A 拍手时，B 应当也这样做。

93. 请回想一下，对于一个语言游戏的描述就已经是一种描述。

94. 我能够训练某个人做一种**有规律的**活动。比如，训练他做这样的事：用铅笔在纸上画这样一条线：

现在，我问一下自己：因此，我希望他要做什么？回答是：他总是应当像我给他看的那样继续下去。真正说来，我用下面的话意指的是什么：他总是应当这样地继续下去？对此我能够给出的最好的回答是一个像我恰好已经给出的那个例子一样的例子。

95. 我运用这个例子以便向他，但是也是为了向我自己，说出我是如何理解"有规律的"。

96. 我们说话和行动。这点在我说出的一切中均已经被预先假设了。

97. 我向他说："这是对的"，而且这种说法是一个声调、一个手势的承担者。我允许了他的行动。或者我说："不!"，阻止了他。

98. 这意味着"遵守一条规则"是不可定义的吗？不是。我肯定可以以无数的方式定义它。只不过，这些定义在这些考察中对我没有任何用处。

99. 我现在也可以教他理解如下形式的命令：

(–··)→或者(–····–)→

（请读者猜一猜我的意思。）

100. 那么，我想要让他做什么？我就此能够给我提供的最好的回答是：继续执行一段这个命令。或者，你相信如下之点吗：有关这条规则的一个代数表达式预设了更少的东西？

101. 现在，我训练他遵守如下规则：

▬ ▪ ▬ ▪ ▪ ▬ ▪ ▪ ▪ 等等

事情又一次是这样的：就我想让他做的事情来说，我自己所知道的东西并不多于这个例子本身所显示给我的东西。我自然可以以各种各样的形式改写这条规则，但是这样做只是让它对于这样的人来说变得更加可以理解，他已经能够遵守这些改写了的形式。

102. 因此，我就是以这样的方式教给一个人如何在十进制中进行计数和做乘法的。

“365×428”是一个命令，他通过做这个乘法的方式遵守它。

103. 在此我们坚持如下之点：相同的算式总是具有相同的乘法图像作为后果，因此也具有相同的结果。我们拒绝带有相同的算式的不同的乘法图像。

104. 在此现在将出现这样的情形：计算者犯了计算错误；也将出现这样的情形：他正确地改正了这些计算错误。

105. 进一步的语言游戏是这样的：他被问道：“‘365×428’是多少?”对于这个问题，他可以做两种事情。他或者做这个乘法，或者如果他已经以前做过它了，那么便读出第一次做时的结果。

106. “遵守一条规则”这个概念的应用假定了一种习惯。因此，如下说法是胡话：在人类历史上某个人一次性地遵守了一条规则。（或者遵守了一个路标，玩了一个游戏，进行了一个计算，说出或理解了一个命题，等等。）

107. 在此没有什么比如下事情更为困难的了：避免说出赘语，而只说出真的描述了什么的话。

108. 因为在此如下企图是压倒一切的：当一切均已经被描述出来时，还欲说出什么。

109. 如下事实是极为重要的：在人们之间几乎从来没有就如下问题发生过争论，即这个对象的颜色是否同于那个对象的颜色，这根棍子的长度是否同于那根棍子的长度等等。这种和平的一致是“相同的”这个词的使用的独特的环境。

110. 针对按照一条规则行事这件事人们也必须说类似的话。

111. 在如下事情上没有爆发任何争论：人们是否是按照一条规则行事的。在这样的事情上人们比如不会动手打起来。

112. 这点属于这样的脚手架，我们的语言正是以此为起点而进行工作的（比如给出一个描述）。

113. 现在某个人说，在服从“＋1”这条规则——有关它的技术是以如此这般的方式教给我们的——的基数数列中 450 跟着 449。好的，这并不是下面这个经验命题：当我们觉得我们已经将运算＋1 应用于 449 之上了时，我们便从 449 来到 450。相反，它是这样的规定：只有当结果是 450 时，我们才应用了这个运算。

114. 我们好像是将这个经验命题（可以说）硬化成了一条规则。现在我们拥有的不是一个由经验来检验的假设，而是这样一个范型，经验被与之进行比较并且由其来判断。因此，我们拥有的是一种新的语言游戏[①]。

115. 因为一个判断是“他计算了 25×25，在此期间他非常专心和认真，得出 615”；另一个判断是“他计算了 25×25，但是算错

① 异文：“一种新类型的判断”。

了，得出的不是 625，而是 615”。

但是，两个判断结果不是一样的吗？

116. 这个算术命题并不是这个经验命题：“如果我做**这个**，那么我便得到**这个**”——在那里关于我做**这个**的标准不应当是在此所得出的东西。

117. 难道我们不是可以这样设想吗：在做乘法时，主要的方面取决于如下事实，即以特定的方式集中精神，然后，尽管对于相同的算式并非总是得出相同的结果，但是对于我们所要解决的特定的实际问题来说恰恰是结果的这些不同之处是有好处的。

118. 难道最重要的事情不是这样的吗：在**做计算**时重点被放在了计算是否是正确的这点上，而不考虑比如计算者的心理状态？

119. 命题 25×25＝625 的辩护自然是这样的：被以如此这般的方式训练的人在正常的情况下在做乘法 25×25 时得出 625。但是，这个算术命题说的并不是**这点**。① 它可以说是一个硬化成规则的经验命题。它规定了：只有在这个是这个乘法的结果时，这条规则才被遵守了。因此，它避开了经验的核实，相反，现在被用作为判断经验的范型。

120. 如果我们要在实践中利用一个计算，那么我们便深信如下之点：这“得到了正确的计算”，人们得到了**正确的**结果。比如这个乘法的正确的结果只能有**一个**，而且它不依赖于这个计算的**应**

① 异文：“命题 25×25＝625 的辩护自然是这样的：25 与 25 相乘得出 625。但是，25×25＝625 并不是这个陈述，而是这个陈述：25×25 应当得出 625。”

用所产生的结果。因此，当我们借助于这个计算来判断事实时，我们所做的事情完全不同于在如下情况下我们所做的事情：我们不将这个计算的结果看作一劳永逸地确定下来的东西。

121. 在哲学中，是实在论，而非经验，是最困难的东西。（反对兰姆西。）

122. 你从规则自身所理解到的东西并不多于你能够解释出来的东西。

123. "我对这条规则具有一个确定的概念。当人们在这种意义上遵守它时，人们只能从这个数获得这个数。"这是一种自发的决断。

124. 但是，如果这是我的决断，那么为什么我说"我**必须**"？是的，我竟然可以不必做出决断吗？

125. 这是一种自发的决断这点不仅仅意味着：我就是这样行动的；绝不要追问根据！

126. 你说，你必须这样；但是又不能说出什么在强制你。

127. 我对这条规则拥有一个确定的概念。我**知道**，在每一种特殊的情况下我必须做什么。我知道，也即，我不怀疑：对我来说这是明显的事情。我说："这是不言而喻的。"我不能提供任何根据。

128. 当我这样说时："我自发地做出决断"，这自然并非意味着：我思考在此哪个数可能是最好的并且于是决断要……

129. 我们说:“首先必须正确地进行计算,然后事实将表明自然的考察得出了什么。”正确的计算是这样的图式,人们借助于它来判断诸现象。//我们说:“首先必须正确地进行计算,然后,便可以就自然事实做出判断了。”//

130. 一个人学习了十进制中的计数规则。现在,他以这样的方式消遣:一个数接一个数地写出“自然”数序列的诸数。

或者,他遵守语言游戏中的如下命令:“写出序列……中的……数的后继。”——我如何能够向某个人解释这个语言游戏。好的,我可以描述一个例子(或者诸例子)。——为了看出他是否理解了这个语言游戏,我可以让他计算诸例子。

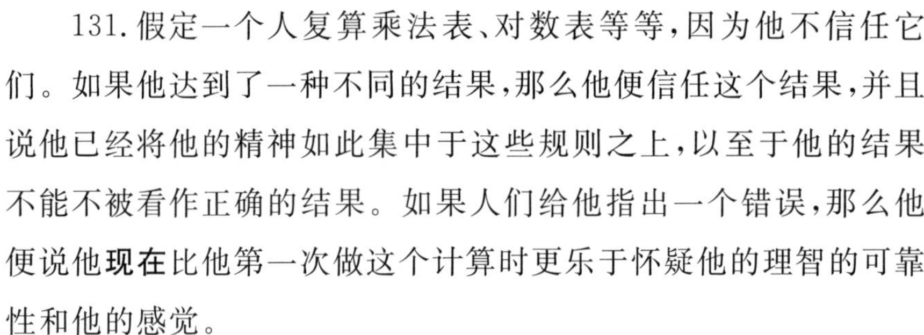

131. 假定一个人复算乘法表、对数表等等,因为他不信任它们。如果他达到了一种不同的结果,那么他便信任这个结果,并且说他已经将他的精神如此集中于这些规则之上,以至于他的结果不能不被看作正确的结果。如果人们给他指出一个错误,那么他便说他**现在**比他第一次做这个计算时更乐于怀疑他的理智的可靠性和他的感觉。

132. 我们可以将在所有计算问题上的一致当作给定的东西。但是,现在我们是将计算命题当作经验命题说出,还是将其当作规则说出,这有什么区别吗?

133. 如果我们大家并非总是得到 625 这个结果,那么我们还会承认 $25^2=625$ 这条规则吗?好的,这时为什么我们不能利用这个经验命题而不是这条规则?——对此的回答是这样的吗:因为这个经验命题的反面不对应于这条规则的反面?

134. 当我给你写出一个序列的一段时，于是你在其中看出了**这种**规律性这点可以称为一个经验事实，一个心理学事实。但是，**如果**你已经从其中看出了这条规律，你接着**如此**将这个序列继续下去这点不再是任何经验事实。

但是，为什么它不是任何经验事实：因为“在它之中看出**这个**”可不**同**于：如此将它继续下去！

只有经由如下方式，人们才能够说这点不是任何经验事实：人们将这个阶段上的这个步骤**解释成**符合这个规则表达式的步骤。

135. 因此，你说：“按照**我**在这个序列中所看到的这条规则，它是**这样**继续下去的。”并非是：从经验上说！而是：这恰恰是这条规则的意义。

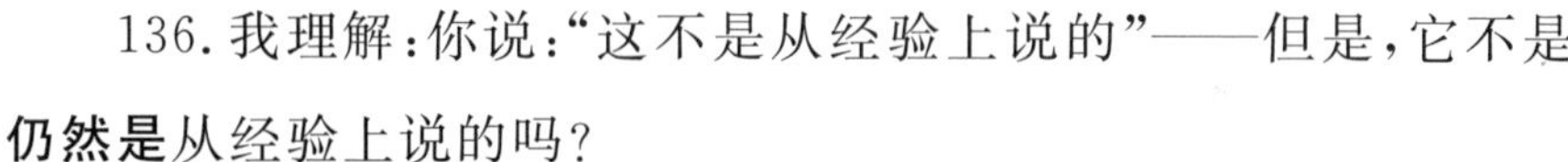

136. 我理解：你说：“这不是从经验上说的”——但是，它不是**仍然是**从经验上说的吗？

137. “按照这条规则它是**这样**进行下去的”：也即，你**给予**这条规则一个延展。

但是，我为什么就不能今天给它这种延展，明天给它那种延展？

138. 好的，我可以这样做。我可以比如交替地给予它两种释义中的一种。

139. 假定我有一天理解了一条规则，那么我在我接下去做的事情上就受到了约束。不过，这自然只是意味着我在我就如下事情所做的**判断**上受到了约束：什么是合乎这条规则的，什么是不合乎这条规则的。

140.如果我现在在人们给予我的序列中看到了一条规则——这可能仅仅在于这点吗:我比如在我面前看到一个代数表达式?这个表达式不是必须属于一个语言吗?

141.一个人写下了一列数。最后我说:“现在我理解它了:我必须总是……”这肯定是规则的表达。不过,只是在一个语言中事情才是如此!

142.究竟什么时候我说我看到了这个序列的这条规则——或者一条规则?当我比如能够以特定的方式向我自己谈论这个序列时。但是,不是也直接包括这样的时候吗:这时我能够将它继续下去?不是的——我向我自己或者另一个人一般性地解释它应当如何继续下去。但是,我就不能只是在精神中给出这种解释,因此没有使用一种真正的语言吗?

143.某人问我:这朵花是什么颜色的?我回答说:“红色的。”——你绝对地确信这点吗?是的,绝对地确信!但是,我难道不可能弄错了,将错误的颜色称为“红色”吗?不会的。当我将这种颜色命名为“红色”时我所具有的那种确信是我的尺子的刚性,是作为我的出发点的刚性。它在我的描述中是不可置疑的。这点恰恰刻画了我们称为描述的东西。

(自然,即使在这里我也可以假设发生了口误,但是不能假设发生了其它的事情。)

144.遵守规则处于我们的语言游戏的**基础**之处。它刻画了我们称为描述的东西。

145. 这就是我的考察与相对论的相似之处：它可以说是对这样的钟表的考察，我们将诸发生的事情与它们加以比较。

146. $25^2=625$ 是一个经验事实吗？你想说："不是的。"——为什么不是？"因为按照规则事情不可能是其它样子的。"——为什么这样？——因为**这**就是规则的意义。因为这就是这样的过程，在其上我们构建一切判断。

147. 当我们做乘法时，我们给出一条规律。但是，这条规律与这个经验命题之间的区别是什么：我们给出这条规律？

148. 假定人们在教给我如下规则：请重复如下装饰图案：

并且人们现在向我说："请这样继续下去！"我如何知道我下一次要做什么？——好的，我充满确信地做这个事情，我也将知道如何为此进行辩护——也即，直到某个点为止。如果这竟然不是任何辩护，那么也就根本没有任何辩护了。

149. "因此，按照我对于这条规则的理解，接下来的是**这个**。"

150. 遵守一条规则是一种人类活动。

151. 我给予这条规则一个延展。

152. 我可以这样说吗："瞧，当我服从这个命令时，我画出这条线？"好的，在某些情形中我将这样说。当我比如已经按照一个方程构造出了一条曲线时。

153.“因此，这条命令的服从看起来是**这样的！**”

154.我可以这样说吗：“经验教给我如下之点：如果我**这样**理解这条规则，那么我就必须**这样**继续下去”？

如果我将这样－理解与这样－继续下去收缩成一个东西，人们便不能这样说。

155.遵守一条变形规则并不比遵守这条规则更成问题：“请总是写下相同的东西。”因为变形就是一种同一性。

156.人们的确可以这样问：如果所有受到过这样的教育的人都本来就**以这样的方式**进行计算，或者至少都一致地将**这样的**计算当成正确的计算，那么人们为何还需要这条**规律**？

157.“$25^2=625$”不可能是这样一个经验命题：人们就是这样进行计算的，因为在这种情况下 $25^2\neq625$[①] 就不是这样的命题了：人们没有得到这个结果，而是得到了另一个结果；这时即使在人们根本没有进行计算的情况下它也可以是真的。

158.人们在计算上的一致绝不是意见或信念上的一致。

159.人们可以这样说吗：“在计算时你觉得这些规则是强硬的；你感觉到，如果你要遵守这条规则，那么你只能做这个，而不能做任何其它的事情”？

---

① 在 MS 164：87 中，原为“$25^2\neq625$”，后修改成“$25^2\neq626$”。不过，从上下文看，当选前者。

160.“像我看待这条规则那样，它要求**这个**。”//“我看待这条规则的方式就是它所要求的**东西**。”//事情并非取决于如下之点：我是否具有这样或者那样的倾向。

161.我感到，**在**我遵守其**之前**，我已经给予这条规则一种释义；而且这种释义已经足以**决定**在特定的情形中我应当做什么，以便遵守它。

如果我像我已经理解它那样来理解这条规则，那么就只有**这个**行动才对应于它。

162.“你理解了这条规则了吗？”——是的，我理解它了。——“那么，请你现在将它应用到这些数……之上！”——当我遵守它时，我现在还有一种选择吗？

163.假定他命令我遵守这条规则，我害怕没有服从他：这时，我不是被强制的吗？

但是，当他这样命令我时，情况不是也是一样的吗：“给我拿这块石头来”。这些语词在较小的程度上强制我吗？

164.在描述语言的功能时，人们可以进行到多远？对于还没有掌握语言的人来说，我可以训练他，以便让他掌握它。对于已经掌握了语言的人，我可以让他回想起，或者给他描述这种训练的方式。我这样做是为了一个独特的目的。因此，在此期间我已经在运用一种语言的技术。

在描述规则的功能时，人们可以进行到多远？对于还没有掌握任何规则的人来说，我只能训练他。但是，我如何能够向我自己解释规则的本质？

在此困难是不挖掘到基础，而是将我们面前的那个基础认作基础。

165. 因为这个基础总是一再地诱骗我们，让我们以为存在着一种更深的深度，而当我们到达了后者时，我们总是一再地发现我们站在原来的水平面之上。

166. 我们的疾病是想要给出解释。

167. “当你理解了[①]这条规则时，那条路线便给你规定好了。”

168. 什么样的公共性本质上属于这点：存在着一种游戏，一种游戏能够被发明出来？

169. 一个人能够发明比如象棋，这需要什么样的环境？

我今天自然能够发明这样一种棋盘游戏，它实际上**从来没有**被人玩过。我会直接地将其描述出来。但是，只是因为已经有了类似的游戏，也即只是因为人们**玩过**这样的游戏，这才是可能的。

170. 人们也可以问：“在**没有**重复的情况下规则性可能吗？”

171. 今天我肯定能够给出这样一条新的规则，它**从来**没有被应用过，人们却理解了它。但是，如果**从来没有**一条规则事实上被应用过，那么这还是可能的吗？

172. 如果这时人们说“难道幻想中的应用不是就足够了吗？”——那么回答将是：不。——(一种私人语言的可能性。)

① 异文：“占有了”(inne hast)。

173. 一个游戏，一个语言，一条规则，是一个制度。

174. “但是，一条规则必须被在实际中被应用了多少次，以便人们有权利谈论一条规则？”——一个人必须做了多少次加法、乘法、除法，以便人们可以说他掌握了这些类型的计算技术？我借此并非是意指：他必须已经正确地计算了多少次，以便向**其他人**证明他能够进行计算；而是意指：为了向他自己证明这点。

175. 但是，难道我们不能设想这样的情形吗：某个人，在没有任何训练的情况下，一瞥见一个计算题便处于这样的心灵状态，即它通常仅仅是训练和练习的结果？结果，**他**知道他能够进行计算，尽管他从来没有做过计算。（因此，人们似乎可以说：这种训练仅仅是历史，仅仅从经验上说对于这种知识的产生而言才是必要的。）但是，假定他现在处于那种确信状态，并且接着做错了乘法。现在，他应当向自己说什么？而且，假定他接下来一会儿乘对了，一会儿又完全乘错了。——如果他现在**始终**乘对了，那么这种训练自然可以作为单纯的历史而被忽略。但是，**能够**进行计算意味着：不仅对于他自己来说，而且对于其他人来说：正确地计算。//但是，他不仅向他人而且也向他自己经由如下方式来显示他**能够**进行计算：他正确地**进行计算**。//

176. 如果我们在一个复杂的环境中称为“遵守一条规则”的东西孤零零地站在那里，那么我们肯定不会如此称呼它。

177. 我想要说，语言涉及一种生活**方式**。

178. 为了描写语言现象，人们必须描写一种实践，而非一种一

次性的过程——**无论**它是**什么种类的**一次性过程。

179. 这是一种非常困难的认识。

180. 让我们设想，一个上帝在一瞬间在沙漠中间创造了一个国度，它存在了两分钟长的时间，而且它是英格兰的一个部分的精确的画像，带有其在两分钟之内所发生的一切。那些人完全像英格兰中的人们那样从事着其各种活动。孩子们坐在学校里。一些人从事着数学。~~在创造出其五分钟以后上帝毁掉了这个小小的世界。~~现在，我们来看一下这两分钟之内某个人的活动。这些人中的一个人所做的事情完全像英格兰的一个数学家刚好在进行计算时所做的事情。——我们应当说这个两分钟内的人在进行计算吗？难道我们不是可以为这个两分钟设想比如这样一个过去和这样一个继续[①]吗：它们允许我们以完全不同的方式称呼这些过程？

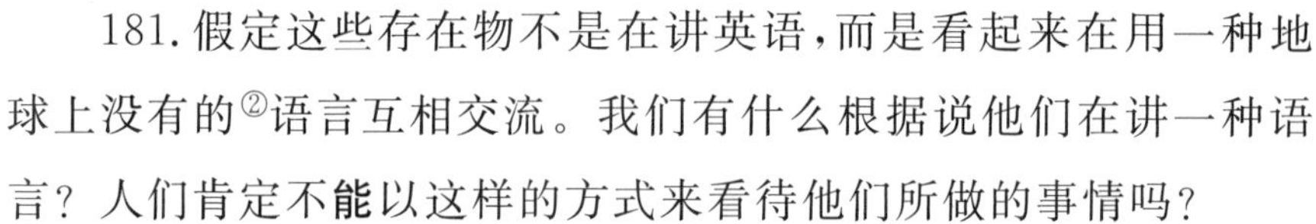

181. 假定这些存在物不是在讲英语，而是看起来在用一种地球上没有的[②]语言互相交流。我们有什么根据说他们在讲一种语言？人们肯定不**能**以这样的方式来看待他们所做的事情吗？

182. 而且，假定他们在做着我们倾向于称为“计算”的东西；或许是因为它从外表来看是相似的。——但是，它**是**计算吗？（或许）做这件事的这些人知道这点，而只是我们不知道吗？

183. 我如何知道我现在所看到的颜色叫作“绿色”？那么，为

① 异文：“将来”。

② 异文：“我们不知道的”。

了确证这点,我可以去问其他的人。但是,如果他们与我不一致,那么我会感到彻底糊涂了,并且或许将他们或者将我自己当成疯子。这也就是说:或者我不再信任我自己能够做出判断了,或者我对他们所说的话不再像对一个判断那样做出反应了。

如果我溺水了并且大喊“救命!”,我如何知道救命这个词意谓什么?好的,在这种情形中我就是如此做出反应的。——现在,我也是**以这样的方式**知道“绿色”意味着什么的以及在特殊的情形中我应当如何服从这条规则的。

184. 如下之点是**可以想象的**吗:下图所示的诸力的多边形

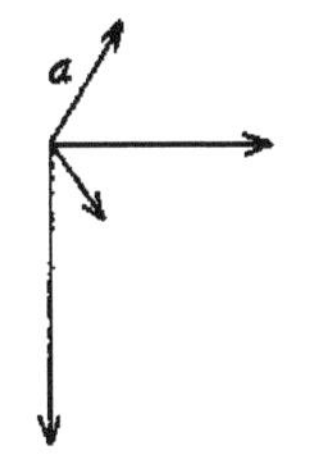

看起来不是这样的:

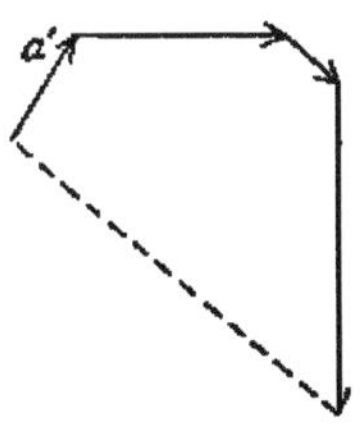

而是其它样子的?那么,这是可以想象的吗:a 的平行线看起来不是具有像 a′那样的方向,而是具有其它的方向?这也就是说:人们能够这样想象吗:我不是将 a′,而是将一个指向其它方向的箭头看成与 a 平行的?好的,我可以比如这样设想:我以某种透视的方式查看平行的箭头,因此将如下箭头

称作平行箭头；而且，我没有注意到我使用了一种不同的查看方式。因此，以这样的方式，如下之点便**是**可以想象的了：相应于诸箭头，我画出了一个不同的力多边形。

185. 如下命题是一个什么样的命题："'OBEN'①这个词有四个音"？

它是一个经验命题吗？

186. 在我们计数字母之前，我们不知道这点。

187. 假定一个人在计数"OBEN"这个词的字母，以便获知听起来这样的音列具有多少个音。这个人所做的事情完全同于下面这个人所做的事情：他在进行计数，以便获知写在某某地方的那个语词具有多少个字母。因此，第一个人所做的事情也可以称作一个实验。这可能就是人们将命题"'OBEN'有 4 个字母"称为先天综合命题的理由。

188. "Plato"这个词所具有的音数与五角星形具有的角数相同。

这是一个逻辑命题吗？——它是一个经验命题吗？

189. 计数是一种实验吗？它可以是一种实验。

190. 请设想这样一个语言游戏。在其中，一个人要计数语词

---

① 德文词，意为上面。

中的音数。事情现在可能是这样的:一个语词似乎总是具有相同的声音,但是当我们计数它的音时,我们在不同的场合却获得了不同的数。事情可能是比如这样的:一个词在不同的关联中似乎发出相同的音(可以说是通过一种声学上的错觉),但是在计数诸音时却出现了不同之处。在这样一种情形中,我们将或许在不同的场合中总是一再地计数一个词的音,而这将或许是一种实验。

另一方面,事情可能是这样的:我们一劳永逸地计数诸语词的音,做一个计算,并且运用这种计数的这种结果。

作为结果出现的那个命题在第一种情形中是时间性的,而在第二种情形中则是非时间性的。

191. 当我计数语词"Dädalus[①]"的音时,我可以将两种东西看作结果:(1)出现在那里的那个词(或者看起来出现在那里的那个词,或者现在说出的那个词,或者等等)有 7 个音;(2)声音图像"Dädalus"有 7 个音。

第二个命题是与时间无关的。

两个命题的运用必定是不同的。

192. 在两种情形中**计数**都是**相同的**。只不过,我们借此所达到的东西是不同的。

193. 第二个命题的与时间的无关性并不是比如计数的结果,而是这样一种决定的结果:要以某种方式运用计数的结果。

194. 在德语中语词"Dädalus"有 7 个音。这当然是一个经验

① 希腊神话人物,能工巧匠。

命题。

195. 设想某个人之所以计数语词的音，是为了找到或检验一条语言规律，比如一条有关语言的发展的规律。他说："'Dädalus'有 7 个音。"这是一个经验命题。在此请考察语词的**同一性**。同一个词在此可以一会儿具有这个音数，一会儿具有那个音数。

196. 现在我向一个人说："请数一下这些词中的音并且给每个词写上这个数！"

197. 我想说："通过清点诸音人们可以得到一个经验命题——但是也可以得到一条规律。"

198. "……这个词具有……个音——在与时间无关的意义上"这种说法是关于"……这个词"这个概念的同一性的规定。因此，便有了与时间的无关性。

199. 人们也可以不说"……这个词具有……个音——在与时间无关的意义上"，而是说"……这个词**本质上**具有……个音"。

200. $p|p \cdot | \cdot q|q = p \cdot q$

$p|q \cdot | \cdot p|q = p \vee q$

$x|y \cdot | \cdot z|u \overset{\text{Def.}}{=\!=} ||(x, y, z, u)$

这些定义根本不必是缩写。相反，它们可以依其它的方式做出新的同属一体性。比如经由括号或者符号的不同的颜色的使用。

201. 比如，我可以通过这样的方式来证明一个命题，即我通过颜色暗示：它具有我的公理的形式，尽管因为某种替换而被拉长了。

202.“我知道我要如何走”意味着:我不怀疑我要如何走。

203.我想要问:“人们如何能够遵守一条规则?”

204.但是,在我根本没有感觉到遵守一条规则有任何困难的地方,事情为什么走到了这一步:我要这样来问?

205.我们在此显然误解了摆在我们眼前的事实。

206.既然我可以让每一个行动均与每一种释义一致起来,语词“石板”如何能够向我指明我该做什么?

207.既然我所做的任何事情均可以被释义成一种遵守,那么我如何能够遵守一条规则?

208.为了能够遵守这个命令,我必须知道什么?存在着这样一种**知道**吗:它使得这条规则只可以**这样**来遵守?在我应用一条规则之前,我有时必须**知道**某种东西,我**有时**必须**释义**这条规则。

209.在课堂上如何能够竟然给予一条规则以这样一种释义,它通达随便一个阶段?

如果在解释中没有提到这样的阶段,那么我们究竟如何能够就这点达成一致:在这个阶段要发生什么?因为无论发生的是什么事情毕竟都能够被弄成与这条规则和诸例子是一致的。

因此,你说,关于这些阶段,人们还没有说出任何确定的东西。

210.释义有一个尽头。

211.的确,一切均可以以某种方式得到辩护。但是,语言现象是以行动上的**一致**//以规则性，以行动上的一致//为基础的。在此最为重要的事情是如下之点，即：我们大家，或者绝大多数人，在某些事情上是一致的。

212. 在此如下之点极其重要：我们所有人，或者极其多数的人，在某些事情上是一致的。我可以对比如如下之点充满确信：看到了这个对象的绝大多数人都将其颜色称为“绿色”。

213. 可以设想，不同的部落的人们拥有这样一些语言，它们都具有相同的词汇，但是这些词的意义是不同的。在一个部落中意谓绿色的词在另一个部落的语言中意谓相同的，而在第三个部落的语言中则意谓桌子，等等。我们甚至于也可以设想，这些部落都使用相同的句子，只不过它们具有完全不同的意义。

那么，在这种情形中，我将不说他们都说着相同的语言。

214. 我们说，人们为了彼此交流彼此之间必须就诸语词的意义达成一致。但是，这种一致的标准不仅仅是一种定义（比如实指定义）上的一致，而且**也**是一种判断上的一致。对于交流的可能性来说具有本质意义的是如下事实：我们在极多的判断上是一致的。

215. 我如何向某个人或者我自己解释语言游戏(2)[①]？每当A喊出“板石”时，B便拿来**这种**对象。——我也可以这样问：**我**如何能够理解它？好的，**只有**在我能够解释它这样的范围内我才理解它。

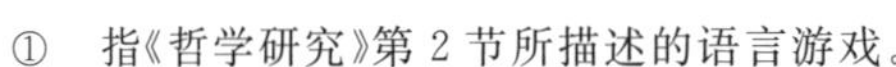

① 指《哲学研究》第2节所描述的语言游戏。

216. 但是，在此存在着这样一种独特的企图，它表达在如下事实中：我想说，我不能理解它，因为这种解释的释义还处于模糊状态。

217. 这也就是说，我只能给你和我自己提供应用的例子。

218. “一致”这个词和“规则”这个词彼此**具有亲缘关系**，它们是表兄弟。一致现象和按照一条规则而行动现象关联在一起。

219. 的确也可能存在着这样一个洞穴人，他为自己创造出**规则性**的符号序列。他比如通过在洞壁画出如下图案的方式消遣：

— · — — · — — · — — ·

或者

— · — · · — · · · — · · · · —

但是，他并不是在遵守一条规则的一般的表达式。我们之所以说他在有规则地行动，这并非是因为我们能够构造出这样一种表达式。

220. 不过，假定他现在甚至于展开了π！（我的意思是：他这样做时并没有使用一条一般的规则表达式。）

221. 只有在一个语言的实践中一个词才能具有意义。

222. 的确，我可以为我自己提供一条规则并且接着遵守它。但是，它之所以是一条规则，难道这不是仅仅因为它与人们交往之中叫作“规则”的东西具有相似性吗？

223. 让我们考察非常简单的规则。这个规则表达式是一个图形，比如这个图形：

|--|

而且，人们通过画出这些图形的一个直线序列（比如作为一个装饰图案）的方式遵守这条规则：

|--‖--‖--‖--‖--|

在什么情形中我们会这样说：通过写出这样一个图形，某个人给出了一条规则？在什么情形中我们会说：一个人通过画出那个序列的方式来遵守这条规则？描述这点是困难的。

224. 如果两只黑猩猩中的一只有一次在黏土土壤上画出图形|--|时，另一只接着画出了序列|--‖--‖--‖--‖--|等等，那么第一只黑猩猩并没有在给出一条规则，而第二只也并非在遵守它——无论与此同时在两只猩猩的灵魂中发生着什么。

但是，假定我们在观察比如在一种课程中发生的现象，示范和模仿现象，幸运的和不幸的尝试的现象，并且伴随着奖励和惩罚等等。假定受到如此训练的黑猩猩将它迄今为止还没有看到过的图形像第一个例子中那样彼此排列起来，那么我们很有可能会说，其中的一个黑猩猩在写出规则，而另外的黑猩猩在遵守它们。

225. 但是，假定在第一次时其中的一只猩猩就已经**决心**重复这个过程了，如何？只有在一种特定的行动、言说、思维的技术中一个人才能决心做什么。（这是一个语法命题。//这个“能够”是语法的能够。//）

226. 如下事情是可能的：我今天发明了一种纸牌游戏，但是从来没有人玩过它。不过，如下说法没有任何意义：在人类历史上，只有一次一个游戏被发明了，而且没有人玩过它。这没有任何意义。并非是因为这与心理学规律相矛盾。语词“发明一个游戏”、“玩一个游戏”只有在一个完全特定的环境中才有意义。

227. 同样，人们也不能说：人类历史上一个人一次性地遵守了一个路标。不过，人们可以说：人类历史上一个人一次性地沿着一个木条走路。那第一种不可能性再一次地不是任何心理学的不可能性。

228. “语言”、“命题”、“命令”、“规则”、“计算”、“实验”、“遵守一条规则”这些词指涉一种技术、一种习惯。

229. 按照一条规则而行动的预备阶段是比如对于简单的规则性的喜好，像简单的节奏的敲击或者简单的装饰物的观看或画出。因此，人们可以训练某个人遵守这样的命令：“请画出某种规则性的东西”，“有规则地敲击”。在此人们又必须想象一种特定的技术。

230. 你必须这样问你自己：在哪些特殊的情形中我们说，某个人“只是写错了”，或者“他本来肯定能够继续下去，但是却故意不这样做”，或者“他本来想重复一下他画出的图形，但是没有做到这点”。

231. 概念“规则性的敲击”、“规则的图形”教给我们的方式同于“明亮的”、“肮脏的”或者“多彩的”教给我们的方式。

232. 但是，我们不是被一条规则引导着吗？既然它的表达式毕竟能够被我们以这样和那样的方式加以释义——也即毕竟不同的规则性相应于它，那么它如何能够引导我们？现在，我们倾向于说，这条规则的一个表达式引导着我们，因此我们倾向于使用这个隐喻。

233. 那么，如下两种过程之间的区别是什么：人们按照一条规则（比如一个代数表达式）将诸数依次逐个地推导出来；当我们给某个人看某个符号比如时，他便想到一个数字，如果他接着看这个数字和这个符号，他又想到一个数字，等等。而且，我们每次做这样的实验时，他都想到相同的数字序列。这个过程和那个按照规则而进行的过程之间的区别是这样一种心理学的区别吗：在第二种情形中发生了一种突然想到什么的过程？我不能这样说吗：当他遵守规则“|--|”时，他总是一再地想到“|--|”？

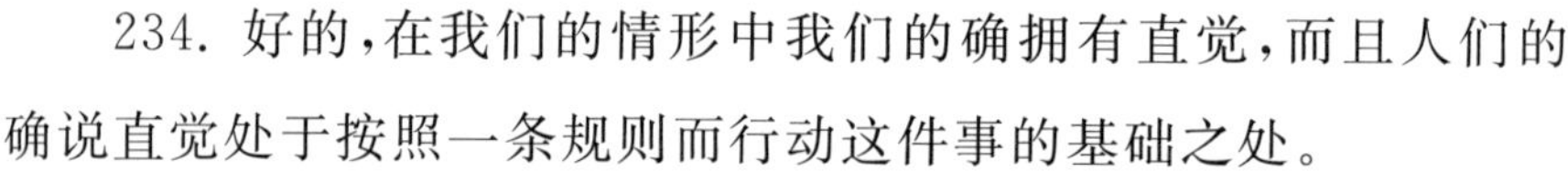

234. 好的，在我们的情形中我们的确拥有直觉，而且人们的确说直觉处于按照一条规则而行动这件事的基础之处。

235. 因此，让我们假定那个可以说魔术般的符号导致了序列123123123 等等；这个符号**这时**不是一条规则的表达吗？不是。

按照一条规则而行动预设了对于一种**规律性**的认出，而符号“123123123 等等”构成了对于一种规律性的自然的表达。

236. 现在，人们或许将说|22||22||22|的确是一个有规律的数字序列，但是下面的序列肯定不是这样的：

|2||22||222||2222|

好的，我可以将这个称为另一种规律性。

237. 但是,假定有这样一个部落,其中的人们似乎理解了一种我不曾掌握的规则性。因为在他们那里也存在着这样一种学习,这样一种课程,它们完全类似于§§223—224中提到的学习、课程。如果人们观看他们,那么人们便会说他们在遵守规则,学习遵守规则。这个课程导致比如学生和教师的行动上的一致。但是,如果我们查看他们的图形序列中的一个,那么我们看不到任何种类的规则性。

现在,我们应当说什么?我们**可以**这样说:"他们似乎在遵守一条我们没有察觉到的规则";但是,也可以这样说:"这里我们遇到了这样一种人类行为现象,我们不理解它。"

238. 我们可以不使用语词"等等"来描述教人们如何按照规则而行动的课程。

但是,在这种描述中我们肯定可以描述这样一种手势、语调、符号,教师在课程中以特定的方式使用了它们,而学生则对此加以模仿。我们可以再一次地不借助于"等等"描述出这些表达形式的作用,因此对其进行有限度的描述。"等等"的作用是创造出超出课程之外的一致。因此,它导致了这样的结果:我们所有人或者几乎所有人都以相同的方式计数并且以相同的方式计算。

239. 但是,人们也可以设想不使用"等等"的课程。不过,尽管如此,当人们从学校里走出来后,对于超出课程中提到的例子之外的情形他们都以相同的方式进行计算。

240. 但是,假定有一天课程不再导致一致了,如何?

241. 在没有计算者之间的一致的情况下可能有算术吗?

242. 仅仅一个人能够进行计算吗？仅仅一个人能够遵守一条规则吗？

243. 这些问题类似于比如如下问题吗："仅仅一个人能够做生意吗？"

244. 只有当"等等"得到了**理解**之后，说"等等"才是有意义的。——也即，只有当另一个人能够像我一样好地继续下去时，也即恰好像我那样继续下去时。

245. 两个人之间能够做生意吗？

246. 当我这样说时："如果你在遵守这条规则，那么结果**必须**是这样的"，这并非意味着：结果之所以必须如此，是因为结果总是这样的；而是意味着：结果是这样的，这点构成了我的**基础**之一。

247. **必须**作为结果而出现的东西是一个我不加以触动的判断基础。

248. 在什么场合人们将这样说："如果你在遵守这条规则，那么这个**必须**作为结果而出现"？

这可以是一个数学解释——在一个证明的这样的地方给出的：一条特定的道路有了一个岔路。事情也可以是这样的：人们向某个人说出它，为了让他牢记规则的本质，为了比如向他说："你在此可并非是在做任何实验。"

249. "在每一步我无论如何都绝对地知道我要做什么；这条规则要求我做的事情。"像我所理解的那条规则。我并不反反复复地深思这点。//我不进行推理。//这条规则的图像清楚地表明了这个序列的图像应当如何继续下去。

“在每一步我肯定知道我要做什么。我十分清楚地看到它就在我面前。我要做的事情或许是乏味的,但是是没有任何疑问的。”

这种确信是从哪里得来的?但是,为什么我问这个问题?难道如下事实不就是足够的了吗:这种确信是存在的?为什么我还应当为其寻找一个来源?(我肯定可以为其提供**原因**。)

250. 如果我们害怕我们不服从的某个人命令我们遵守我们所理解的规则……,那么我们便毫不犹豫地逐个地写出诸数。这是我们对一条规则做出反应的一种典型的方式。

251. “你已经知道了这是什么样的”;“你已经知道了它是如何继续下去的。”

252. 我现在可以下决心遵守规则:

以这样的方式:

但是,令人惊奇的是:我在此没有丢掉这条规则的意义。因为我如何紧紧抓住它?

不过——我如何知道我紧紧地抓住了它,我没有丢掉它?!如果不存在一个有关我紧紧地抓住了它的外在标志,那么说我紧紧地抓住了它根本就没有任何意义。(当我穿过宇宙空间往下掉时,我可以抓住某种东西,但是不能静静地抓住它。)

253. 语言恰恰是一种人类行为现象。//人类生活现象。//

254. 一个人做出了一个命令的手势,他好像要说“走开!”另一个人面带惧色地溜走了。我难道不能将这个过程称为“命令和服从”吗——即使它仅仅发生了一次?

255. 如下说法应当意味着什么:“我能将这个过程称为……吗”?人们自然可以针对那个命名过程反对道:完全可以设想,在其他人那里对应于“走开”的手势是一种完全不同于在我们这里对应于它的那种手势,而且我们的对应于这个命令的手势在他们那里或许具有我们的如下手势的意义:以示友好地伸出去的手。至于人们将哪种释义给予一个手势,这取决于那些发生于这个手势之前和之后的其它的行动。

256. 按照我们运用“命令”和“服从”这些词的方式,手势以及语词是缠绕在一张由多种多样的关系构成的网中的。假定我现在设计了一种简单化的情形,那么我是否还应当将这种现象称为“命令”和“服从”便不清楚了。

257. 我们来到一个陌生的部落中间,我们不理解其语言。在什么样的情形下我们将会说他们具有一个酋长?什么将促使我们说这个人就是那个酋长——即使他穿得比其他人更为寒酸?其他人所服从的那个人就无条件地是那个酋长吗?

258. 错误地推理和没有进行推理之间的区别是什么?错误地做加法和没有做加法之间的区别是什么?请你思考这点。

259. 你所说的话似乎归结为:逻辑属于人类自然史。而这与逻辑的必须的坚硬性是不相容的。

260. 不过，这种逻辑的“必须”是逻辑命题的一个构成部分，而逻辑命题并**不**是人类自然史的命题。如果一个逻辑命题说的是：人们以某某方式彼此一致(这是自然史命题的形式)，那么其反面说的是：~~人们并非以这种方式彼此一致~~在此存在着一致性的**缺乏**。而不是：在此存在着一种其它类型的一致。

261. 那种构成逻辑现象的预设的人们之间的一致并不是意见上的一致，更谈不上是有关逻辑问题的意见上的一致。

262. “怎么，如果其他人不如此这般地行动等等，我就不能具有任何意见了吗？这是可笑的！”——那么好吧；你具有**某种东西**——但是，这是一种意见吗？因此，它是我们称为“意见”的东西吗？——“你又忘记了，关于一个人具有一种意见这点存在着两类标准：也即关于另一个人具有一种意见的标准以及关于我自己具有一种意见的标准。”——我大概是如何学习第二类标准的？而且我大概是如何让我确信它们总是正确的标准的，也即它们也是其他人拥有的标准？因为，否则，我如何知道他们和我将相同的东西称为“意见”了？或者事情并不取决于此，而是仅仅取决于**我**总是将**相同的**东西称为“意见”？但是，我将什么称为“相同的东西”？——总是相同的东西吗？——

私人语言。

263. 请说一下：具有一种意见是这样一种意识状态吗：我在某段时间长度内待在其中，恰如激动、疲乏等等的状态一样？或者，它是一种活动，可以比之于说出一个命题的活动？

在我们思考事情是这样的过程中我们便具有这样的意见吗：

事情是这样的？或者，我们应当这样说吗："具有一种意见"具有两种意义，可以说一种急性的意义和一种慢性的意义（即倾向）？

如果我在一次讨论中说："我的意见是这个价钱太高了"，在此我描述的是我说出这句话之前我所处的一种意识状态吗？或者，我描述的是我说话时所发生的一种意识行为吗？而且，如果我说"我总是（或者很长时间以来一直）持有这个意见"，在此情况如何？

因此，当你思考意见的本质时，你便守望着一种类似于对一幅图画的静观的状态的状态，或者守望着一种类似于说话活动的活动。两者都没有道理。

264. 我达到了这样的意见。让我们考察这个思维过程。请问你自己一下，思维一个思想需要多长时间。我们常常听到这样的话：思维是某种极其快速的事项。与此相反，人们可以说：当我讲话或者写字时（也即并非是无思想地），我一般注意不到我在比讲话更快速地进行思维。因此，看起来人们也能够十分缓慢地思维。但是，如果人们现在闪电般快速地思维，情况如何？在这里发生的事情是这样的事情吗：有时它是以书写或者说话的速度发生的，只不过现在它极不寻常地加速发生了？事情好像是这样的吗：人们在精神中可以说以巨大的速度与自己说话？

请放弃这样的思想："思维"尽管是用来表示某种精神性的东西，但是它表示的还是某种类似于物理状态或活动的东西。"思维"这个词的用法与此**根本不同**。

265. 让我们问一下，当我闪电般快速地思维时，那里到底发生了什么事情。好的，我们借此自然只能是意指了如下事情：在那里发生了什么与思维相关的事情？——或许我看到一幅图像——并非必然是在幻想中；或许我想到一个语词。——但是，当我稍后用语词说出我那时闪电般拥有的那个思想时，我稍后所说出的所有东西不是必定都已经在某种意义上存在于那幅图像、那个语词等等之中了吗？

的确，在**某种**意义上前者已经包含在后者之中了。但是，在**哪**种意义上？始终是在相同的意义上吗？在闪电般的过程和我稍后称为其表现的东西之间存在着一种关联，不过，这种关联可以是极其多样的。请思考一下："我现在知道如何继续下去了。"

但是，对我来说，眼下如下之点不是很清楚的吗：我现在只需要将这个思想铺展开来，它已经完全存在于**那里**了？是的，对我来说，如下之点是清楚的：我能够做些什么。但是，如果我现在根本不能这样做呢？！说我只是还需要将它铺展开来恰恰仅仅是一幅**图像**（莫扎特）。

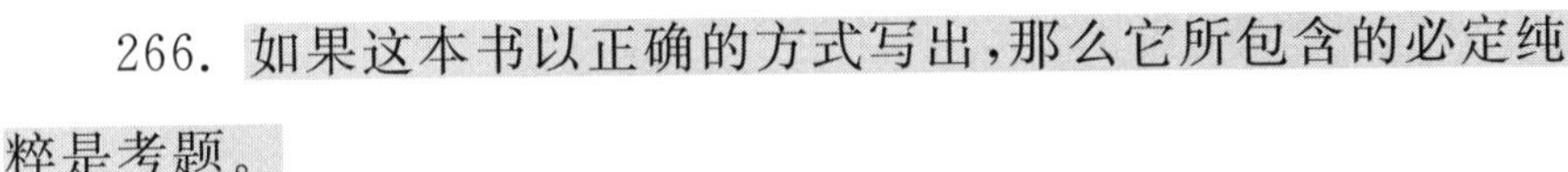

266. 如果这本书以正确的方式写出，那么它所包含的必定纯粹是考题。

267. 现在，再一次讨论一下这个问题：思维一个思想需要多长时间？需要像说出它那么长时间吗？需要像察看这样一幅图像——它已经完全包含了这个思想——所需要的那么长时间吗？好的，我们的问题的提法是误导人的。至于思维这个词可以如何被使用，我们可以说出两者；或者，我们也可以说，人们在此根本就不应当谈论思想的延续。

268. 现在让我们再回过头来讨论"具有一种意见"。我可以独立于某个人所做的事情或所说的话而这样**说**:“我相信这个瓶子里是毒药。”在这种意义上,我能够独立于所有这一切而具有一种意见。但是,“我相信这个瓶子里是毒药”这个声音序列只是在如下情况下才被称为一个**命题**:它处于一个语言系统之中,因此处于一个讲话和行动的系统之中。**以同样的方式**,无论当我具有一种意见时可能发生了什么样的具有刻画特征作用的事情,只有当它处于一个系统中时它才是一种**意见**的刻画性特征。

269. 逻辑现象是以人们的生活的一致为基础的,正如语言现象是以这样的一致为基础的一样。

270. 因此,存在着这样的人类自然史的命题吗,它们构成了逻辑的逻辑规律[①]的基础?

271. 一个人肯定可以与自己玩一个游戏。他就不能也在**想**象中与自己(或者与他人)玩游戏吗?

272. 但是,什么时候我们会说他在幻想中与另一个人玩了比如象棋?他如何知道这是象棋?他在想象中学习了象棋吗?现在,我们的确可以让他看一个实际的象棋游戏并且问他:“**这**就是你所想象的东西吗?”如果他回答是,那么他便拥有一幅关于一盘棋的想象图像。但是,这幅图像是属于什么种类的?它是象棋游戏的一种什么样的投影?不存在关于这样的问题的任何答案,它根本就不是任何问题,因为心象恰恰不是任何图像。如果我将它与一幅图像加以比较,那么它是这样一幅图像,关于它没有人知

① 异文:“命题”。

道，甚至于我也不知道，它看起来是什么样的。因为对于我能够想象**什么**这个问题，**我**也只能为我自己指向那些对于其他人来说已看到的图像。对于我来说，答案并非在于比如：我此外还想象一根有所指向的手指。因为这样的手指的确仅仅是一首不必要的滑稽插曲。但是，我的注意力的集中对于我来说绝不是指向。

273. 人们总是企图与日常的表达方式进行抗争。尽管在它之中自然根本没有任何错误之处，人们只需要将它与其它表达方式放在一起，以便更为清楚地理解其用法。

274. 与此相反，在**通常的**~~（日常的）~~**哲学**表达方式之中则存在着错误之处。**错误的**图像溜进其内。并且表达在短小的、不怎么显眼的措辞之中。

275. 并非无思想的说话：在思维时说话。

276. 想象图像是相应于我的想象的图像。

277. “当我具有疼时我肯定是知道的。”因此，如果比如人们问我这是否是实际情况，那么我对此没有任何怀疑。我肯定能够怀疑让我感到疼的是牙齿呢，还是腭呢，等等，但是这并不是我所想到的那种怀疑。

278. 但是，假定一个人将他的手放在火苗上，表现出了疼的一切迹象，说着或者喊着：“我不知道我是否具有疼！”我们这时肯定会说他不能像我们一样使用疼这个词。

我们不能这样想象吗：一个人没有能力学习作为疼的表达的语词？（色盲。）

279. 如果人们从另一边走过来，从我还没有看到的那个方向走过来，那么所有这一切或许可以得到好得多的解释。

280. 作为读者，你肯定能够描述比如一种语言。而如果你能够描述一种语言，那么你不是就能够描述其中的一种逻辑了吗？

281. “一只小狗比一张照片更像一个人。”

282. “但是，你肯定不会向我说：当你在内心中与你自己说话时，你不知道你在做什么！——即使你还不能将其描述出来！”——知道是一种能力。

283. 遵守路标是一种习俗。

284. 这条线之所以是一条规则，这并不是因为它“提示”我应当如何行走。

是的，只有在如下情形中这条线才是一条规则：对于“你为何**这样**行走”这个问题，我不是说这条线提示我应当这样行走，而是说：“我径直遵守它”。

285. 就一条规则来说，一个人为了能够遵守它，它必须已经处于使用之中。

图书在版编目(CIP)数据

数学基础研究/(奥)维特根斯坦著;韩林合译. —北京:商务印书馆,2017
(汉译世界学术名著丛书:120 年纪念版:珍藏本)
ISBN 978 - 7 - 100 - 14705 - 7

Ⅰ. ①数… Ⅱ. ①维… ②韩… Ⅲ. ①数学基础—研究 Ⅳ. ①O143

中国版本图书馆 CIP 数据核字(2017)第 158041 号

汉译世界学术名著丛书
(120 年纪念版 · 珍藏本)
数学基础研究
〔奥〕维特根斯坦 著
韩林合 译

商 务 印 书 馆 出 版
(北京王府井大街 36 号 邮政编码 100710)
商 务 印 书 馆 发 行
北 京 冠 中 印 刷 厂 印 刷
ISBN 978 - 7 - 100 - 14705 - 7

2017 年 12 月第 1 版　　开本 710×1000 1/16
2017 年 12 月北京第 1 次印刷　　印张 23½
定价:118.00 元